U0317964

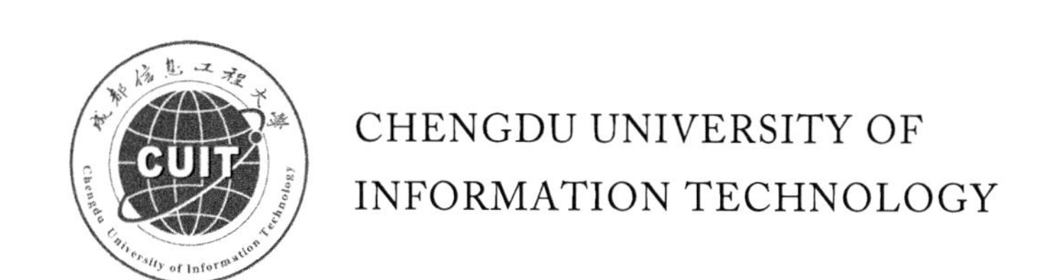

财富分层、社会网络与家庭金融资产选择

基于中国家庭金融调查（CHFS）数据的实证研究

Wealth Gap, Social Network and Household Financial Portfolio Choice
An Empirical Study Based on China Household Finance Survey (CHFS) Data

王　阳◎著

北京

图片在版编目（CIP）数据

财富分层、社会网络与家庭金融资产选择：基于中国家庭金融调查（CHFS）数据的实证研究/王阳著.

—北京：中国经济出版社，2019.9

ISBN 978-7-5136-5778-5

Ⅰ.①财… Ⅱ.①王… Ⅲ.①家庭—金融资产—研究—中国 Ⅳ.①TS976.15

中国版本图书馆 CIP 数据核字（2019）第 154331 号

责任编辑 王 帅 李若雯

责任印制 巢新强

出版发行 中国经济出版社

印 刷 者 北京九州迅驰传媒文化有限公司

经 销 者 各地新华书店

开 本 710mm×1000mm 1/16

印 张 18.25

字 数 290 千字

版 次 2019 年 9 月第 1 版

印 次 2019 年 9 月第 1 次

定 价 68.00 元

广告经营许可证 京西工商广字第 8179 号

中国经济出版社 **网址** www.economyph.com **社址** 北京市东城区安定门外大街 58 号 **邮编** 100011

本版图书如存在印装质量问题，请与本社发行中心联系调换（联系电话：010-57512564）

版权所有 盗版必究（举报电话：010-57512600）

国家版权局反盗版举报中心（举报电话：12390） 服务热线：010-57512564

前 言

家庭金融是金融学研究的一个新兴领域，家庭作为社会经济活动的基本单元，其参与金融市场的意愿、持有金融资产的数量和配置结构是一个国家经济发展阶段和资本市场发展水平的重要标志。改革开放以来，我国经历了40余年经济的高速增长，居民家庭收入有了很大提高，资本金融市场也有了长足发展，家庭参与金融市场的意愿和能力显著提升。但是，多数居民家庭缺乏必要的金融知识储备，在金融资产选择过程中存在或多或少的盲目性、跟随性和冲动性，导致家庭金融资产选择行为变得日益复杂化和多样化，由此派生出与家庭金融资产选择相关的一系列理论与现实问题。中国正处于全面建成小康社会的关键时期，随着人民生活水平的提高，越来越多的家庭会参与金融市场，在此时代背景下对居民家庭金融资产选择行为进行深入全面的研究，不仅具有重要的理论价值和现实意义，还具有深刻的政策意涵。

本书采用中国家庭金融调查与研究中心2011年和2013年在全国范围内开展的两轮抽样调查数据，从理论分析和实证检验两个方面研究我国城镇居民家庭金融市场参与、金融资产持有量和配置结构的特征及影响因素，并结合新时期中国社会文化的特点，实证检验“关系”等社会因素和贫富差距与家庭金融资产选择的关系，并识别可能的影响机制。在实证研究中，本书充分考虑样本数据的分布特征和内生性问题可能导致的估计偏误，分别选取Logit模型、Tobit模型、IVProbit模型和IVTobit模型对城镇居民家庭金融资产选择行为进行规范的计量经济学分析，并检验实证结果的稳健性。总体上看，本书力图拓展家庭金融资产选择领域的研究广度和研究深度，试图补充和完善已有相关文献在样本数据获取和模型构建上的不足，丰富和拓展了家庭金融资产选择领域的研究成果。本书的研究结论和政策建议不仅可以为家庭优化金融资产配置提供分类指导，促进家庭财产性收入的提高，还可以为金融机构有针对性地开发适应市场需求的金融产品和服务提供理论和经验依据，促进我国资本市场和宏观经济的健康稳定发展。

一、本书构成

第1章：总括性概述，主要介绍本书的研究背景、研究目的、研究意义、主要内容、研究方法、数据来源、研究思路和本书的创新点。

第2章：对国内外家庭金融资产选择的文献进行系统梳理，并针对当前研究的不足提出本书的改进方向和思路。本章对国外文献的归纳与述评主要从两个维度展开：一是从理论研究的视角，总结资产组合理论的发展；二是从实证研究的视角，分别归纳有关家庭金融资产选择领域的早期成果和近年来的扩展性成果。对国内文献的归纳和述评主要从宏观和微观两个视角展开，在宏观视角上，主要梳理经济增长、政治经济体制、社会保障体系、金融市场发展、市场经济体制改革进程等宏观因素影响家庭金融资产选择的文献；在微观视角上，主要梳理投资者个人特征、投资者家庭人口统计特征、社会资本、家庭财富和收入等因素与家庭金融资产选择关系的文献。

第3章：对影响我国城镇居民家庭金融资产选择的因素进行理论分析。本章侧重于对影响家庭金融资产选择的因素进行归纳总结，但这些因素属于一般性因素，是影响不同发展水平国家居民家庭金融资产配置决策的共同变量。不同于欧美发达市场经济国家，我国居民家庭金融资产选择决策所处的经济、社会和文化环境具有特殊性。因此，本章结合转型期中国国情，重视社会网络和财富分层等中国元素的作用，从理论上全面总结影响我国居民家庭金融资产选择的一般因素和特殊因素。

第4章：在第2章和第3章分析的基础上，对我国城镇居民家庭参与金融市场的影响因素进行实证研究。本章共包括5个部分：①利用CHFS

在 2011 年和 2013 年两轮的家庭金融调查数据，对城镇居民家庭不同种类金融市场的参与率、不同因素与金融市场参与率的关系进行探索性描述统计分析，在初步识别不同因素对家庭金融市场参与影响的基础上，结合已有理论分析，选择影响城镇居民金融市场参与的因素；②在第 1 部分分析的基础上，选取相应的影响因素变量，构建城镇居民家庭金融市场参与的 Logit 模型；③对 Logit 模型的估计方法和检验方法进行概述，为实证研究奠定方法论基础；④利用极大似然法对家庭金融市场参与模型进行估计，对参数估计结果进行计量经济学检验，对模型估计结果进行稳健性检验，最后结合相关理论对实证结果进行解释和分析；⑤对本章内容进行小结。

第 5 章：对影响我国城镇居民家庭金融资产持有量的因素进行实证分析。主要包括 5 个部分的内容：①基于 CHFS 在 2011 年和 2013 年的两轮家庭金融调查数据，对城镇居民家庭各类金融资产的持有量、不同因素与家庭金融资产持有量的关系进行探索性描述统计分析，在初步识别不同因素对家庭金融资产持有量影响的基础上，选择影响我国城镇居民金融资产持有量的因素；②在第 1 部分分析的基础上，选择具体的变量并对变量赋值进行说明，进而构建影响家庭金融资产持有量的 Tobit 模型；③探讨 Tobit 模型的适用条件、估计方法和检验方法，为本章的实证研究奠定方法论基础；④采用极大似然法对模型进行估计，对参数估计结果进行计量经济学检验，对模型估计结果进行稳健性检验，最后结合相关理论对实证结果进行解释和分析；⑤对本章内容进行小结。

第 6 章：对城镇居民家庭金融资产配置结构及其影响因素进行实证分析。主要包括 4 个部分的内容：①利用 CHFS 在 2011 年和 2013 年两轮的家庭金融调查数据，对城镇居民家庭各类金融资产占家庭金融资产的比重、不同因素与金融资产结构的关系进行探索性描述统计分析，在初步识别不同因素对家庭金融资产结构影响的基础上，结合已有的理论分析，选择影响城镇居民金融资产配置结构的因素；②在第 1 部分分析的基础上，选取具体的变量衡量指标，构建影响城镇居民家庭金融资产配置结构的 Tobit 模型；③对家庭金融资产结构模型进行估计，对参数估计结果进行计量经济学检验，对模型估计结果进行稳健性检验，最后结合相关理论对实证结果进行解释和分析；④对本章内容进行小结。

第7章：利用CHFS在2011年和2013年两轮的家庭金融调查数据，实证检验社会网络与城镇居民家庭金融资产选择的关系，并构建影响机制模型识别可能的影响渠道。本章主要包括4个部分的内容：①首先对社会网络的度量进行说明，并对正规风险性金融资产进行定义，在变量定义的基础上，对社会网络和家庭风险性资产进行探索性描述统计。②选择相应变量，构建社会网络与家庭金融资产选择的关系的计量经济学模型。③估计社会网络影响家庭金融资产选择模型，对参数估计结果进行计量经济学检验，对模型估计结果进行稳健性检验；构建影响机制模型，检验社会网络影响家庭金融资产选择的可能渠道，最后结合相关理论对实证结果进行解释和分析。④对本章内容进行小结。

第8章：利用CHFS在2011年和2013年两轮的家庭金融调查数据，实证检验贫富差距扩大的背景下财富分层与城镇居民家庭金融资产选择的关系，建立影响机制模型识别可能的作用渠道。本章主要包括4个部分的内容：①首先对财富分层的度量进行说明，在此基础上，对财富分层与家庭金融资产配置进行探索性描述统计。②在第1部分的基础上，选择相应的变量，构建财富分层影响家庭金融资产选择的模型。③估计财富分层与家庭金融资产选择关系的模型，对参数估计结果进行计量经济学检验，对模型估计结果进行稳健性检验；构建影响机制模型，检验财富分层影响家庭金融资产选择的可能渠道，最后结合相关理论对实证结果进行解释和分析。④对本章内容进行小结。

第9章：利用CHFS 2013年的农户微观数据，实证检验财富分层与农村居民家庭金融资产选择的内在联系及其可能的影响机制。研究发现，不同财富阶层的农户参与金融市场的广度和深度存在显著差异。与贫困者相比，富有者更有可能参与风险性金融市场，投资风险性金融资产的数量也更大。进一步的机制分析表明，贫富差距可以通过投资风险态度和金融信息关注度的渠道影响农户家庭金融资产配置。研究结论在使用不同标准定义贫富差距后仍然稳健。

第10章：综合全书各章的研究结果，总结本书的主要结论，并提出针对性的对策建议，指出本书在家庭金融资产选择研究上存在的不足，归纳该领域未来的研究趋势。

二、主要结论

（1）中国家庭金融资产选择行为的基本特征：①中国家庭金融资产选择行为与欧美国家有很大的差异，在欧美等发达市场经济国家，金融资产占家庭资产的比重很大，家庭金融资产的金融化程度很高，而且家庭持有风险性金融资产的数量和比重较大，家庭主要通过专业化的中介进行金融资产投资。相反，与欧美等发达国家相比，我国居民家庭金融资产主要以储蓄存款为主，家庭主要持有无风险性金融资产。②城乡居民家庭在家庭金融资产选择上存在系统性差异，城镇家庭在金融市场上的参与率、持有金融资产的数量和配置金融资产的比重上都远高于农村居民家庭。③虽然中国居民家庭资产选择呈现出金融化的趋势，但金融资产在家庭总资产中的比例依然非常低，金融化程度不高。④尽管中国居民家庭金融资产选择有风险化趋势，但风险性金融资产在金融资产中的占比很小，风险化程度很低。⑤储蓄存款是中国居民家庭最主要的金融资产，家庭对股市的参与深度和广度都不足。⑥家庭社会网络越大，家庭越容易投资于金融市场。⑦不同财富阶层的家庭在金融资产选择上存在异质性特点。

（2）投资者家庭特征影响家庭金融资产选择的结论：①收入对家庭金融资产选择有显著的促进作用，随着收入的提高，家庭参与风险性金融市场、股票市场和储蓄存款的概率会显著提高，家庭持有金融资产数量、储蓄存款数量和股票的数量也会明显增加；与此同时，高收入家庭会增加风险性金融资产和储蓄存款的比重，但是对股票占比没有显著影响。②家庭财富对家庭金融资产选择有显著的激励作用，富裕家庭更有可能参与风险性金融市场、股票市场和进行储蓄；随着家庭财富的增加，家庭持有金融资产的数量、储蓄存款数量和股票数量也会显著提高；与此同时，富裕家庭还会提高配置在风险性金融资产、股票和储蓄存款中的比重。③房产投资挤出了家庭金融资产投资。随着房产占比的提高，不仅降低了家庭参与风险性金融市场、股票市场和储蓄存款的概率，还减少了家庭持有金融资产、股票和储蓄存款的数量。与此同时，高房产占比还降低了家庭配置在风险性金融资产、股票和储蓄存款中的比重。总体上看，房产对金融资产投资的替代效应超过了互补效应，过度的房产投资抑制了家庭对金融市场的参与深度和参与广度。④从事工商业经营对家庭参与风险性金融市场没有显著影响，对家庭参与股票市场和储蓄存款有负面影响。工商业生产经营对家庭持有金融资产数量和储蓄存款无显著影响，但是显著减少了股票的持有量；工商业生产经营降低了家庭配置在风险性金融资产和股票上的比重，但对储蓄存款的比重没有影响。⑤保险保障能够极大地促进家庭参与金融市场的广度和深度。购买商业保险的家庭更有可能参与风险性金融市场、股票市场和储蓄存款市场，同时会增加投资在金融资产、股票和储蓄存款上的数量；商业保险还对家庭配置在风险性金融资产、股票和储蓄存款的比重有显著的激励作用。⑥家庭总人口对家庭参与风险性金融市场和股票市场没有显著影响，但是显著降低了家庭进行储蓄存款的概率；家庭规模对家庭投资在金融资产和储蓄存款上的数量没有影响，但是显著降低了家庭对股票投资的数量；随着家庭人口增加，家庭配置在风险性金融资产和股票上的比重没有变化，但是显著降低了家庭配置在储蓄存款上的比重。

（3）投资者特征影响家庭金融资产选择的结论：①年龄对家庭参与风险性金融市场、股票市场和储蓄存款的作用存在差异。②教育水平的提高显著促进家庭参与金融市场的广度和深度。③健康状况好转对家庭参与风险性金融市场和进行储蓄存款有促进作用，但是对股市参与没有影响；健康状况变好对家庭投资金融资产和进行储蓄存款有重要的促进作用，对股票投资量没有影响；健康状况好会提高家庭配置在风险金融资产和储蓄中的比重，但是对股票占比没有影响。④风险态度对家庭参与风险性金融市场、股票市场和储蓄存款有显著的促进作用，与风险厌恶的家庭相比，风险中性和风险偏好的家庭投资在风险性金融、股票和储蓄存款中的数量越大，配置比重也越高。⑤性别对城镇居民家庭参与风险性金融市场有正向影响，但对家庭参与股票市场和储蓄存款没有显著影响；相比于女性投资者，男性投资者增加金融资产和储蓄存款持有量，但在股票持有量上并没有显著差别；相对于女性，男性投资者会增加风险金融资产的配置比重，但两者在股票和储蓄存款占比上没有差别。⑥已婚投资者更可能参与股市，婚姻状况对家庭参与风险性金融市场和储蓄存款没有影响；与未婚投资者相比，已婚投资者家庭持有更多的金融资产、储蓄存款和股票；已婚户主家庭配置在股票资产上的比重更高，但婚姻状况对风险金融资产和储蓄存款占比没有影响。⑦投资者是否党员对家庭参与风险性金融市场没有影响，但对参与股票和进行储蓄存款有积极影响；相比于非党员投资者，投资者是党员的家庭将会增加金融资产和储蓄存款的投资数量，是否党员对股票持有量没有影响；投资者为党员的家庭会增加储蓄存款的配置比重，是否党员对风险金融资产和股票比重没有影响。

（4）家庭金融资产选择存在地区差异：①在金融市场参与上，东部地区和中部地区的家庭在风险性金融市场的参与概率上高于西部地区家庭；东部、中部和西部地区家庭在股市参与上没有差别；东部地区和中部地区的家庭在进行储蓄存款的概率上高于西部地区家庭。②在金融资产的持有量上，东部地区和中部地区的家庭比西部地区家庭更多地投资金融资产和进行储蓄存款，但区域差异对股票持有量没有影响。③在金融资产的配置比重上，东部地区和中部地区的家庭比西部地区家庭配置更高比率的风险金融资产和储蓄存款，东部、中部和西部家庭在股票占比上没有差异。

（5）社会网络影响家庭金融资产选择的结论。社会资本不仅显著提高了家庭参与风险性金融市场的概率，而且增加了家庭持有风险性金融资产，尤其是对股票的数量。进一步的机制分析表明，社会资本可以通过降低风险规避态度和提升金融信息关注度的渠道来影响家庭对风险性金融资产的配置。研究结论在使用工具变量解决内生性问题，使用不同年份调查数据进行检验后仍然稳健。这一研究结论再次证实了社会网络、社会资本、“关系”等社会文化变量对我国居民家庭金融资产选择的作用。

（6）财富分层影响家庭金融资产选择的结论。不同财富阶层的家庭在风险性金融市场的参与广度和参与深度上存在系统性差异。与贫困者相比，富有者更有可能参与风险性金融市场，而且有能力投资更多的股票等风险性金融资产。进一步的机制分析表明，贫困者在投资风险态度上更加保守，由于缺乏社会资本投资能力，贫困者无法通过社会网络获取金融信息，进而限制了其进入风险性金融市场的意愿和能力。研究结论在使用工具变量解决内生性问题，使用不同标准进行财富分层后仍然稳健。

最后，本书根据理论分析和实证研究的结论，提出了针对性的对策建议：

（1）深化经济体制改革，减少家庭未来预期的不确定性，引导居民多元化投资。

未来需要在深化经济领域改革的同时，不断完善社会保障措施，逐步建立健全居民医疗制度、养老制度、失业保障制度和住房公积金制度，进而降低家庭对未来预期的不确定性，促使家庭在投资时更加关注资产的收益，实现家庭金融资产投资的多元化发展。

（2）完善和深化资本市场改革。

政府相关部门应当建立相应的金融市场，为家庭进行不同类型金融资产的投资提供必要的渠道，必须创新、改革和完善现有资本市场（股票市场、债券市场、基金市场）。首先，针对中国家庭股票投资较低的特征，要加快股票市场改革，进一步完善股票市场的制度建设，建立多层次的股票市场体系。其次，不断扩大债券市场规模，完善债券市场结构。最后，针对城镇居民家庭资产配置中基金比例较低的特征，应该进一步促进基金市场的合理竞争，降低基金费率，规范基金投资行为，提高基金管理能力，吸引我国家庭加大在基金市场上的投资力度。

（3）促进商业保险市场的健康发展。

当前我国商业保险市场还不完善，保险产品和服务还有很大的改进空间，这对我国保险业的发展既是挑战也是机遇。保险公司应当积极扩大商业保险市场规模，增加保险产品的吸引力。政府监管部门应当完善相关法律法规，促进各类保险中介规范发展，激励保险中介为家庭参与商业保险市场提供高效服务；重点发展符合我国国情的保险产品，如商业医疗保险、商业养老保险和责任保险等；探索保险机构参与新型农村合作医疗的有效方式，探索建立政策支持的巨灾保险体系。

（4）加快房地产相关领域改革，促进房地产市场健康发展，优化家庭金融资产配置。

住房市场化改革以来，尤其是最近10年以来，地价和房价不断创新高，房产是大部分家庭最重要的资产，这导致我国城镇居民家庭资产构成中房产比重很高，而股票、基金等金融资产的比重极低，极高的房产投资比例和住房拥有率，使得房产对于中国家庭金融资产配置起着极为重要的作用。政府应对房价进行调控使其回归合理水平，促进房屋租赁市场的健康发展，这将有助于家庭资产配置的优化。

（5）构建社会主义和谐社区。

社会网络作为一种非正式的制度安排，不但具有“信息桥”的作用，可以通过网络成员缓解信息不对称，降低交易成本；而且有助于家庭改变保守的风险态度，形成合理的风险投资态度。因此，政府应该加强社会主义和谐社区建设，有效发挥社会网络的保险与保障功能。通过建立广泛、高质量的社会网络，一方面可以降低家庭投资金融市场的风险；另一方面，有助于家庭增加信贷渠道，缓解信贷约束，进而增加家庭财产性收入，提高家庭福利水平。对城乡贫困家庭而言，他们往往缺乏物质担保，较难获得商业信贷的支持。因此，要充分发挥政府主导作用，扩大社会资本投入，建立多层次的互助机构等方式，扩展贫困家庭相对封闭和狭窄的关系网络，增加城乡贫困家庭的社会参与。在实践中，要重视发挥社区组织或互助机构的积极作用，协助贫困家庭建立以社会资本为基础的信用合作组织，以此作为担保主体向金融中介提出信贷需求，降低由于缺乏实物担保和信息不对称产生的客观约束，达到贫困家庭与金融机构的互惠共赢。

（6）调整收入分配结构，促进居民家庭金融资产合理增长。

财富分层对家庭金融资产选择影响显著，富裕家庭是当前参与金融市场的主力军，绝大部分贫困家庭都被金融市场排斥。家庭可支配收入是提高家庭金融市场参与率和金融资产合理增长的基础，国民收入分配政策要保证收入分配更多地向居民家庭倾斜。在经济快速发展的基础上，保证人民生活水平和家庭收入稳步提高，建立相应的政策积极保证居民收入增长与经济增长保持大体一致。通过改革和完善现有收入分配政策，逐步缩小家庭金融资产在不同富裕阶层之间，城乡之间，东部、中部和西部之间差距过大的问题。

（7）阻断贫困家庭金融资源配置与贫困之间的恶性循环。

本书发现，解决城镇居民家庭的贫富差距问题，仅仅依靠发展金融资本市场并不是可取的方案。处于不同财富阶层的家庭在参与金融市场的意愿和能力上呈现两极分化的趋势，单纯依靠发展和完善金融资本市场的政策措施不仅无法帮助贫困者逃离贫困和实现发展，还有可能扩大不同财富阶层的财产性收入差距，导致贫富差距进一步恶化。这一发现至少给我们以下 3 点启示：①在当前全面建成小康社会的关键时期，城镇贫困家庭由于缺乏金融资产投资能力进而导致财产性收入偏低，已经成为影响我国反贫困政策绩效的瓶颈，改善贫困家庭的金融选择意愿和能力，不仅是当前精准扶贫和精准脱贫的重要抓手，而且从长远来看，重视、培育和积极挖掘不同财富阶段家庭参与金融市场的广度和深度，也是促进我国金融资本市场可持续发展的重要抓手。②本书认为，在不改变现有金融产品和服务的情况下，单纯追求金融市场覆盖面的做法是低效的。因为覆盖面的扩大需要以家庭金融市场参与程度的提高为前提，但是不同财富阶层家庭对金融产品的需求存在系统性差异。金融机构应当针对不同财富阶层的家庭特点，即改进原有(或开发新的)金融产品和服务方式，提供差异化的金融产品和服务，这样才能释放不同财富阶层家庭参与金融市场潜在的和隐藏的需求。③政府应当出台政策，扩大机构投资者在金融资产投资中的份额，一方面机构投资者比普通家庭更具信息优势，可以带动家庭间接投资金融市场；另一方面，机构投资者有专业的金融知识和分析能力，能够更有效地控制风险，帮助家庭完成金融资产配置，提高家庭财产性收入，改善低收入家庭的金融资产配置效率。

从总体上看，本书在以下 4 个方面有所突破：

（1）在研究视角上，国内已有研究大多从宏观视角考察居民家庭金融资产选择行为，分析家庭资产选择在总量意义上的现状、预测未来的可能趋势，探讨宏观经济变量与当前家庭金融资产总量现状的关系。由于富裕家庭等因素对宏观变量有非常大的影响，在贫富差距不断扩大的背景下，少部分富裕家庭拥有全社会大部分财富。因此，基于宏观视角的研究结论并不能代表整个社会中大多数家庭的资产选择和偏好。不同于宏观维度的研究，本书试图利用中国家庭金融调查数据，从家庭微观视角实证研究我国城镇居民家庭的金融资产选择行为，深入系统地考察一般因素和“中国元素”对家庭金融市场参与、金融资产持有量与金融资产配置结构的影响，弥补单一宏观视角研究的不足。

（2）在研究方法上，首先，已有研究方法单一，早期研究我国居民家庭金融资产选择的文献主要以理论推演为主，近年来的实证研究大多也只是简单地采用描述性统计和多元线性回归方法，对样本数据的挖掘存在极大的局限性；其次，已有研究在模型构建过程中，对影响家庭金融资产选择的因素考虑不全面，存在遗漏变量偏误的可能，对变量的内生性问题缺乏必要的讨论，估计结果可能是有偏和非一致的，这些不足都降低了实证结果的可信性；最后，已有研究对模型的统计检验也不够严谨，很少有文献对估计结果进行稳健性检验，经常出现不同学者在研究同一时期同一问题时得到相反结论的现象。为此，本书利用中国家庭金融调查的专题数据，根据样本数据的分布特点和对内生性问题的讨论，选取相应的计量分析模型，在计量经济学理论的指导下对模型进行参数估计和计量经济学检验，并基于家庭金融理论对估计结果进行解释，以实现内部有效性与外部有效性的统一。

（3）在数据来源上，长期以来，我国家庭金融研究面临的主要问题就是缺乏一个权威和开放的全国家庭金融调查数据库。西南财经大学中国家庭金融调查与研究中心从 2011 年开始在全国范围内以家庭为单位进行持续调查，试图为学术研究和政策制定建立一个真实、客观、有效的家庭微观金融数据库。本书使用 CHFS 在 2011 年和 2013 年在全国开展的两轮家庭金融调查专题数据，对我国城镇居民家庭的金融资产选择问题进行全面深入的研究，以期弥补已有文献在样本数据来源和处理上的不足。

（4）在研究广度上，分别构建家庭金融市场参与模型、家庭金融资产持有量模型和家庭金融资产配置结构模型，全面剖析家庭金融选择行为，以丰富和拓展我国家庭金融资产研究领域的成果。在研究深度上，不仅考察影响家庭金融资产选择的一般因素，还基于转型期中国社会文化的新特点，检验社会网络和贫富差距等中国元素与家庭金融资产选择行为的关系及其可能的作用机制，深化我们对新时期中国居民家庭金融资产选择行为的理解。

当然，由于本人知识水平有限，错漏之处在所难免，欢迎读者批评指正。

王阳

2019 年 6 月 2 日于温江孔雀城

目　录

1 引　言

1.1　问题的提出

现代家庭在经济生活中同时面临两个重要决策：一是如何将收入在消费和储蓄之间进行分配；二是如何将家庭经济资源在实物资产和金融资产之间进行配置。改革开放以来，历经 40 余年经济的高速增长，我国居民家庭收入和生活水平发生了翻天覆地的变化，资本和金融市场亦有长足发展，家庭参与金融市场的意愿和能力不断提升，家庭金融资产选择行为呈现出复杂化和多样化的趋势。

首先，中国家庭已经逐步从过去那种狭隘的、仅仅依靠存款生息来管理资产的模式中摆脱出来，家庭金融资产选择初步呈现多元化趋势，现金持有比重不断下降，通过有价证券进行投资理财的方式开始成为家庭的重要投资选择。

其次，家庭金融资产选择行为既是微观主体的经济行为，又与金融市场和宏观经济紧密联系。随着家庭金融资产结构的多元化，家庭金融资产在动员储蓄转化为投资、优化资源配置等方面发挥着越来越重要的作用，进而对宏观经济产生举足轻重的影响。我国正处于体制转轨和经济转型的重要阶段，教育、医疗和社会保障体系还不尽完善，导致整体储蓄率过高，对股票等风险性金融市场的参与率过低，家庭金融资产结构有待进一步改善。

最后，随着我国金融市场的发展和金融理财产品的日益丰富，家庭可以选择的投资方案不断增加。通过金融创新，未来还会不断出现各种新的金融工具。尽管家庭可以根据偏好，不同金融工具的收益率及其流动性、安全性方面的特征形成家庭金融资产组合，但多数家庭缺乏必要的金融知识储备，在金融资产选择过程中存在或多或少的盲目性、跟随性、冲动性。由此派生出与家庭金融资产选择相关的一系列理论与现实问题：

（1）中国居民家庭金融资产配置的现状如何？未来会有怎样的变化趋势？现有金融产品和服务能否满足家庭进行金融资产选择的要求？

（2）中国居民家庭在各类金融市场的参与率如何？影响家庭金融市场参与率的因素有哪些？

（3）中国居民家庭持有各种金融资产的数量如何？影响家庭金融资产持有量的因素有哪些？

（4）中国居民家庭配置在各类金融资产中的比重是否合理？影响家庭金融资产配置结构的因素有哪些？

（5）“关系”和社会网络等中国特有的社会文化因素将对家庭金融资产选择产生什么影响？影响机制和作用渠道又是什么？

（6）在贫富差距不断拉大的背景下，不同财富阶层的家庭在金融资产选择行为上有无系统性差别？贫富差距扩大将对家庭金融资产选择产生什么影响，又是通过什么渠道和作用机制产生影响的？

正如 Campbell（2006）、甘犁等（2013）所言，有关家庭金融的理论研究和经验解释才刚刚起步，迫切需要我们认识家庭的金融行为规律，对以上理论和现实问题进行深入系统的研究。这不仅有助于我们从理论上深入理解居民家庭的金融资产选择行为，还可以为我们进一步研究金融市场发展及其与宏观经济增长的现实联系奠定坚实的微观基础。因此，在我国经济转轨和社会转型的关键时期，对居民家庭金融资产选择行为进行深入系统的研究，不仅具有重要的理论价值和现实意义，还具有深刻的政策意涵。

1.2 研究目的与研究意义

1.2.1 研究目的

美国金融学会主席 John Campbell(2006)指出，家庭金融(household finance)是金融系统的有机组成部分，家庭金融正逐渐成为金融学的一个重要领域与研究分支，其研究前景非常广阔。2006 年 1 月，Campbell 提出将家庭金融作为与资产定价、公司金融等传统金融研究方向并立的一个新的独立研究方向。2009 年，美国国民经济研究局(NBER)成立了家庭金融(Household Finance)研究小组，标志着家庭金融成为金融学研究的一个新领域。西南财经大学中国家庭金融调查与研究中心主任甘犁教授(2013)认为，家庭金融面临建模和度量两个方面的巨大挑战，而正是这一挑战支撑了该领域未来研究的广阔前景。近年来，家庭金融正受到越来越多的关注，这一领域的研究成果也在不断增加。但是，与金融学的两个传统研究领域（资产定价和公司金融）相比，家庭金融研究领域无论在理论方面还是在实证方面都尚未取得一致的结论。

从总体上看，研究家庭金融资产选择的目的有两个：一是宏观目的；二是微观目的(史代敏，2012)。宏观目的主要是从总量角度出发，不仅要研究居民家庭金融资产选择对宏观经济和社会发展的影响，还要分析宏观经济政策以及金融市场的发展对居民家庭金融资产总量和金融资产结构产生了怎样的影响。微观目的是从个体角度出发，把家庭当作决策主体，研究居民家庭金融市场参与、金融资产持有量及金融资产配置结构的现状、特征及其发展趋势，考察影响家庭金融资产选择的因素，以及相应的影响机制。

本书利用西南财经大学中国家庭金融调查与研究中心提供的 2011 年和 2013 年两轮在全国范围内进行调查的家庭金融资产专题数据，主要从家庭微观视角出发，实证检验影响家庭金融资产选择的一般因素和特殊因素，并识别这些因素的影响机制。本书力图拓展家庭金融研究的广度和深度，补充和完善已有相关文献在样本数据获取和模型构建上的不足，充实和丰富家庭金融资产选择领域的研究成果。具体来看，本书试图达到以下几个目的：

（1）基于 CHFS 提供的全国范围内的家庭金融调查数据，对城镇居民家庭在各类金融市场上的参与广度和深度进行描述性统计分析和分组统计分析。基于探索性描述统计分析的结果，总结我国居民家庭金融资产选择的现状和特点，初步发现影响家庭金融资产选择的因素。

（2）系统梳理国内外有关家庭金融资产选择的文献，归纳总结当前研究的不足，并提出本书的改进方向。基于家庭金融选择理论，对影响我国城镇居民家庭金融资产选择的一般因素和特殊因素进行理论分析，为实证分析奠定理论基础。

（3）基于理论分析和描述性统计的初步结论，分别构建家庭金融市场参与模型、家庭金融资产持有量模型和家庭金融资产结构的实证分析模型，选择相应的估计方法，实证检验不同因素对家庭金融市场参与率和参与深度的影响，并建立机制模型识别可能的影响渠道。

（4）基于中国社会文化的特点，实证检验“关系”等中国元素在家庭金融资产选择中的作用，识别可能的影响机制和作用渠道，以此检验在市场化改革不断深入的当下，传统因素对家庭经济决策的影响是否减弱、不变还是增强？

（5）基于转型期贫富差距扩大的事实，实证检验不同财富阶层的家庭在金融资产选择上是否存在系统性差别，并识别导致这种差别的机制，从而为金融机构开发差别化的金融产品和服务，为政府相关部门制定差异化的政策措施提供经验证据。

（6）基于理论分析和实证研究的结论，提出有针对性的政策建议，为我国家庭优化金融资产配置提供分类指导；为金融机构有针对性地开发适应市场需求的金融理财产品提供经验依据；为促进我国资本金融市场改革和发展的政策建议奠定微观基础；为相关宏观经济政策的制定提供针对性的对策，促进我国居民家庭财产性收入的提高、助力资本市场和宏观经济的健康、稳定发展。

1.2.2 研究意义

居民家庭如何在不确定环境下使用各类金融工具实现其财富目标是金融学研究的核心问题之一（Campbell，2006）。家庭作为社会经济活动的重要载体，其参与金融市场的意愿和持有金融资产的数量与配置结构是一个国家经济发展阶段和资本市场发展水平的重要标志。在欧美等主要发达国家，家庭金融的研究成果已得到广泛的应用，为经济政策的制定提供了重要的依据，因此受到学者越来越多的关注。家庭金融研究涉及的范围主要包括风险市场参与、资产配置决策、抵押贷款选择和家庭信贷约束等。

改革开放以来，随着我国居民家庭收入的提高和资本市场的发展，家庭的投资理财观念正发生转变，家庭参与金融市场的意愿和能力不断提升。与此同时，多数居民家庭缺乏必要的金融知识储备，在金融资产投资上存在或多或少的盲目性、跟随性和冲动性，这些因素交织在一起，使我国居民家庭金融资产选择行为呈现出复杂化和多样化的趋势，并由此派生出一系列与家庭金融相关的理论与现实问题。我国正处于经济转轨和社会转型的关键时期，在此时代背景下对我国居民家庭金融资产选择问题进行深入系统的研究，不仅具有重要的理论价值和现实意义，还具有深刻的政策意涵。

1. 理论意义

家庭金融是近年来金融学研究的一个新兴领域，随着我国金融产品的日益丰富和家庭金融实践的快速发展，国内外学者对于家庭金融的关注和研究不断增加(李心丹等，2011)。家庭金融资产是居民以往金融投资形成的存量，研究家庭金融资产选择也就是研究家庭金融投资行为，其研究结果是对已有家庭资产选择行为相关理论和家庭消费决策理论的验证和补充。深入系统地研究我国居民金融资产配置问题，可以为优化资源配置效率，促进经济增长与深化金融市场改革提供相应的理论借鉴。

但是，我国和欧美等发达资本主义国家处于不同的经济发展阶段，金融市场成熟度有很大的差别，国家之间在制度和文化存在巨大差异，这些异质性反映在家庭金融资产选择上，导致不同国家的家庭对风险性资产和流动性资产的偏好有所不同。此外，发达国家在政策制定的成熟程度和对家庭金融研究的关注等方面具有优势，而我国的资本市场还很不完善，家庭资产配置行为常常受到宏观政策的影响(高明、刘玉珍，2013)。当前，我国经济正处于经济转型升级阶段，兼具明显的区域差异和城乡差异，我国家庭金融资产选择行为的研究必须考虑这种“特殊性”。因此，本书将立足中国国情，在经济转型和社会结构变化的背景下，探寻我国城镇居民家庭金融资产选择的共性和特殊性。

2. 现实意义

国内有关家庭金融的研究才刚刚起步，数据的缺乏是家庭金融研究缺失的主要原因。由于发达国家较易取得家庭经济和金融的微观数据，因此有关家庭金融的文献多以发达国家为主。为了填补这方面的空白，2010年，西南财经大学成立中国家庭金融调查与研究中心，其核心工作就是开展中国家庭金融调查(CHFS)。该调查是专门针对中国家庭金融状况进行的全面的、系统的大型入户追踪调查，旨在通过科学的抽样，采用现代调查技术和管理手段，在全国范围内收集有关中国家庭金融微观层面的信息，以便为国内外研究者提供高质量的家庭微观数据，为国家制定宏观经济、金融政策提供参考和依据。

本书将利用CHFS提供的家庭金融调查数据从理论和实证上研究我国城镇居民家庭金融资产选择领域的现实问题：①系统考察居民家庭金融资产选择行为，深入了解居民家庭在各类金融产品上的投资现状、特点和不足，从而发现我国金融市场在需求侧和供给侧方面的不足，为金融创新提供理论指导和经验证据；②对居民家庭金融资产选择的影响因素进行实证研究，可以识别不同因素影响家庭金融资产选择上的方向和程度，帮助政府出谋划策，为居民提供更好的金融产品和服务，为金融当局制定政策提供富有价值的参考，引导家庭进行正确的金融投资，通过科学理财来防范金融风险，提高家庭财产性收入，促进社会经济的发展；③在经济转轨和社会转型期，基于我国国情研究“关系”和财富分层等特殊因素对家庭金融资产选择的影响和作用渠道，不仅可以为家庭优化金融资产选择提供分类指导，为金融机构有针对性地开发适应市场需求的金融产品和服务提供依据，还能帮助政策制定部门明确国家金融税收优惠政策的着力点，进而为政府制定相关宏观经济政策，科学引导居民进行合理的消费和投资以及为缩小贫富差距提供经验依据。

3. 政策意义

分析家庭金融资产选择不仅具有重要的理论和现实意义，更具有十分深刻的政策意涵。首先，资产组合的优化程度对家庭的财产性收入和财富积累有重要影响(陈志武，2003)；其次，它与资本市场的建设，包括退休计划、投资者教育和制度设计等息息相关(高明、刘玉珍，2013)，提高居民家庭科学理性地参与金融市场，能够推动我国资本市场和金融市场的健康发展；最后，在拉动中国经济的“三驾马车”中，消费对 GDP 的贡献率逐年上升，提高居民家庭合理的金融资产配置，可以促进家庭财产性收入的提高，有助于消费持续稳定地增长，最终促进宏观经济的稳定和可持续发展。

1.3 研究内容

本书主要包括 10 个部分的内容：

第 1 章：总括性概述，主要介绍本书的研究背景、研究目的、研究意义、主要内容、研究方法、数据来源、研究思路和本书的创新点。

第 2 章：对国内外家庭金融资产选择的文献进行系统梳理，并针对当前研究的不足提出本书的改进方向和思路。本章对国外文献的归纳与述评主要从两个维度展开：一是从理论研究的视角，总结资产组合理论的发展；二是从实证研究的视角，分别归纳有关家庭金融资产选择领域的早期成果和近年来的扩展性成果。对国内文献的归纳和述评主要从宏观和微观两个视角展开，在宏观视角上，主要梳理经济增长、政治经济体制、社会保障体系、金融市场发展、市场经济体制改革进程等宏观因素影响家庭金融资产选择的文献；在微观视角上，主要梳理投资者个人特征、投资者家庭人口统计特征、社会资本、家庭财富和收入等因素与家庭金融资产选择关系的文献。

第 3 章：对影响我国城镇居民家庭金融资产选择的因素进行理论分析。本章侧重于对影响家庭金融资产选择的因素进行归纳总结，但这些因素属于一般性因素，是影响不同发展水平国家居民家庭金融资产配置决策的共同变量。不同于欧美发达市场经济国家，我国居民家庭金融资产选择决策所处的经济、社会和文化环境具有特殊性。因此，本章结合转型期中国国情，重视社会网络和财富分层等中国元素的作用，从理论上全面总结影响我国居民家庭金融资产选择的一般因素和特殊因素。

第 4 章：在第 2 章和第 3 章分析的基础上，对我国城镇居民家庭参与金融市场的影响因素进行实证研究。本章共包括 5 个部分：①利用 CHFS 在 2011 年和 2013 年两轮的家庭金融调查数据，对城镇居民家庭不同种类金融市场的参与率、不同因素与金融市场参与率的关系进行探索性描述统计分析，在初步识别不同因素对家庭金融市场参与影响的基础上，结合已有理论分析，选择影响城镇居民金融市场参与的因素。②在第 1 部分分析的基础上，选取相应的影响因素变量，构建城镇居民家庭金融市场参与的 Logit 模型。③对 Logit 模型的估计方法和检验方法进行概述，为实证研究奠定方法论基础。④利用极大似然法对家庭金融市场参与模型进行估计，对参数估计结果进行计量经济学检验，对模型估计结果进行稳健性检验，最后结合相关理论对实证结果进行解释和分析。⑤对本章内容进行小结。

第 5 章：对影响我国城镇居民家庭金融资产持有量的因素进行实证分析。主要包括 5 个部分的内容：①基于 CHFS 在 2011 年和 2013 年的两轮家庭金融调查数据，对城镇居民家庭各类金融资产的持有量、不同因素与家庭金融资产持有量的关系进行探索性描述统计分析，在初步识别不同因素对家庭金融资产持有量影响的基础上，选择影响我国城镇居民金融资产持有量的因素。②在第 1 部分分析的基础上，选择具体的变量并对变量赋值进行说明，进而构建影响家庭金融资产持有量的 Tobit 模型。③探讨 Tobit 模型的适用条件、估计方法和检验方法，为本章的实证研究奠定方法论基础。④采用极大似然法对模型进行估计，对参数估计结果进行计量经济学检验，对模型估计结果进行稳健性检验，最后结合相关理论对实证结果进行解释和分析。⑤对本章内容进行小结。

第6章：对城镇居民家庭金融资产配置结构及其影响因素进行实证分析。主要包括4个部分的内容：①利用CHFS在2011年和2013年两轮的家庭金融调查数据，对城镇居民家庭各类金融资产占家庭金融资产的比重、不同因素与金融资产结构的关系进行探索性描述统计分析，在初步识别不同因素对家庭金融资产结构影响的基础上，结合已有的理论分析，选择影响城镇居民金融资产配置结构的因素。②在第1部分分析的基础上，选取具体的变量衡量指标，构建影响城镇居民家庭金融资产配置结构的Tobit模型。③对家庭金融资产结构模型进行估计，对参数估计结果进行计量经济学检验，对模型估计结果进行稳健性检验，最后结合相关理论对实证结果进行解释和分析。④对本章内容进行小结。

第7章：利用CHFS在2011年和2013年两轮的家庭金融调查数据，实证检验社会网络与城镇居民家庭金融资产选择的关系，并构建影响机制模型识别可能的影响渠道。本章主要包括4个部分的内容：①首先对社会网络的度量进行说明，并对正规风险性金融资产进行定义，在变量定义的基础上，对社会网络和家庭风险性资产进行探索性描述统计。②选择相应变量，构建社会网络与家庭金融资产选择的关系的计量经济学模型。③估计社会网络影响家庭金融资产选择模型，对参数估计结果进行计量经济学检验，对模型估计结果进行稳健性检验；构建影响机制模型，检验社会网络影响家庭金融资产选择的可能渠道，最后结合相关理论对实证结果进行解释和分析。④对本章内容进行小结。

第8章：利用CHFS在2011年和2013年两轮的家庭金融调查数据，实证检验贫富差距扩大的背景下财富分层与城镇居民家庭金融资产选择的关系，建立影响机制模型识别可能的作用渠道。本章主要包括4个部分的内容：①首先对财富分层的度量进行说明，在此基础上，对财富分层与家庭金融资产配置进行探索性描述统计。②在第1部分的基础上，选择相应的变量，构建财富分层影响家庭金融资产选择的模型。③估计财富分层与家庭金融资产选择关系的模型，对参数估计结果进行计量经济学检验，对模型估计结果进行稳健性检验；构建影响机制模型，检验财富分层影响家庭金融资产选择的可能渠道，最后结合相关理论对实证结果进行解释和分析。④对本章内容进行小结。

第9章：本章延续第8章的研究，提出财富分层影响农村家庭金融资产选择的假说，利用CHFS 2013年的农户微观数据对该问题进行实证检验，并建立机制模型识别可能的影响渠道。本章主要包括5个部分的研究内容：①结合中国农村特点，对财富分层的度量进行说明，并对财富分层与农户金融资产选择的关系进行探索性分析；②选择相应变量，构建财富分层影响农户金融资产选择的模型；③估计财富分层与家庭金融资产选择关系的模型，对模型估计结果进行稳健性检验，并结合相关理论对实证结果进行解释和分析；④构建影响机制模型，检验财富分层影响农户家庭金融资产选择的可能渠道；⑤对本章内容进行小结。本章的研究发现，不同财富阶层的农户参与金融市场的广度和深度存在显著差异。与贫困者相比，富有者更有可能参与风险性金融市场，投资风险性金融资产的数量也更大。进一步的机制分析表明，贫富差距可以通过投资风险态度和金融信息关注度的渠道影响农户家庭金融资产配置。研究结论在使用不同标准定义贫富差距后仍然稳健。本章的研究有助于拓宽家庭金融的研究视野，提高家庭金融资产选择理论的解释力，为金融机构有针对性地开发适应市场需求的金融理财产品提供经验依据。研究结论还有助于促进农村家庭财产性收入的提高，拓展精准脱贫和精准扶贫的思路，为当前反贫困的政策措施提供新的抓手。

第10章：综合全书各章的研究结果，总结本书的主要结论，并提出针对性的对策建议，指出本书在家庭金融资产选择研究上存在的不足，归纳该领域未来的研究趋势。

1.4 研究方法与数据来源

1.4.1 研究方法

本书主要采取理论研究与实证研究相结合的方法，在理论研究的基础上，利用家庭微观调查数据，重点进行微观实证研究。

1. 理论研究方法

在理论研究上，首先对研究涉及的相关概念进行界定；其次，剖析家庭金融资产形成的原因，从定性的角度对影响家庭金融资产选择的因素进行分析。值得注意的是，如果没有高质量的家庭金融调查数据作为支撑，纯理论的定性分析必然存在一定的缺陷。因为理论分析中影响家庭金融资产选择的因素众多，但并不是所有的因素都适合我国居民家庭金融资产选择的实际，这就需要在建模过程中剔除掉部分变量，同时增加一些符合中国国情的因素。因此，理论分析只是为后续的实证分析做基础性的铺垫工作。

2. 实证研究方法

本书分别对城镇居民家庭金融市场参与、家庭金融资产持有量和配置结构的影响因素进行实证研究，并检验了社会网络和财富分层对居民家庭金融资产选择的影响及其作用机制。

需要特别注意的是，在家庭金融资产选择的实证研究中，早期文献一般采用简单的多元线性回归模型，或者是以某一个变量进行分组，分析分组变量对家庭金融资产选择的影响，很少考虑因变量分布特点和变量的内生性问题。例如，家庭金融市场参与、家庭金融资产持有量与配置结构作为因变量，都存在取值受限问题，直接采用多元线性回归得到的结论将是有偏的。本书使用的家庭金融调查数据中，家庭持有的定期存款余额、股票账户余额、股票市值、债券面值、基金市值等数据在 100 万元以上均出现右侧截尾的情况。与此同时，很多家庭在某类金融资产上的持有量为 0，出现了左侧截尾的情况。虽然 CHFS 在 2011 年和 2013 年的调查中有全部的观测数据，但对于某些观测数据，被解释变量被压缩在了一个点上。此时，被解释变量的概率分布就变成由一个离散点与一个连续分布所组成的混合分布。在这种情况下，如果仍然使用传统的 OLS 方法进行估计，则无论使用的是整个样本，还是去掉离散点后的子样本，都无法得到一致的估计。因此，在模型选择上，普通的多元线性模型在处理受限因变量数据时存在缺陷，而二元离散模型和缩尾模型可以有效地解决这些问题。此外，本书在模型构建过程中考虑了核心变量可能的内生性问题。综合来看，本书选取 Logit 模型、Probit 模型、Tobit 模型、IVProbit 模型和 IVTobit 模型进行估计，以获得比以往研究更加准确的估计结果。

除了理论和实证研究方法，本书还采用比较分析方法，对国内外家庭金融资产选择的文献进行比较分析，发现国内外研究存在的不足；在研究内容上采用系统分析方法，从家庭金融资产的概念界定到家庭金融市场参与率、家庭资产数量与结构现状的分析，再到影响参与率、数量和结构的各种因素的经验研究，最后提出针对性的政策建议，在内容上形成一个相互联系的系统。

1.4.2 数据来源

家庭金融资产选择的核心问题是家庭如何在不确定条件下通过金融资产配置实现其财富的最大化。家庭金融领域的实证研究离不开高质量的家庭微观数据库，遗憾的是，由于我国长期缺乏家庭金融的微观调查数据，导致对家庭金融资产选择行为的实证研究很少，为了弥补数据上的缺陷，西南财经大学中国家庭金融调查与研究中心计划在全国范围内以家庭为单位进行持续调查，为学术研究和政策制定建立一个真实、客观、有效的家庭微观金融数据库。本书所使用的数据如不作特别说明，均来自西南财经大学中国家庭金融调查与研究中心 2011 年和 2013 年进行的两轮全国性调查。该调查通过收集家庭的资产与负债、收入与支出、保险与保障、人口与就业等方面的信息，全面追踪家庭的动态金融行为。目前，调查已完成 2011 年、2013 年和 2015 年三轮数据的采集和清理工作，调查家庭样本分别为 8438 个、28141 个和 37289 个①。

Campbell(2006)提出了评判数据库质量的五大标准：①数据的代表性；②资产类别的完备性；③资产的具体性；④数据的准确性；⑤数据的持续性。接下来，将基于 Campbell 提出的数据质量评估标准介绍 CHFS 数

---

① 截至本书完稿，CHFS 在 2015 年的调查数据还未正式公开，所以本书选取 2011 年和 2013 年的调查数据进行实证分析，这也是本书的一个遗憾。随着新的追踪数据的开放，我们也将进行跟进性的研究。在此，特别感谢西南财经大学中国家庭金融调查与研究中心无偿提供的数据支持，感谢参与历次调查的访员和工作人员的辛勤付出。

据库。

1. 数据的代表性

数据的代表性是指数据样本具有人口整体分布的代表性，尤其是年龄和财富，因为很多金融行为都与其息息相关。抽样设计是保证数据代表性的关键步骤。CHFS 采用了整体抽样和末端抽样相结合的方法。在整体抽样上，采用分层、分阶段、与人口规模成比例(PPS)的方法。以 2011 年的抽样为例，初级抽样单元(PSU)为全国除西藏、新疆、内蒙古、宁夏、福建、海南和港澳台地区之外的 25 个省(区、市)，2585 个县(含县、县级市、区，以下统称县)。

首先，从 PSU 中抽取县，将 PSU 按照人均 GDP 分为 10 层，在每层中按照 PPS 抽样方法抽取 8 个县，得到 80 个县；其次，在每个被抽中的县内，按照非农业人口比重随机抽取 4 个村(居)委会；最后，在每个被抽中的村(居)委会中，按照社区住房价格对高房价地区进行重点抽样，确定家庭户数(20~50 个)。在每个被抽中的家庭中，对符合条件的受访者进行访问，得到具有全国代表性的 8438 个家庭样本和 29324 个个人样本。

2013 年为了得到省级代表性，在 2011 年抽样的基础上遵循 PPS 原则扩大抽样框，最终涵盖除西藏、新疆和港澳台地区之外的 29 个省(区、市)、262 个县和 1048 个村(居)委会，共计 2814 个家庭样本和 97916 个个人样本。2015 年为了得到副省级代表性，在 2013 年的基础上继续扩大抽样框，最终涵盖除西藏、新疆和港澳台地区之外的 29 个省(区、市)、363 个县和 1439 个村(居)委会，共计 37289 个家庭样本和 125248 个个人样本。

末端抽样是确定住户具体地址的抽样，基于绘图员的绘图工作生成的住户清单列表并采用等距抽样的方法进行，抽样间距等于住户清单总数除以计划抽取户数。首先，确定一个随机起点，随机起点所指示的住户为第一个被抽中的住户；其次，第一个被抽中的住户加上抽样间距，即为第二个被抽中的住户，依此类推，直至抽满计划抽取的户数。另外，由于每户家庭被抽取的概率不同，在推断总体的时候，根据每个县被抽中的概率 P_1，每个村(居)委会在县里被抽中的概率 P_2，每个家庭在村(居)委会被抽中的概率 P_3，计算每户家庭代表的家庭数量为 $swgt = 1/(P_1P_2P_3)$，即每户家庭的抽样权重。

CHFS 数据在人口年龄结构和人口统计学特征等方面都与国家统计局公布的数据接近，且 CHFS 数据的抽样误差非常小。表 1-1 显示，在人口年龄结构方面，中国家庭金融调查数据与国家统计局数据 2010 年人口普查结果非常接近。

表 1-1　CHFS 2011 年调查与 2010 年人口普查在人口年龄分布上的对比(%)

数据来源	人口年龄分布(岁)								
	0~9	10~19	20~29	30~39	40~49	50~59	60~69	70~79	80 以上
人口普查	11	13	17.1	16.2	17.3	12	7.5	4.3	1.6
CHFS	9.3	10.4	15.9	15.2	17.2	14	10.3	5.4	2.3

数据来源：根据 CHFS 2011 年调查和国家统计局 2010 年人口普查结果整理而得。

在人口统计学特征方面，表 1-2 显示，中国家庭金融调查各项指标与国家统计局数据 2010 年人口普查的结果也都比较接近，表明 CHFS 抽样调查数据具有很好的代表性(甘犁等，2012)。

表 1-2　CHFS 2011 年调查与 2010 年人口普查在人口统计学特征上的对比

数据来源	人口统计学特征					
	城市人口比例	城镇户籍人口占比	城市家庭规模(人)	农村家庭规模(人)	平均年龄(岁)	男性比例
人口普查	51.3%	34.2%	2.89	3.98	36.87	51.4%
CHFS	49.7%	36%	3.04	3.78	38.96	50.5%

数据来源：根据 CHFS 2011 年调查和国家统计局 2010 年人口普查结果整理而得。

2. 资产类别的完备性

资产类别的完备性是指获取每个家庭的包含总财富及财富的各项分类数据。CHFS 在调查家庭的资产状况时，总资产既包括家庭农业、工商业资产、房屋资产、汽车资产、耐用品和奢侈品等非金融资产，也包括现金、存款、股票、债券、基金、金融理财、衍生品、外币、贵金属等金融资产。对于每一类资产，受访者都会被询问是否拥有，如果有则继续询问更多的信息。例如：房产信息包括是否租房、是否拥有房产、产权性质、购买成本、当前估值、居住面积、是否计划购房等；股票信息包括是否拥有股票账户、是否交易、投入资金规模、炒股年限、盈亏情况等。对于股票、基金或银行理财这些主要的金融资产类别，如果受访者未持有，还会被问及未持有的原因。此外，为了尽量不遗漏受访家庭持有的所有资产，除了逐一回答问卷标明的资产类别，还会被询问是否拥有其他金融资产或非金融资产。CHFS 数据具有较好的资产类别完备性，为学者研究家庭大类资产配置问题提供了便利。

3. 资产的具体性

资产的具体性是指资产类别的划分要足够细致，每类资产理应包含每个家庭持有的所有具体资产，从而可分析家庭资产的多元化配置问题。最理想的情况是能够了解到家庭在每类资产下的具体配置，但极少有数据能够做到这一点，尤其是抽样调查。对于房产，CHFS 问卷询问了家庭持有的房产套数及价值，并且会问及前三套房产的具体信息；对于股票，问卷询问了家庭持有的股票数量及价值等基本信息，但尚不清楚这些股票的代码、类别、仓位等具体信息；对于基金，问卷询问了家庭持有基金的种类、投资规模、盈利情况等基本信息，但没有这些基金的配置和盈利情况。扩展数据库信息的一种办法是在原有调查问卷的基础上大幅增加有关股票、基金等金融资产配置的详细问题，但这样的执行成本较高，并且会导致受访户疲惫，进而影响数据质量；另一种办法是从证券交易所获得受访者的投资交易数据，但受限于数据的敏感性和安全性，通常难以获得。

4. 数据的准确性

为了获取高质量的数据，中国家庭金融研究中心在校内招募具有金融学和经济学专业背景的访员，在正式调研前对所有访员进行针对性的问卷培训，确保访员能够准确理解问卷内容。在入户调查过程中，为了实时了解调研质量，调查中心会对调研员的访问情况进行抽样检查。在面访调查结束后，为了降低调查过程中产生的误差，一旦对访员获得的信息有疑问，还会对受访户进行电话回访，确认调查信息的准确性。由于在调查中依托专业的、训练有素的组织管理团队，CHFS 在调查实施的前期、中期、后期都已形成了成熟的操作流程，从抽样设计，到调查执行，再到质量控制等方面都遵循了规范、客观、公正的原则，充分保证了数据质量。

调查数据质量依赖于受访户接受调查的意愿和回答问题的准确性。国际上通用的计算拒访率的公式为：拒访率=拒访户数量/(拒访户数量+接受访问户数量)。一般而言，城市地区比农村地区拒访率高。表1-3列出了CHFS在2011—2015年三轮调查中的拒访率。与其他可公开获得的国内外调查CHFS的拒访率处于很低的水平。

表1-3　CHFS 2011—2015年三轮调查的拒访率(%)

项目	2011年调查	2013年调查	2015年调查
城市	16.5	1.54	14.1
农村	3.2	0.9	1.2
全国	11.6	10.9	10.8

数据来源：https：//chfs.swufe.edu.cn/yanjiuchengguo.aspx(CHFS官方网站)。

即使愿意接受访问，受访者也可能会拒绝回答某些问题。例如，在1995年的SCF数据中，64%的股票持有者告知了股票投资的具体额度，21%告知了股票投资额度的范围，15%根本没有提供任何信息(Campbell，2006)。对于拒绝回答的情况，一种办法是让受访户选择回答资产规模的范围，以及通过追问方式缩小回答的规模范围(Juster and Smith，1997；Juster，Smith and Stafford，1999)。CHFS也采用这种方法，有效地提高了数据质量。例如，在询问家庭持有的所有存款市值时，如果受访户回答的额度为整数值，访员会采取中位数法获取更准确的数据；如果受访户拒绝回答，访员则会给出若干范围的选项供其选择。2015年CHFS数据显示，85%的受访户回答了具体额度，9%回答了范围，只有6%没有提供任何信息。

5. 数据的持续性

数据的持续性是数据库要持续追踪调查家庭，从而获得面板数据，因为面板数据要好于截面数据，能够控制不随家庭变化的异质性，从而获得更加可靠的实证研究结果。CHFS是追踪调查数据，每轮调查除了老样本还有新扩样本。2011年CHFS家庭样本8438户，其中农村样本3244户，城镇样本5193户；2013年家庭样本总量为28141户，追踪到2011年的老样本为6846户，其中农村样本2406户，城镇样本4440户；2015年CHFS

家庭样本共有 37288 户，追踪到 2013 年的老样本数为 21775 户，其中农村样本 8027 户，城镇样本 13748 户；连续追踪 2011 年和 2013 年两轮调查的样本数为 5753 户，其中农村样本 2176 户，城镇样本 3577 户。这些数据可以帮助我们更好地掌握家庭资产配置随时间流逝而出现的调整和变化。

综上所述，CHFS 抽样设计的规范性、调查执行的标准性、质量控制的严格性保障了其数据的有效性和高质性，也保障了本书研究的客观性和公正性。CHFS 以家庭为单位进行数据的采集，识别家庭的原则为共享收入或共担支出。针对每个家庭，CHFS 都详细询问了每一个家庭成员的人口特征、工作状况和保险保障情况，也详细询问了家庭每一类的资产、负债、收入、支出状况，这为本书分析中国家庭资产投资组合的风险提供了强有力的支撑。对 CHFS 数据的详细介绍参见甘犁(2012)和《中国家庭金融调查报告・2014》。

本书试图分析影响我国城镇居民家庭金融资产选择的因素及其可能的作用机制，由于以下 3 个原因，本书更适合用截面数据进行分析：①第 4 章、第 5 章和第 6 章试图分析家庭特征变量和户主特征变量对家庭金融资产选择的影响，这些变量在家庭层面具有稳定性；②第 7 章试图分析社会网络对家庭金融资产选择的影响，社会网络变量在短期内不太可能发生太大的变化(周晔馨，2012；周广肃等，2014)；③第 8 章试图分析财富分层对民间借贷的影响是否存在差异，而非考虑财富变化的影响，即使短期内家庭财富有波动，也并不能改变家庭的财富地位。因此本书的实证分析部分更适合用截面数据，而不是面板数据。为了充分利用 2011 年和 2013 年的数据，我们在描述性统计部分做了两个年度上的对比分析，在实证检验部分利用两年的数据进行稳健性检验。

本书将样本分别控制在城镇地区主要出于以下两方面考虑：一是中国农村和城市的家庭结构和金融资产选择行为差异较大。如在农村样本中，绝大部分家庭从事农业生产，只有少数经营自主工商业。城市家庭中大部分为工薪阶层，仅有少数家庭从事自营工商业。二是金融投资环境上的差异。相对于农户而言，城市家庭有房屋产权，可以用住房公积金、抵押贷款等融资方式进行投资。同时，城市家庭在医疗保险和社会保障等方面都和农户有很大的差别。为了避免因城乡差异所产生的异质性而影响估计结果，本书着重分析社会资本对城镇居民家庭金融资产选择的影响，剔除重要变量遗失和异常值后，2011 年的城镇居民家庭样本量为 4942 户，2013 年的为 18532 户。由于 2013 年 CHFS 扩大了样本规模，变量具有更小的方差，数据的稳定性和代表性更好。

1.5 研究思路

本书的研究思路遵循以下步骤：

第 1 步，对国内外有关家庭金融资产选择的文献进行总结和梳理，并针对当前研究存在的不足提出本书的研究方向。基于理论分析，定性探讨影响我国家庭金融市场参与率、家庭金融资产配置数量与结构的因素，对我国家庭金融资产形成的原因和各种影响因素进行理论解释、对本书涉及的核心概念进行界定，明确模型构建中变量选择和数据处理的大方向，为后续实证研究奠定基础。

第 2 步，运用 CHFS 提供的家庭金融调查数据对城镇居民家庭金融资产选择行为进行探索性分析，包括对家庭各类金融资产选择的现状进行描述性统计分析和分组统计，初步了解家庭特征变量对家庭金融市场参与率、金融资产持有量和配置结构的可能影响。在此基础上，选择适当的指标分别构建家庭金融市场参与率模型、家庭金融资产数量模型和家庭金融资产结构模型，为后续的计量经济分析奠定方法论基础。

第 3 步，分别对家庭金融市场参与率模型、家庭金融资产数量模型和家庭金融资产结构模型进行实证研究，采用相应的估计方法对计量模型进行估计，对估计结果进行稳健性检验，对变量系数的估计结果进行计量经济学和统计学检验，并基于相关理论对估计结果进行解释和分析。

第 4 步，考察转型影响中国居民家庭金融资产选择的特殊因素，在考虑内生性问题的基础上，分别实证检验“关系”和财富分层对家庭金融资产选择的影响，并识别其可能的影响机制和作用渠道，并对估计结果的稳健性进行检验和经济解释。

第5步，基于理论分析和实证研究的结论，总结本书得到的主要结论和启示，提出有针对性的政策建议，指出本研究存在的不足之处和该领域未来的研究趋势。

1.6 创新之处

本书试图在以下几个方面取得突破：

（1）在研究视角上，国内已有研究大多从宏观角度考察居民家庭金融资产选择行为，从总量视角分析家庭在资产选择上的现状与未来趋势，进而探讨宏观经济变量与形成当前现状的关系。由于富裕家庭对宏观变量有非常大的影响，在贫富差距扩大的背景下，基于宏观视角的研究结论不能代表整个社会中大多数家庭的资产选择和偏好。本书试图利用中国家庭金融调查数据，从家庭微观视角考察家庭金融资产选择行为，深入系统地考察一般因素和特殊因素对金融市场参与率、金融资产持有量与金融资产配置结构的影响，弥补基于宏观视角研究的不足。

（2）在研究方法上，已有研究方法单一，大部分文献以理论推演为主，少量实证研究也只是简单地使用描述性统计和多元线性回归方法，对数据信息的挖掘存在极大的局限性。在模型构建过程中，考虑的因素不全面，模型的统计检验也不够严谨，经常出现不同学者在研究同一时期同一问题时得到相反结论的现象。本书利用中国家庭金融调查的专题数据，根据原始调查数据的特点和对内生性问题的讨论，选取相应的计量分析模型，在计量经济学理论的指导下对模型进行参数估计和计量经济学检验，基于家庭金融资产选择理论对估计结果进行解释，以实现内部自洽性与外部自洽性的统一。

（3）在数据来源上，已有研究使用的数据不够细致全面，普遍缺乏家庭层面的全国性数据。综观家庭金融领域的研究，国内学者主要利用调查访谈数据以及交易账户信息，对家庭金融市场参与、金融资产配置及交易行为等问题进行研究。长期以来，我国家庭金融研究存在的主要问题之一就是缺乏一个类似于美国“消费者金融调查（SCF）”那样的数据库，由于无法获得反映家庭人口统计特征和家庭金融资产配置细节的微观家庭数据，相关研究所使用的样本大多缺乏代表性，指标设计也不够细致、全面，难以深入考察家庭金融资产配置行为。为了弥补数据上的缺陷，西南财经大学中国家庭金融调查与研究中心从2011年开始在全国范围内以家庭为单位进行持续调查，为学术研究和政策制定建立了一个真实、客观、有效的家庭微观金融数据库。本书将使用CHFS在2011年和2013年两轮的全国性调查数据对我国城镇居民家庭的金融资产选择问题进行全面深入的研究，以期弥补已有文献在数据收集和处理上的不足。

（4）在研究广度上，早期文献使用的大多是宏观数据，无法考察诸如年龄、收入状况、受教育程度等变量对家庭金融资产选择的影响。此外，宏观总量数据还容易受到少部分特别富裕人群的影响，基于宏观数据得到的结果不能代表占全社会绝大多数的普通家庭的偏好和选择。近年来，逐渐有学者开始使用家庭金融资产的抽样数据进行规范的实证分析，但是这些研究普遍存在两个不足：一是对影响家庭金融资产选择的因素考虑不全面，在模型构建时遗漏了一些关键变量，而这些关键变量的缺失有可能导致遗漏变量偏误，影响估计结果的可信性；二是已有研究大多只关注家庭金融资产选择问题的某一个方面（如金融市场参与率、金融资产持有量和金融资产配置结构的某一个方面），研究结论无法全面反映家庭金融资产选择的特点。本书试图弥补这一不足，分别构建家庭金融市场参与模型、家庭金融资产持有量模型和金融资产配置结构模型，全面剖析家庭金融选择行为，以丰富和拓展我国家庭金融资产研究领域的成果。

在研究的深度上，已有研究大多考察家庭特征变量和户主特征变量等一般性因素如何影响家庭金融资产选择，缺乏对转型期中国家庭家庭金融资产选择特殊性的考察，对属于中国国情的特殊因素的考察重视不够。本书试图弥补这种不足，基于新时期中国社会、经济和文化的特点，检验“关系”和财富分层等元素如何影响家庭金融资产选择行为，并对其可能的作用机制进行研究，深化我们对中国居民家庭金融资产选择行为的理解。

2 国内外文献述评

2.1 国外文献述评

家庭金融资产选择是家庭对一种或几种金融资产所产生的需求偏好和投资倾向，进而持有的行为。家庭金融资产选择理论主要研究家庭可供选择的资产种类和资产配置的决定因素。在现实生活中，家庭同时面临两个决策：一是决定收入如何在消费和储蓄间分配；二是决定如何把家庭经济资源在实物资产和金融资产间进行分配。本书主要关注家庭的第二个选择，重点研究家庭如何在不同风险与收益组合的各类金融资产之间进行投资决策。本节将对国外有关家庭金融资产选择的研究成果进行梳理，主要从两个方面展开：一是对家庭金融资产组合的有关理论进行梳理；二是对家庭金融资产选择的扩展性研究进行综述。

2.1.1 资产组合理论

1. 现代资产组合选择理论

Markowitz(1952)建立的均值—方差模型奠定了现代资产组合理论的基础，该理论假设投资者只关心每种资产的预期回报(期望)和风险(方差)，以及资产回报之间的协方差。在此假设的基础上，他指出有效投资的标准是给定风险条件下追求期望收益最大化，或给定期望收益条件下追求风险的最小化。进一步，其研究表明资产组合能够降低非系统性风险，在不确定条件下，家庭进行分散化投资是最优选择。Tobin(1958)提出了著名的“两基金分离定理”，进一步完善了投资组合选择理论。他认为，所有经济人的资产组合(一种无风险资产和唯一的风险资产)是相同的，个人流动性风险偏好的差异决定了风险资产在资产组合中的比例。Sharpe(1964)将有效市场理论与均值—方差理论结合，提出在一般均衡框架中以理性预期为基础的投资者行为模型，即资本资产定价模型(Capital Asset Pricing Model，CAPM)，CAPM 模型揭示了证券市场上的非系统风险可以通过投资的分散化消除，而系统风险却无法消除并会对预期收益产生影响。

均值—方差模型、两基金分离定理和 CAPM 模型都是静态模型，不涉及家庭进行跨期消费—储蓄的问题。事实上，投资者不仅要考虑其资产组合当前的收益，还要关心以后若干时期的可能情况。Samuelson(1969)和Merton(1969)最早考虑了连续时间下的最优消费—投资组合决策问题，提出了无风险债券与风险股票的投资决策模型。根据他们的模型，投资者应该将一定比例的财富投资于所有的风险资产，投资者的最优风险资产持有比例独立于年龄、财富、投资期限等变量，仅由投资者风险厌恶程度的差异决定。在 Samuelson(1969)和 Merton(1969)的模型中，假设投资者的相对风险厌恶水平不变且为常数。但实际上，投资者的风险厌恶水平与家庭的财富、年龄以及收入等因素相关。实证研究表明，随着家庭财富水平的提高，投资者的风险厌恶水平会下降，导致其持有风险资产的比例增加，以上传统的资产选择理论以理性人、完全市场和标准偏好为前提假设。基于以上假设，家庭投资比例仅取决于投资者的风险偏好，所有投资者都会将一定比例的财富投资于所有股票。

2. 家庭资产配置的多元化

家庭资产配置的多元化多指股票投资组合的多元化。Markowitz(1952)的经典投资组合理论认为，可以通过多元化投资的方式减小金融市场风险，进而减轻投资组合风险，但在现实中，多个国家存在着“多元化之谜”的现象，这主要表现为以下 3 点：第一，多数家庭持有较少的股票。Kelly(1995)使用早期美国消费者调查数据(SCF)研究发现，多数持股家庭仅持有1只上市公司股票。而30多年来，美国散户投资者的实际投资多样化个数一直比最优投资组合的规模小（Polkovnichenko，2005；Goetzmann and Kumar，2008；Dimmock et al.，2016）。其他国家如德国、瑞典和土耳其（Dorn and Sengmueller，2009；Anderson，2013；Fuertes et al.，2014）也存在类似的问题。Statman（1987）指出理论上投资者持有的股票只数应在30~40只，但在中国，每个股民仅平均持有3.2只股票。第二，家庭大多持有本地的股票。来自经纪人账户的数据发现个人投资者的地区偏好很强烈（Zhu，2002），一些投资者更喜欢持有当地电信公司的股票（Huberamn，2001）。而中国投资者不仅喜欢持有在本地上市的股票，更倾向于持有在本地交易的公司股票（Feng and Seasholes，2004）。第三，家庭多持有雇主公司的股票。Mitchell and Utkus（2003）研究发现，个人投资者更偏好持有与401（k）退休储蓄账户相关的雇主公司股票。即使抛开雇主政策因素，个人投资者也会倾向于持有雇主公司股票，而不是多样化投资（Benartzi，2001）。

学者们主要从4个方面解释了家庭股票投资的非多元化现象：第一，市场成本。交易费用、信息成本等因素是导致家庭投资单一化的原因之一，交易费用越高，投资组合的多元化越低（Rowland，1999），而昂贵的信息成本也会使投资者更集中于少数股票（Nieuwer burgh and Veldkamp，2009）。第二，投资者偏好。Golec 和 Tamarjin（1998）、Barberis and Huang（2008）的研究发现，投资者会对某类行业或某种类型的股票有偏好，这会导致其投资单一性。另外，投资者还偏好相关性很强的股票，或是自己熟悉领域的股票（Huberman，2001）。第三，行为金融。不同投资者的行为偏好也影响到其投资的多元化程度。不同学者从过度自信（Barber and Odean，2001；Polkovnichenko，2005；Fuertes et al.，2014）、歧义厌恶（Ambiguity aversion）（Dimmock et al.，2016）和窄框架（Narrow framing）（Xie et al.，2017）等方面进行了探讨。第四，金融知识。金融知识能帮助投资者更好地做出金融决策（Bernheim and Garrett，2003），因此金融知识水平越低，家庭的投资组合越多样化（Guiso and Jappelli，2008；Abreu and Mendes，2010；曾志耕等，2015）。

3. 家庭资产配置的有效性

Markowitz(1952)的均值—方差理论模型，被广泛认为是进行资产配置的黄金标准。首先，理性投资者的投资组合都应该处于有效边界上，其中每一个投资组合都能够在给定预期收益的前提下使风险最小化，或者在给定风险的前提下使收益最大化；其次，每个投资者都有一个期望效用函数和风险厌恶系数，因此有不同的无差异曲线；最后，无差异曲线和有效边界的切点组合就是最适合、最有效的投资组合。

在实际研究中，学者们尝试理论和实践的结合，主要聚焦于3个方面：第一，投资组合有效性的衡量方法。一些学者基于有效前沿衡量家庭资产组合的有效性(Gourieroux and Jouneau，1999；Flavin and Yamashita，2002；Pelizzon and Weber，2008)；另外，一些学者认为夏普率在一定程度上也可以反映投资组合的有效性(Gourieroux and Monfort，2005；Pelizzon and Weber，2008；吴卫星等，2015)。第二，投资组合的范围。一些学者仅考虑流动资产的组合有效性(Gourieroux and Jouneau，1999；Grinblatt et al.，2011)；但一些学者认为，投资组合的风险不仅来自金融市场，还与房市相关(Flavin and Yamashita，2002)，且把房市纳入投资组合后，家庭的投资组合有效性会发生显著变化(Pelizzon and Weber，2008)。第三，影响投资组合有效性的家庭特征。学者们研究发现，高IQ的投资者(Grinblatt et al.，2011)资产组合更有效；“非多元化”和“有限参与”降低了家庭投资组合的有效性(Calvet et al.，2007)；户主已婚、高学历、家庭财富水平高也会使投资组合更有效(吴卫星等，2015)。

2.1.2 家庭金融资产选择研究的扩展

国外学者早期主要采用纯理论推导的方式对家庭金融资产选择进行研究，如Poapst and Waters(1963)根据理论推断出，影响加拿大个人投资方式的因素包括金融产品的增多、专业投资咨询服务的便利程度、金融投资选择的时间成本、总收入水平、家庭所意识到的责任感、居民所处的地域等。但由于纯理论的推导没有得到数据的支持，其研究结论的可信度受到质疑。

随后，国外大批学者开始对家庭金融资产选择问题进行了实证建模研究。建模思路主要有两种：理论导向型和数据导向型。早期家庭金融资产选择模型的建模思路主要是理论导向型，而近期的研究则更多的是数据导向型，即将前人已经证实的影响家庭资产选择的因素纳入模型的同时增加新的变量，检验这些新的变量对家庭金融资产选择的影响是否显著。

在贫富差距过大，收入分配不均的情况下，少数富有的家庭可能持有整个社会绝大部分的金融资产，使用宏观数据考察家庭金融资产的社会平均构成比例会与众数有所偏差，基于微观数据研究得出的结论与基于宏观数据的研究结论也会有很大的差异。因此，大部分西方学者在实证研究中，倾向于采用家庭微观数据，主要从人口特征属性、行为金融学特征、人口摩擦因素和非金融资产的挤出性效应四个方面分析不同因素对家庭金融资产总量和配置结构的影响，这种方法为进一步研究家庭金融资产选择问题提供了一种比较清晰的思路(高明、刘玉珍，2013)。

1. 人口特征属性

人口特征属性主要包括年龄、性别、健康状况、受教育程度和家庭收入状况等因素。Brunetti and Torricelli(2010)研究了1995—2006年意大利人口年龄结构与家庭金融资产的关系，发现年龄因素会影响意大利家庭的金融资产选择，随着年龄的变化，家庭持有的金融资产呈驼峰状分布。Cocco et al. (2001)认为年龄对家庭金融资产配置有显著影响，老年人会逐渐减少对风险性资产的需求。此外，工资收入的不确定性还会对家庭金融资产选择产生两种效应：财富效应和替代效应。财富效应源于工资收入的提高增强了家庭抵御风险的能力，从而使家庭金融资产组合中的风险资产增加；而替代效应表现为当家庭面对较大的工资收入风险时，对股票的需求将减少，但是这一效应的影响很小，最终工资收入对家庭金融资产的财富效应起决定性作用。Benzoni et al. (2007)、Sharma(2010)、Bagliano et al. (2012)等分别研究了工资收入与持有股票数量的关系、印度农村收入对其资产组合的影响，以及持久性收入与资产组合的关系。Vavroušková et al. (2012)利用Heckman模型，研究了工资收入的差异对捷克家庭金融资产选择的影响，发现家庭金融资产组合不仅在不同工资收入的蓝领工人之间没有显著差别，而且在不同工资收入的白领、农场主家庭、农业雇员内部也无明显差别。Atella et al.（2012）认为，人们所感受到的自身健康状况比他实际的健康状况更容易影响其资产配置。

Love et al.（2010）研究了健康状况与资产组合是否有相关性，发现对于单身家庭而言，健康状况对其资产组合没有明显的影响；而对已婚家庭资产组合有较小的影响。Atella et al.（2012）使用 SHARE 数据库研究了欧洲国家当前的健康状况、未来健康风险对家庭持有风险性资产的影响。结果发现，未来的健康风险只有在卫生保健体系不完善的国家才对家庭金融资产组合造成影响。

Agnew et al.（2003），Guiso（2000）et al.，Faig and Shum（2002）认为不同国家的人口统计特征（性别、婚姻状况、年龄等因素）会对家庭金融资产选择产生不同程度的影响。在英国，性别、年龄和总财富会显著影响家庭金融资产选择；在美国，年龄、财富与家庭风险资产所占比重呈正相关关系；在韩国和日本，年龄、婚姻状况、受雇情况以及抚养小孩的情况对家庭金融资产选择都有影响。

Coile and Milligan（2009）利用 HRS 数据库研究美国家庭退休以后的金融资产组合状况，发现随着年龄增长、健康状况的恶化，居民会减少对金融资产的持有。Cardak and Wilkins（2009）利用 HILDA 数据库研究了澳大利亚家庭对风险资产的持有状况，发现收入、健康状况、年龄等都会影响家庭对风险性金融资产的持有。Nalin（2013）的研究发现，家庭的收入、受教育状况、职业、居住地点、家庭规模大小能有效地解释土耳其家庭金融资产的变动。

2. 行为金融学特征

行为金融学特征主要包括投资者的有限理性、信任度和预期等因素。Guiso et al.（2008）的研究发现，家庭投资者在决定是否购买股票时受到信任度的影响，信任度低的投资者不愿意持有或者持有的股票份额比较低。Cardak and Wilkins（2009）发现，缺乏经验和对金融知识的了解不够是家庭不持有股票的原因。Dimmock and Kouwenberg（2010）研究投资者的损失规避行为对家庭持有股权，以及家庭资产在共同基金与股票之间的分配影响，发现损失规避行为会更多地降低家庭持有股票的概率，也会对持有共同基金的数量造成一定影响。Barasinska et al.（2012）等利用德国 SOEP 数据库，实证研究家庭风险厌恶程度对金融资产组合的影响，发现风险厌恶的家庭会倾向于持有无风险资产组合；是否需要增加资产的持有量则取决于该资产的流动性和安全性。Gerhardt and Meyer（2013）研究了个人投资组合报告对家庭参与金融资产投资的影响，发现接收并阅读了投资报告的个人投资者会更加积极地参与金融投资行为。

3. 市场摩擦因素

市场摩擦主要包括借贷约束、卖空约束、交易成本和信息不对称等因素。Guiso and Luigi（2002）发现，由于进入股市存在固定成本，因此投资者财富越多，从股票投资中可得的效用越有可能弥补进入股市的固定成本，进而越有可能持有风险性证券，而贫困的投资者不投资股票是明智的。Maela Giofré（2008）研究了欧洲 4 个国家（法国、意大利、西班牙、瑞典）的投资组合情况。结果显示，家庭资产组合更容易受到距离、股票市场的透明度等因素的影响，个人投资者相对于机构投资者更容易受到信息不对称性的影响。Kapteyn and Teppa（2011）认为固定成本从经济和统计两方面显著解释了家庭资产组合不完全的原因。Roche et al.（2013）发现，由于保证金以及限制借贷等金融方面的限制，年轻家庭的财富较少，持有的金融资产比较单一。

4. 非金融资产的挤出效应

房产作为家庭财产的重要组成部分，虽然不属于家庭金融资产，但是它对金融资产的配置有重要影响。Cocco et al.（2005）发现房产排挤了投资者对于股票的持有，特别是对于年轻的投资者和低收入家庭。Blow and Nesheim（2010）的研究发现，美国家庭的房产占家庭总财富的 60% 以上，对家庭金融资产选择行为有显著影响。Horneff et al.（2010）的研究发现，家庭资产除了持有股票、债券以外，还会用于购买延迟年金，从而对家庭持有的其他金融资产产生挤出效应。Mayordomo et al.（2014）发现，房产是一种流动性较差的资产，会限制家庭持有的金融资产组合。Goldman and Maestas（2013）研究了医疗保险对家庭持有风险资产的影响。结果发现，拥有适度的医疗补充保险和雇主额外保险政策的家庭持有的风险性资产比没有参加额外保险的家庭高出7.21%。

2.2 国内文献述评

2.2.1 宏观层面

在家庭金融资产研究的早期，国内学者对家庭金融资产选择的研究范围比较窄，研究方向主要集中于储蓄存款方面，研究目的主要是解释中国的高储蓄率现象。龙志和和周浩明(2000)、臧旭恒和刘大可(2003)等的研究基本上得出了相同的结论：即我国高储蓄率的主要原因在于预防性的储蓄动机。包蓓英(2000)等通过设计调查问卷进行访问的形式获取数据，发现影响金融资产结构的重要因素有GDP、收入以及其他外生变量，诸如政治经济体制、社会保障体系等，经济体制改革进程的加快提高了居民的金融投资意识，从而影响着居民家庭金融资产的结构。刘欣欣(2009)把不确定性纳入对居民金融资产选择行为的分析，说明在制度变迁过程中资本市场上风险和收益的不确定性是导致居民金融资产结构中资本性资产偏低的重要原因。杨金敏(2009)等认为，中国经济持续快速增长以及中国经济体制变迁引起中国家庭财富积累快速增长，带动了家庭持有金融资产数量的增长，从而促进个人理财业务的发展。随着居民对理财业务的总结和经验积累，家庭持有金融资产的结构将发生变化。徐梅和李晓荣(2012)考虑了不同的风险，应用时间序列数据基于居民现金持有比例、储蓄存款比例和持有股票比例与宏观经济指标建立状态空间模型，分析了不同经济周期宏观经济指标对居民家庭金融资产结构的动态影响，发现不同类型的金融资产对宏观经济指标变动和外部冲击的敏感度是不同的。手持现金比例对GDP增长率、CPI增长率和利率的变化都比较敏感，储蓄存款比例对GDP增长率的变化比较敏感，而持有股票比例对宏观经济指标则不敏感。

此外，我国城镇居民在股票市场上同样存在“有限参与”的现象，在传统资产选择理论的假设前提下，家庭投资比例仅取决于投资者的风险偏好，所有投资者都会将一定比例的财富投资于所有股票。然而，现实却背离了理论预期，不仅发达市场经济国家（如美国、英国、意大利和日本）的股市参与率远低于理论预期，而且发展中国家也存在这一现象。甘犁等(2012)基于中国家庭金融调查 2011 年的数据分析得出：中国家庭的股票市场参与率仅为 8.8%，很多家庭都不会投资股票市场，即使是参与股票市场的投资者也并非持有市场中所有类型股票，而且持有数量偏低。

2.2.2 微观层面

微观层面的研究主要是利用调查访谈数据以及交易账户记录，对中国家庭市场参与、资产配置及交易行为等问题进行一定的实证研究。史代敏和宋艳(2005)实证检验了年龄、财富规模、户主性别、家庭责任、户主受教育程度、家庭资产规模等因素对中国居民家庭金融资产选择的影响。结果发现，转型期中国不同年龄阶段的居民金融资产结构相近，金融投资带有强制选择性。李涛和郭杰(2006)基于我国 15 个城市的调查数据，从风险态度的角度研究了居民的股市参与行为，发现居民风险态度对是否投资股票没有显著影响。李涛和子璇(2006)基于投资者行为调查数据，发现社会互动推动了居民对股票、债券等投资项目的参与。邹红和喻开志(2009)的研究发现，家庭持股比例呈现倒“U”型，家庭成员中 50 岁左右的投资者持股比例达到峰值，但是该研究没有控制其他变量带来的影响。王宇和周丽(2009)，张学勇和贾琛(2010)通过问卷调查，对中国农村居民金融资产选择情况进行研究，发现由于我国农村金融市场的相对落后、金融产品相对单一，加之农村居民的收入水平相对较低，金融资产方面的知识有限，导致农村居民投资与储蓄以外的其他金融产品非常少，农村家庭金融资产结构相对单一。雷晓燕和周月刚(2010)利用中国健康与养老追踪调查数据进行研究，表明人口统计学变量、经济变量和健康变量对居民家庭不同类型资产的影响不尽相同，健康状况恶化会减少家庭金融资产尤其是风险资产的持有。

张燕和徐菱涓(2013)采用 Tobit 模型研究了江苏省城镇居民的家庭金融资产选择现状。结果显示，居民家庭金融资产结构受家庭收入、教育程度、风险偏好和居民信任度的正向影响，房产对家庭金融投资具有“挤出效应”。吴卫星等(2011)认为投资者的健康状况对其参与股票市场和风险资产市场的影响不显著，但会影响家庭的股票或风险资产在总财富中的比重，健康状况不佳会导致这两个比重降低。解垩和孙桂茹(2012)基于CHARLS的数据，把健康冲击分为急性健康冲击和慢性健康冲击两类，发现遭受急性健康冲击时，老年家庭会减少持有的风险资产。肖作平和张欣哲(2012)利用全国民营企业家的调查数据分析了制度及人力资本对家庭金融市场参与活动的影响，发现制度因素和人力资本因素会显著影响家庭的金融市场参概率和市场参与深度。姚亚伟(2012)发现，上海居民低收入家庭的风险偏好强于高收入家庭，行为金融学上的非理性行为会影响不同收入家庭的资产配置。王聪和田存志(2012)认为，年龄、收入和教育程度对股市参与有显著的正向影响；信贷约束、风险态度、社会互动、房产比例、职业风险等是股市参与的重要影响因素。吴卫星和吕学梁(2013)发现，中国家庭的股票投资参与率与年龄呈现负相关关系，股票、基金等资产投资的参与率、投资参与度与财富呈现“钟型”关系。王向楠等(2013)的研究发现，随着家庭收入的增长，家庭将更多地选择金融资产，尤其是寿险和股票资产。

2.3 现有研究的不足

通过梳理国内外有关家庭金融资产选择的文献可以发现，当前针对我国城镇居民家庭金融资产选择领域的研究主要存在4个方面的不足：

1. 研究视角上的不足

从研究视角上看，现有的研究大多停留在宏观角度观察全部居民的金融资产数量，以分析居民在资产选择上的现状和趋势，以及形成这样现状的宏观经济变量上的原因。从居民家庭微观视角，对家庭不同特征变量(年龄、财富、婚姻状况、收入状况、受教育程度影响等)进行实证研究的文献还不多见，已有家庭层面的微观实证研究大多是近年才兴起，还很不成熟。

2. 研究方法上的不足

早期文献中，理论推演是大多数研究的主要方法，虽然有一些实证研究方面的文章，但是研究方法相对简单，主要采用描述性统计方法进行分析，即使采用了回归方法，也大多没有考虑研究数据的分布特征，只是简单地用多元线性回归模型进行模型拟合，对估计结果的检验不够严谨，结论的可信性受到很大的质疑。近年来，学者开始考虑根据数据分布特征，用二元离散模型(Probit 模型、Logit 模型)和归并数据模型(Tobit 模型)进行实证研究，但这些研究缺乏对内生性问题的讨论，估计结果的稳健性和科学性不足。此外，在建模过程中，一些研究在理论分析上对影响家庭金融资产选择的因素考虑不全面；还有一些研究尽管在定性分析中全面考察了影响因素，但由于缺乏家庭金融调查数据的支持，在模型构建时被迫遗漏了一些关键变量，而这些关键变量的缺失有可能导致遗漏变量偏误，影响估计结果的可信性。

3. 样本数据的不足

发展中国家针对家庭金融资产调查的专题数据资料非常缺乏，已有的调查数据质量普遍不高，高收入群体的资产持有量存在被系统性低估的迹象，这些数据很难用来评估家庭资产选择是否与理性选择一致(高明、刘玉珍，2013)。相比之下，发达国家对家庭金融资产选择的研究起步时间早，有关家庭金融资产的微观数据比较详细并且容易获得，如美国的消费者金融调查(SCF)、英国的家庭支出调查(FES)、日本的国民调查数据(JNSD)、德国的收入与储蓄调查(GIES)等。这些国家的学者能够采用较先进的方法对数据进行挖掘，深入阐述家庭金融的现状、影响因素、发展趋势。已有国内研究使用的数据不够全面，多数学者主要利用调查访谈数据、交易账户记录、统计年鉴的宏观数据对家庭金融资产选择问题进行研究，试图发现影响家庭金融资产选择的因素。由于贫富差距问题，宏观变量受到少数富裕人口的影响较大，导致输出结果有偏，不能代表整个社会中大多数家庭的资产选择和偏好。长期以来，我国由于缺乏专门的调查机构提供家庭金融资产方面比较权威的微观数据，导致相关研究所使用的数据不够细致全面，缺乏代表性，难以深入研究居民家庭金融资产配置行为。

4. 研究广度和深度上的不足

在研究广度上，早期文献使用的大多是宏观数据，无法考察诸如年龄、收入状况、受教育程度等变量对家庭金融资产选择的影响。此外，宏观总量数据容易受到少部分特别富裕人群的影响，基于宏观数据得到的结果不能代表占全社会绝大多数的普通家庭的偏好和选择。近年来，逐渐有学者开始使用家庭金融资产的抽样数据进行规范的实证分析，但是这些研究普遍存在两个不足：一是对影响家庭金融资产选择的因素考虑不全面，在模型构建时遗漏了一些关键变量，而这些关键变量的缺失有可能导致遗漏变量偏误，影响估计结果的可信性；二是已有研究大多只关注家庭金融资产选择问题的某一个方面（如金融市场参与率、金融资产持有量和金融资产配置结构的某一个方面），研究结论无法全面反映家庭金融资产选择的特点。

在研究深度上，已有研究大多考察家庭特征变量和户主特征变量等一般性因素如何影响家庭金融资产选择，往往忽视中国经济、社会和文化的特殊性对家庭金融资产选择的作用，对转型期“关系”和贫富差距等中国元素如何影响家庭金融资产选择，以及可能的影响机制重视不够。在政策建议上无法为家庭优化金融资产选择提供分类指导，也无法为金融机构有针对性地开发适应市场需求的金融产品和服务提供经验依据。

3　城镇居民家庭金融资产选择影响因素的理论分析

第2章在国内外已有研究的基础上，对影响居民家庭金融资产选择的一般因素进行了梳理，这些因素不仅影响欧美发达国家的家庭对金融资产的选择，也可能会影响我国居民家庭的金融资产选择行为。值得注意的是，与发达国家相比，我国的金融市场发展还很不完善，社会文化与经济制度和欧美等国相比也有很大的差别，这些差别决定了我国居民家庭进行金融资产投资的环境不同于发达国家，必然在金融资产选择上具有特殊性，解释这些特殊性有助于我们更好地理解不同国家居民在金融市场上的差异性。本章主要包括3个部分：首先，对本书涉及的关键概念进行界定，明确其内涵和外延；其次，考察改革开放以来，我国居民家庭金融资产投资的变迁；最后，立足中国国情，从理论上分析影响我国居民家庭金融资产选择的一般因素和特殊因素。

3.1　相关概念界定

本书重点分析我国城镇居民家庭金融资产选择行为，有必要先对家庭、家庭金融资产以及家庭金融资产的具体内容进行说明，后续章节的研究将在这些概念界定的基础上展开。

1. 家庭

家庭是资产配置和投资行为的主体，是一种由具有婚姻关系、血缘关系乃至收养关系维系起来的人群，成立家庭意味着至少两个人决定共同生活较长时间，分享经济资源，共同决策和计划如何运用这些资源。为了与已有文献保持一致，本书有时也使用居民或居民家庭概念，其含义与家庭概念在内容上没有差别。需要说明的是，户主是家庭经济活动中最重要的决策者，在家庭事务处理中居于主导地位。因此，本书从家庭异质性角度，重点关注家庭特征变量和户主特征变量对居民家庭金融资产选择的影响。

2. 家庭金融资产、无风险金融资产与风险金融资产

本书对家庭金融资产、风险金融资产和无风险金融资产的定义借鉴《中国家庭金融调查报告》（甘犁等，2012），其具体含义如下：

（1）家庭金融资产。

家庭金融资产是指居民家庭持有的金融资产，包括现金、活期存款、定期存款、股票、债券、基金、金融衍生品、金融理财产品、非人民币资产、黄金和借出款。居民家庭金融资产有流量和存量之分，流量意义上的居民家庭金融资产是指家庭在某一时期内购买的各类金融资产的增量，在数值上等于这一时期家庭收入与消费的差额，即等于广义的储蓄额；存量意义上的家庭金融资产是指流量意义上的居民家庭金融资产在各年份的累加，其形成是依靠历年家庭金融资产增量的积累。

（2）无风险性金融资产。

本书所指的无风险性金融资产包括活期存款、定期存款、国库券、地方政府债券、股票账户里的现金、手持现金等金融产品。

（3）风险性金融资产。

本书所指的风险性金融资产包括股票、基金、金融债券、企业债券、金融衍生品、金融理财产品、非人民币资产、黄金、借出款等。

（4）正规风险性金融资产。

正规风险性金融资产是指家庭在正规金融市场上购买的股票、基金、金融债券、企业债券、金融衍生品、金融理财品、非人民币资产和黄金。

（5）非正规风险性金融资产。

非正规风险资产是指家庭参与非正式金融市场上的投资，主要指家庭在民间借贷市场上的借出款。

3. 家庭金融资产包含的具体金融产品种类

（1）活期存款。

活期存款是无须任何事前通知，存款户就可随时存取和转让的一种银行存款。其形式有支票存款账户、保付支票、本票、旅行支票和信用证等。

（2）定期存款。

定期存款是存款户在存款后的一个规定日期才能提取款项或者必须在准备提款前若干天通知银行的一种存款。期限可以从 3 个月到 5 年、10 年以上不等。一般而言，存款期限越长，利率越高。在我国农村，定期存款也被叫作死期存款。

（3）股票。

股票是一种有价证券，是股份有限公司在筹集资本时向出资人公开发行的、用于证明出资人的股本身份和权利，并根据股票持有人所持有的股份数享有权益和承担义务的可转让书面凭证。其中公开市场交易的股票是指可以在股票市场上流通的股票，不包括原始股等非流通股。非公开市场交易的股票又叫作私募，指发行公司只对特定的发行对象推销股票，主要在以发起方式设立公司、内部配股和私人配股（第三人分摊）等情况下采用。本书中的股票是指按照市场价格计算出的所有股票的总价值，即出售当前这些股票，能获得多少收入。

（4）债券。

债券是指社会各类经济主体为筹措资金而向债券投资者出具，并且承诺按照一定利率定期支付利息和到期偿还本金的债券债务凭证，它是一种有价证券。按照发行主体的不同，债券可以分为政府债券、金融债券、公司（企业）债券。政府债券是政府为筹集资金而发行的债券，主要有国债、地方政府债券等，其中最主要的是国债。国债是中央政府为筹集财政资金而发行的一种政府债券，是中央政府向投资者出具的、承诺在一定时期支付利息和到期偿还本金的债权债务凭证。地方政府债券是有财政收入的地方政府公共机构发行的债券，一般用于地方性公共设施的建设。金融债券是银行和非银行金融机构发行的债券，目前我国金融债券主要由国家开发银行、中国进出口银行等政策性银行发行。公司(企业)债券是企业按照法定程序发行，约定在一定期限内还本付息的债券。

(5) 基金。

基金是一种间接的债券投资方式。基金管理公司通过发行基金单位，集中投资者的资金，由基金托管人(具有资格的银行)托管，由基金管理人管理和运用资金，从事股票、债券等金融工具投资，然后共同承担风险、共同分享收益。根据投资对象的不同，基金可以分为股票型基金、债券型基金、货币市场基金和混合型基金等。基金市值就是按照市场价格计算出来的基金总价值，即出售当前这些基金，能获得多少收入。

(6) 金融衍生品。

金融衍生品是一种与股票、债券并列的投资方式。其价值依赖于基础资产价值的变动。其合约可以是标准化的，如期货；也可以是非标准化的，如远期协议。根据产品形态，衍生品可以分为远期、期货、期权和掉期四大类。根据原生资产大致可以分为股票、利率、汇率和商品四类。

(7) 金融理财产品。

本书所指的金融理财产品包括银行理财产品、互联网宝宝类理财产品、券商集合理财、P2P 网络借贷、众筹和信托。

(8) 非人民币资产。

非人民币资产主要是指以外币(非人民币)表示的资产。如国外货币、外币支付凭证、外币有价证券、特别提款权等。

(9) 黄金。

本书所指的黄金，通俗理解就是出售当前持有的黄金能获得的收入，或者家庭持有的黄金按当前的黄金价格计算出来的总价值。

(10) 借出款。

本书中的借出款是指借给家庭成员以外的其他主体的款项。

4. 区域变量

（1）农村与城镇。

本书根据国家统计局最新颁布的《2014 年统计用区划和城乡划分代码》来定义农村与城镇。CHFS 问卷中设计有专门的问题，可以准确识别受访家庭是居住在农村地区还是城镇地区。

（2）东部、中部和西部。

CHFS 在 2011 年的首轮调查中，覆盖全国除西藏、新疆、内蒙古、宁夏、福建、海南和港澳台地区之外的 25 个省(区、市)、80 个县(区、县级市)、320 个社区(村)，样本规模为 8438 户；2013 年第 2 轮调查在追踪 2011 年受访户的基础上对样本进行了扩充，调查覆盖全国除西藏、新疆和港澳台地区之外的 29 个省(区、市)、262 个县(区、县级市)、1048 个社区(村)，样本规模达到 28143 户。两轮调查对东部、中部和西部的省份划分见表 3-1。

表 3-1 东部、中部和西部地区包含的省(区、市)

项目	2011 年调查	2013 年调查
东部地区	北京、天津、河北、辽宁、上海、江苏、浙江、山东、广东	北京、天津、河北、辽宁、上海、江苏、浙江、福建、山东、广东、海南
中部地区	山西、吉林、黑龙江、安徽、江西、河南、湖北、湖南	山西、吉林、黑龙江、安徽、江西、河南、湖北、湖南
西部地区	广西、重庆、四川、贵州、云南、陕西、甘肃、青海	内蒙古、广西、重庆、四川、贵州、云南、陕西、甘肃、青海、宁夏

数据来源：https：//chfs. swufe. edu. cn/yanjiuchengguo. aspx(CHFS 官方网站)。

5. 社会网络与社会资本

“社会网络” 的概念首次由人类学家拉德克里夫-布朗在 20 世纪 40 年代提出，他认为社会网络是指跨越国界、跨越社会，并将其成员联系在一起的一种关系。Wellman(1988)的研究发现，社会其实是一个庞杂的网络，由于个体差异、生产资料所有权差异、社会地位和财富的差异，使得社会中的个体必须相互联系、相互作用。此后，学者们从专业分工(Johnson and Mattson，1986)、网络构建的动机(Jarillo，1988)、社会契约(Williamson，

1978)、信息化需求(Uzzi，1997)、资源配置(Thorelli，1996)等不同视角对社会网络进行了定义。

“社会资本”是物质资本和人力资本之外的一种资本形态，与其他资本一样，也具有生产性(Colman，1988)。由于“社会资本”的复杂性和多维性，在其概念的界定上始终没有得到一致的认识。Putnam et al.(1993)认为社会资本是指社会组织的特征，诸如社会网络、信任和社会规范，它能够通过推进合作行为来提高社会效率。Portes(1995)将社会资本定义为个人在更广阔的社会结构(社会网络)中通过其成员资格来获取或运用稀缺资源(如信息获取)的能力。Lin(1999)认为社会资本是社会结构中通过行动而获取的一种资源。国内学者也对社会资本持有不同的观点，顾新等(2003)把社会资本定义为两个以上个体或组织在相互作用中建立社会网络关系以获得稀缺的资源；陈柳钦(2007)认为，社会资本涵盖了社会网络、社会关系、隐藏于社会结构中的资源、信用、规范、制度、道德等大的范畴。

社会网络是社会资本的一个重要维度，社会网络与信任、规则一起被认为属于社会资本的范畴(Putnam et al.，1993)。社会网络是人与人之间形成的正式和非正式的社会联系，包括人与人之间直接形成的社会关系和通过物质文化共享形成的间接关系(Mitchell，1969)。社会资本以社会网络为载体，是行动者在社会关系中获得的一种资源(Lin，1999)。社会网络和社会资本都以“关系”为核心，但前者强调社会关系的结构，后者强调社会关系所带来的利益，社会关系网是社会资本的表现形式，社会资本是社会关系网的内在体现。为此，区别和联系这两个概念，对接下来的研究具有重要意义。

社会网络包括个体网络和社区网络，个体网络强调以个体为中心的定位网络，是指个人或家庭所拥有的亲戚、朋友或邻里等构成的关系网络，个人和家庭可以通过其社会网络成员的帮助来应对意外冲击和改善生活状况。个体网络关注社会连带，而不是网络结构(罗家德，2005)，主要研究个体特性及网络对个体行为的影响。社区网络是相对于个体网络而言的，强调以团体为中心，是由许多特定的个体及他们之间的关系组成的，主要研究群体内部的人际互动、交换模式，个体观念和行为是如何受群体影响的，以及个体如何通过网络来构成社会团体。鉴于本书主要关注社会网络中个体的特性及网络对个体行为的影响，后文对社会网络的分析主要基于个体网络进行。

3.2 我国居民家庭金融资产总量形成的特点

改革开放以前，我国实行计划经济体制，在这种高度集中的指令型经济环境中，居民家庭没有也不需要金融资产。一方面，在计划经济条件下，家庭的大部分生活物资由国家统一分配，居民不需要货币收入进行消费；另一方面，家庭收入普遍低下，而且没有商品市场和金融市场，居民家庭根本买不到相应的金融产品，更无法选择相应的金融资产。即使是家庭的储蓄大部分也是被动形成的。

改革开放以后，城乡居民的收入有了大幅度提高，消费出现了较大的增长。随着市场化改革的深入和社会经济体制的变革，居民家庭对未来的不确定性预期增加，预防性的储蓄开始增长，由于相应的金融市场还没有建立，这部分货币财富大部分以银行存款的形式成为居民家庭持有的金融资产。

随着改革的进一步深化，居民家庭对经济环境的不确定性预期进一步增强，尤其是在改革过程中，医疗制度改革、教育制度改革和养老制度等改革还不完善，家庭在以往预防性储蓄的基础上，更加节俭，家庭储蓄不断积累。特别是住房市场化改革以后，一部分家庭将储蓄用来购买商品房，剩余的储蓄则以居民部分存款的形式成为家庭持有的金融资产。

20 世纪 90 年代以来，以股票市场为发端的金融市场建设开始起步，居民在金融资产的选择上有了更多的自由，居民家庭金融资产的配置开始出现多样化的趋势。股票市场在 20 多年的发展历程中，沪、深两市的的规模不断扩大，利用股票市场进行资产保值和增值的家庭数量也不断壮大。我国股票市场的参与率如何？股票市场参与者有什么样的特征？股票市场的涨跌对居民家庭财产的影响如何？国家的货币政策、财政政策和税收政策对参与股市家庭的财富再分配有什么作用？随着我国金融市场的发展，以上问题都需要给出答案。

20世纪90年代以后，为了筹集建设资金，政府开始大规模地发行国债。由于国债的收益高于银行的存款利息，而且风险很低，对居民家庭而言，无疑是一种比储蓄存款更好的金融产品。但让人困惑的是，家庭并没有用更优的国债替代储蓄存款，这种表面上非理性的选择行为的原因是什么？有待理论界和政府部门深入分析原因。

21世纪以来，社会保障体系的建设日益受到重视，除政策性的保险制度设计以外，商业性的保险不断涌现。各大保险公司先后推出一系列养老保险、医疗保险和教育保险等储蓄性的保险业务。这些保险的收益高、风险小，但是购买储蓄性保险的家庭还是寥寥无几。储蓄性保险占家庭金融资产的比重极低。一方面，那些收入较低最需要保险覆盖的家庭，由于保险意识差，可能是最少购买保险产品的群体；另一方面，由于保险行业的发展还不规范，部分从业人员缺乏职业素养，大众对保险经纪人普遍不信任。再加上居民家庭缺乏基本的保险知识，抑制了其对保险产品的需求。因此，保险公司应当研究如何更好地选择目标客户，才不至于导致目标错位。政府要在对保险公司经营行为进行规范和监管的同时，对居民进行金融和保险知识的教育与普及。

近年来，我国金融市场发展不断提速，但与西方发达国家相比，我国资本市场发展还很不完善，主要存在以下几个方面的特点：一是金融市场提供的产品种类不多，家庭对金融产品的选择空间十分有限；二是金融市场上存在严重的信息不对称，信息流通渠道不规范，盲目性的交易行为大量存在；三是我国还没有建立完善的社会保障体系，家庭普遍存在预防性的资产选择心理；四是传统的节俭理念导致居民消费观念保守，消费倾向低，而储蓄倾向高，家庭倾向于为后代留下遗产。在我国的文化背景下，家庭对各种金融资产(以及住房)的偏好也与西方国家存在巨大差异。以上这些特点使我国家庭金融资产选择行为表现出独有的特征(史代敏，2012)。

3.3 我国居民家庭金融资产选择影响因素的特点

本节将在家庭资产选择行为理论的基础上，对影响居民家庭金融市场参与、金融资产持有量与金融资产配置结构的因素进行理论分析。由于影响家庭金融资产选择的因素众多，既有微观因素，又有宏观因素；既有经济因素，又有制度因素；既有主观因素，又有客观因素，因此，本部分主要基于居民家庭资产选择理论，结合国内外已有相关研究，把影响我国居民家庭金融资产选择的因素归纳为 4 个方面：投资者特征、投资者家庭特征、社会文化因素以及经济与金融因素，主要分析那些对居民家庭金融资产选择有重要影响，在模型构建中可以测度的因素。

3.3.1 影响家庭金融资产选择的一般性因素

1. 投资者特征

（1）年龄因素。

根据生命周期假说，理性的经济人会依据一生的收入来安排家庭在各个时期的消费、投资与支出。因此，每个家庭的消费、储蓄和投资都将受到整个生命周期内所获得的总收入的约束。与生命周期假说类似，持久收入假说认为，家庭消费支出并不是取决于其当期的收入，而是由家庭的持久性收入所决定，即家庭的消费、储蓄与投资是依据对家庭长期收入的预期来进行的（Modigliani，1963）。以上两个假说都表明，各个家庭在某一时点上的消费、储蓄和投资都反映了该家庭谋求在其生命周期内获得最大效用的意图，但是该意图要受制于家庭在其整个生命周期内所能获得的总收入。一个人一生的财富在其开始工作和退休以前是不断增加的，而在其退休直到死亡时是不断减少的。也就是说，一个家庭在一生中各个时期的金融资产总量会不断处于变化中。一个家庭在其生命周期的不同时期，对不同风险和收益的金融资产的需求是不一样的，不同年龄家庭的金融资产结构也不一样。此外，由于处在不同生命周期的家庭的风险态度、思想观念、投资目标存在差异，在选择家庭金融资产结构时所考虑的重点也不同，偏好也会因此不同，对一个年龄阶段家庭的金融资产选择有很大影响的因素，对另一个年龄层次的家庭金融资产可能会毫无影响，所以不同年龄段家庭的金融资产结构必然会存在差异。Yoo(1994)和McCarthy(2004)的研究发现，投资者年龄与风险资产配置之间呈现倒“U”型关系：在投资者达到退休年龄之前，随着家庭财富的积累，会增加对风险资产的配置，而当投资者年老之后，会逐渐降低对风险资产的配置

（2）受教育水平。

受教育程度的提高一方面可以提高家庭收入，从而影响家庭的风险缓冲能力，最终对家庭金融资产配置产生作用(Mankiw and Zeldes，1991；Campbell，2006)。另一方面，受教育程度不同，人们对金融资产的认识也会存在差异。相比于教育程度低的家庭，受过良好教育的家庭，对不同类型的金融资产，特别是新型金融资产的认识和接受更快，从而在化解非系统性风险方面有更大的选择空间。

（3）风险偏好因素。

由于不同类别的金融资产存在不同的收益率和风险水平，家庭在持有金融资产种类与持有数量上的差异主要源于不同家庭在风险偏好上的差别，因此，风险偏好是影响居民家庭金融资产数量选择和结构配置的重要因素(Shum and Faig，2006；雷晓燕、周月刚，2010；Cooper and Kaplanis，1994)。进一步，影响家庭风险偏好的因素，也会间接作用于家庭金融资产的选择行为。

（4）性别因素。

不同的家庭对风险的承受能力存在差异，这种差异受主观因素和客观因素的共同作用。家庭决策者的性别是典型的主观因素，不同性别对冒险的喜好程度有着天然的差异，这种差异由基因决定，一般认为男性比女性更偏好风险，而这种风险态度上的差异将体现在家庭金融资产选择行为上，进而对家庭配置各种金融资产数量和结构产生影响。

此外，投资者的婚姻状况、政治面貌等因素也会对家庭金融投资产生影响(吴卫星等，2015)。

2. 投资者家庭特征

（1）家庭收入。

家庭可支配收入是家庭进行金融资产投资的基础（Guiso et al.，1996；Cardak and Wilkins，2009）。一方面，家庭可支配收入是影响家庭金融资产总量的关键因素。根据现代经济学的观点，随着家庭可支配收入的提高，家庭的边际消费倾向降低，而相应的边际储蓄倾向在提高，随着家庭储蓄量的增加，家庭金融资产的总量也在提高。另一方面，家庭可支配收入是家庭金融资产结构变化的基础。伴随家庭可支配收入和家庭财富的增加，家庭的风险态度将发生变化，对不同收益和风险金融产品的需求也将改变，家庭金融资产的配置将出现多元化趋势，家庭金融资产结构会随之变动。

（2）家庭财富。

家庭财富的提高会增强家庭抵御风险的能力，当金融资产的收益偏离预期的时候，家庭的承受能力更强。对于特定风险的金融产品，富裕家庭相比不富裕的家庭更有可能选择高风险、高收益的金融产品。此外，家庭财富的增加，尤其是金融财富的增加可以有效地分散非系统性的风险，如果家庭金融资产规模很小，可以购置的金融资产种类就会受到限制，或者购置多项金融资产的成本太高，即使家庭有分散风险的愿望，也没有实施分散风险的能力。

（3）房产投资。

房产对金融资产投资有两方面的影响（Flavin and Yamashita，2002，2011；Cocco et al.，2005）。一方面的影响是替代效应，由于家庭储蓄主要用于两个方面：实物资产投资和金融资产投资。因此，在家庭储蓄既定的情况下，家庭金融资产与房产投资之间存在此消彼长的关系，即房产投资对家庭金融资产投资具有替代效应。另一方面的影响可以视为互补效应。拥有住房的家庭，由于房产可以稳定增值，家庭必然会增加对股票等风险性资产的需求。对于没有自住房，仅靠租房的家庭来说，未来预期的不确定性要高于拥有房产的家庭，这些家庭在投资风险性金融资产上会更加谨慎。因此，房产投资与风险性金融资产具有互补关系。收入、财富、教育水平高的投资者往往更易选择高系统风险的组合，此类投资者由于风险分散不足而导致的损失绝对金额更大，在家庭金融资产配置中，由于包含流动性很低的房产，会对参与风险金融市场产生一定的影响。

（4）家庭规模和结构。

家庭规模和结构是影响家庭风险承受能力的客观因素（Vicki，2015），随着家庭规模的扩大，尤其是未成年子女数量的增加，家庭的决策者考虑到子女未来的生活费、教育和医疗支出，必须持有一定数量的低风险资产，这时会更厌恶风险，从而倾向于低风险、低收益的金融资产。家庭规模的差异将影响家庭的金融资产投资偏好，对家庭现有资源在不同风险性金融资产间的分配产生作用，最终影响家庭金融资产的数量和结构。

3. 社会文化因素

社会互动（Hong et al.，2004）、社会资本（Guiso and Paiella，2004）、“关系”（朱光伟等，2014）、信任（Guiso et al.，2008）、宗教（Ren-neboog and Spaenjers，2012）等社会文化变量对家庭金融资产选择的影响得到了理论和实证研究的支持。社会资本、政治面貌和信任关系是社会文化的重要构成，以下将分别说明社会资本、政治面貌和信任与家庭金融资产配置的关系。

（1）社会资本。

社会资本可以通过两个渠道影响家庭金融资产选择，一方面，社会资本可以拓宽家庭的信息渠道。拥有较高社会资本的家庭更容易获得金融产品的信息，这种信息既包括公开信息也包括私人信息。信息成本的降低会促进家庭参与金融市场，因此社会资本会降低那些由于缺乏信息而未参与金融市场的可能性。另一方面，社会资本还可以通过社会互动来影响家庭对金融市场的参与。社会资本越高的家庭，交往面也就会越广，社会互动的程度就会越高，那么接触到的已经参与金融市场的人的概率就会越大，受到影响而参与金融市场的概率就会越大。

（2）政治面貌。

居民政治面貌对家庭金融资产的影响有两种观点：一种观点认为，有政治背景的居民家庭获得更多的金融财产具有合理性，因为政治面貌背后反映的是居民更高的能力(更有能力、更优秀的人才能够加入党组织)；另一种观点认为政治面貌有利于居民获取更多的政治资源，家庭会利用这种资源获取更多的金融财产，这与权力寻租有关，因此具有不合理性。现实中可能两种因素都存在，很难把这两方面的因素完全分离出来。

(3) 信任。

信任会影响家庭对未来不确定性的态度，进而对家庭金融资产选择行为产生影响。当信任感觉缺失时，家庭会高估未来的风险，为了减少不确定性带来的损失，家庭倾向于投资风险性较低的房产等资产，而不是风险性较高的股票等金融产品。此外，信任还会影响借款人与贷款人之间的交易，信任感高的家庭很少有贷款违约的情况，由于更容易获得金融资产，信任感高的家庭往往有较多的金融资产以及较高的财富水平。

4. 经济与金融因素

(1) 经济社会改革。

改革开放以来，养老改革、医疗改革、教育制度改革、住房制度改革和社会保障制度改革等措施影响了家庭对未来的预期，在未来不确定性增加，而当前储蓄性保险没有得到普及，家庭无法通过购买保险来应对不确定性的背景下，家庭进行预防性储蓄的动机不断增强。这种动机的直接体现就是家庭要持有一定量的银行储蓄存款。也就是说，我国经济社会不同领域进行的改革，将提高家庭金融资产中储蓄存款的比重，从而影响家庭金融资产结构。

(2) 交易摩擦。

与经典投资组合理论的完全市场假设不同，Heaton and Lucas(1997)认为市场中存在的交易成本是投资者考虑的因素之一，研究发现，投资者更倾向于投资交易成本较低的资产。Vissing-Jorgensen(2002)研究了股市中存在的3种成本(固定成本、每期交易成本、比例交易成本)后，认为股市中存在的固定成本对投资者参与股市有重要影响。另外，现实的资本市场中存在诸如税收成本、交易成本等各种交易摩擦，这降低了低财富者进入资本市场的可能性，而富有的投资者则不会受到影响(Cocco et al., 2005)。

（3）金融可得性。

金融可得性对家庭金融资产选择有重要影响(尹志超等，2015)，理性的家庭在配置财富时会考虑风险分散化的问题，选择投资多种金融资产可以有效分散非系统性风险，但金融服务与金融产品的可得性将影响家庭多元化配置资源的实践。我国区域经济社会发展不平衡的现象很明显，相对于西部地区，东中部地区拥有更多的金融机构，金融服务也更加便利，获得新型金融产品的信息也更便捷，因此，东中部地区的家庭更容易通过分散化投资降低风险，家庭的风险应对能力也会更高。

（4）金融市场发展。

居民家庭通过参与金融市场来优化家庭的资源配置，金融市场的发展与不断完善能够为城镇居民提供更多、更好的投资理财产品，家庭能够从金融市场的发展中获得更多的投资机会，通过投资相应的金融产品实现家庭财富的增值(Demirgiic-Kunt and Levine，1996)。在金融发展深入的地区，贫困者的收入增长率得到有效提高，金融发展不但有助于收入增长，也促进了收入平等。此外，金融市场也会因为家庭参与深度和广度的增加而不断发展壮大，因此金融市场发展与居民家庭金融资产选择存在相互影响的作用。改革开放以来，随着中国经济的高速发展，家庭收入不断提高，家庭对不同类型金融产品的需求日趋强烈，这为我国金融市场的发展奠定了坚实的微观基础。

（5）经济增长。

经济增长与金融资产选择存在相互影响的密切关系(Christelie et al.，2010)，一方面，经济增长的实际情况以及居民家庭对未来经济增长的预期会影响家庭金融资产的数量和结构；另一方面，随着金融市场的发展，家庭在金融产品的选择上更加多元化，居民金融资产选择在促进全社会储蓄向投资的转化，进而对优化资源配置，促进经济发展方面发挥着越来越重要的作用。

本节所分析的影响家庭金融资产数量和结构选择的因素，国外学者已有相应的实证研究进行了经验验证，有些实证结果与理论预期一致，而有些则不符合理论预期。在我国，由于长期缺乏家庭微观金融数据，还没有系统分析这些因素效应的实证研究成果，因此，本书将从家庭微观视角出发，利用 CHFS 提供的 2011 年和 2013 年家庭金融调查专题数据，对各种可能影响我国家庭金融资产数量和结构选择的因素进行尽可能全面的分析。

3.3.2 转型期中国家庭金融资产选择的特殊影响因素

1. 社会网络

作为一个重视“关系”的传统国家①，“关系”是中国社会格局的核心模式(梁漱溟，1949；Jacobs，1979，1980；费孝通，1948；Gold et al.，2002)。费孝通(1948)指出，“中国的社会关系是由无数张以家庭为核心的、重叠的、如蜘蛛网般的关系网构成”。随着市场经济的日益发展，关系与基于市场经济的社会资源配置方式并存，并起着其特有的作用(何清涟，1998；Allen et al.，2005)。

学者们对社会网络的作用进行了大量研究，发现社会网络具有多种功能：首先，社会网络可以通过提供信息(Hwang，1987；Yang，1994；Bian，1997)、获得亲朋好友的帮助和信任来促进就业和创业(Montgomery，1991；Bian，2001；Li and Zhang，2003；Munshi，2003；Munshi and Rosenzweig，2006)，从而提高家庭收入(Narayan and Pritchett，1997；Knight and Yueh，2002；张博等，2015)。其次，社会网络可以通过风险分担机制来平滑消费和借贷，应对风险冲击(Fafchamps and Lund，1997)；社会网络能够缓解流动性约束，并且降低交易成本(杨汝岱，2011；胡枫，2012)。最后，社会网络还可以扮演抵押品角色(Woolsey et al.，2001)或者非正式的保险机制(Bastelaer，2000)来促进居民借贷，从而缓解贫困(Grootaert，1999、2001；张爽等，2007)；借贷双方的人缘、地缘关系(林毅夫、孙希芳，2005)有利于减少借贷双方的信息不对称，进而促进借贷。

总体上看，尽管已有研究对社会网络、家庭金融市场参与和金融资产

---

① “如果你想了解什么主导着当今的中国，你必须理解‘关系’的含义”(鲁伯特·温菲尔德-海斯，BBC 新闻)

配置方面的研究较多，但是针对社会网络与家庭参与正规金融市场广度和深度的关系及其影响机制的文献还不多，少量的研究也主要是从信任、信息、社区互动的角度来看，且很少考虑社会网络的内生性问题。因而，本书将考虑我国经济、社会和文化的特点，利用中国家庭金融调查 2011 年和 2013 年的调查数据，探究社会网络与家庭参与正规金融市场尤其是股票市场的关系。一方面可以从家庭微观层面检验金融市场的发展状况，另一方面，在中国国情下，考虑“关系”这一特殊因素对家庭参与金融市场的影响是对已有文献的重要补充和完善，具有重要的现实意义和政策意涵。

2. 财富分层

家庭有效地参与和利用金融市场上的投资机会，可以促进资本市场的发展和家庭财产性收入的增长，对宏观经济的发展也有重要的促进作用。家庭在金融市场上的参与约束，制约着家庭收入和福祉水平的提高(李锐、朱喜，2007；王书华等，2014；李长生、张文棋，2015)。改革开放以来，我国居民收入差距不断扩大，加速了家庭财富的集中化趋势。一方面，富裕家庭的金融资产规模不断扩大，家庭投资能力不断增强；另一方面，贫困家庭很少投资金融资产，往往被排斥在金融市场之外。贫富差距的扩大会改变不同收入阶层的风险偏好，从而影响不同家庭对金融资产规模和结构的选择。长此以往，富有者利用金融市场可以获得财产性收入的增长，而贫困者则可能陷入贫困的恶性循环，金融市场参与能力的差异有可能导致贫富差异的固化和进一步的恶化。

尽管以上理论分析表明，贫富差距对家庭金融资产配置有重要影响，但由于数据的匮乏，对这一假设一直缺乏规范的实证检验，利用微观数据对此问题进行直接验证的文献十分鲜见。本书试图弥补已有研究的不足，结合理论推断，提出贫富差距影响家庭金融资产选择的假说。利用中国家庭金融调查(CHFS)在 2013 年的调查数据对该问题进行实证检验，并从农户社会资本投资能力与投资意愿的视角进一步分析影响机制。

4 城镇居民家庭金融市场参与及影响因素的实证分析

本书第2章和第3章以相关理论为基础分析了可能影响居民家庭金融资产选择的因素。但是，理论分析中包含的因素众多，在这些因素中，有些因素符合我国的现实情况，而有些因素可能会因为理论假设和国别区域上的差异并不符合我国的具体情况。此外，随着家庭金融理论的发展和中国经济金融市场的变迁，已有的理论可能会遗漏一些影响我国居民家庭金融资产配置的重要影响因素。因此，限于定性理论分析的结论不能完全作为进一步构建模型的充分依据。为此，本书第4章、第5章和第6章将在第2章和第3章的基础上，分别对影响城镇居民家庭金融市场参与的因素、影响城镇居民家庭金融资产持有量的因素、影响城镇居民家庭金融资产配置结构的因素进行实证研究。第7章和第8章则立足转型期中国社会文化特点，进一步考察社会网络和财富分层等特殊因素对家庭金融资产选择的影响，并构建相应的机制模型识别这些影响的可能渠道。

由于不同家庭在经济状况、人口结构和风险偏好等方面存在差异，如果忽略这种差别将导致遗漏变量偏误，由此引起的内生性问题会使估计结果有偏和不一致，导致研究结论的可信性大打折扣。为此，本书实证分析部分(第4~8章)在参考已有相关研究的基础上，利用CHFS细致全面的家庭金融调查数据，控制了反映投资者及其家庭重要特征的变量，最大限度地解决遗漏变量导致的内生性问题。此外，户主在中国家庭决策中居于核心地位，是家庭财产使用和投资行为的决策者，本书把户主作为家庭金融资产的投资人。因此，本书参考已有文献，在实证章节部分也控制了重要的户主特征变量，并利用 CHFS 在 2011 年和 2013 年的调查数据，针对核心关注变量、家庭特征变量和户主相关特征变量进行了实证分析。

本章在第 2~3 章分析的基础上，对我国居民家庭是否参与金融市场的影响因素进行实证研究。本章共包括 5 个部分：①利用 CHFS 在 2011 和 2013 年两轮的家庭金融调查数据，对城镇居民家庭不同种类金融市场的参与率、不同因素与金融市场参与率的关系进行探索性描述统计分析，在初步识别不同因素对家庭金融市场参与影响的基础上，结合已有理论分析，选择影响城镇居民金融市场参与的因素；②在第 1 部分分析的基础上，选取相应的影响因素变量，构建城镇居民家庭金融市场参与的 Logit 模型；③对Logit 模型的估计方法和检验方法进行概述，为实证研究奠定方法论基础；④利用极大似然法对家庭金融市场参与模型进行估计，对参数估计结果进行计量经济学检验，对模型估计结果进行稳健性检验，最后结合相关理论对实证结果进行解释和分析；⑤对本章内容进行小结。

4.1 城镇居民家庭特征及金融市场参与率的统计分析

本节将基于 CHFS 在 2011 年和 2013 年的全国调查数据，对城镇居民家庭金融市场参与状况进行描述性统计分析。首先，对家庭各类金融资产市场的参与率进行简单统计分析；其次，对家庭特征变量和户主特征变量与家庭各类金融市场参与率的关系进行描述性统计分析，即通过对家庭和户主属性变量进行分组，考察不同组别家庭在各类金融市场上的参与率分布情况，通过发现分布差异为下一步的变量选取提供初步依据。

4.1.1 城镇居民家庭金融市场参与率的统计分析

表 4-1 统计了我国城乡居民家庭在各类金融市场的参与状况，该表直观地反映了我国城乡居民家庭在 2010 年和 2012 年金融市场参与率的基本

情况①。总体来看，城乡居民家庭金融市场参与率在两次调查中的差异不大，下文主要以 2013 年的调查数据对表 4-1 进行说明。在 2013 中国家庭金融调查的 27194 个有效样本中，城乡居民对金融市场的参与率达到 97%，其中无风险性金融市场的参与率为 96%，要远远高于 22% 的风险性金融市场参与率。在无风险金融市场中，持有现金的家庭比例为 95%，持有活期存款的家庭比例为 60%，持有定期存款的家庭比例为 19%，持有无风险债券的家庭比例为 0.7%。在风险金融资产中，持有股票的家庭比例为 8%，绝大部分的家庭没有参与股票市场；持有基金的家庭比例为 3.8%；持有风险性债券的家庭比例为 0.13%；持有金融衍生品的家庭比例为 0.12%；持有金融理财产品的家庭比例为 2.3%；持有非人民币资产的家庭比例为 1.1%；持有黄金的家庭比例为 1%；持有借出款的家庭比例为 12%。值得注意的是，城乡居民家庭对金融衍生品和债券的参与率尤其低，这与我国金融衍生品市场和债券市场发展比较滞后的现实基本一致。

分城镇居民和农村居民来看，2013 年城镇和农村家庭在各类金融市场的参与上存在显著差异，城镇居民在各类金融市场上的参与率显著高于农村居民家庭。在无风险性金融资产的参与上，农村居民拥有银行活期存款的比例为 40%；城镇家庭拥有银行活期存款的比例为 69%，高出农村家庭 29 个百分点；农村居民拥有银行定期存款的比例仅为 11%，城镇家庭拥有银行定期存款的比例为 23%，持有比例是农村家庭的 2 倍多；农村家庭持有无风险债券的比例为 0.2%，城镇家庭持有无风险债券的比例为 0.9%，是农村家庭的 4 倍。在风险性金融市场的参与上，农村居民的参与率为 10%，城镇家庭的参与率为 27%，高出农村家庭 1.7 倍；农村居民拥有股票的比例仅为 0.3%，城镇家庭拥有股票的比例为 12%，城乡居民在股票市场的参与上存在“天壤之别”；农村居民拥有基金的比例仅为 0.2%，城镇家庭拥有基金的比例为 5.4%，在基金的购买上城乡差异同样巨大；2013 年的调查样本中几乎没有农村居民持有风险性债券（持有比例仅为

① CHFS 在 2011 年的调查中主要获取了家庭 2010 年的家庭金融资产状况。同样，2013 年的调查主要获取了家庭在 2012 年的家庭金融资产持有状况。本书其他部分的情况与此一致，不再赘述。

0.01%），城镇家庭拥有风险性债券的比例也很低，仅为0.18%；在2013年的调查样本中也少有农村居民持有金融衍生品（持有比例仅为0.02%），城镇家庭拥有金融衍生品的比例也仅为0.17%；农村家庭拥有金融理财产品的比例为0.1%，城镇家庭拥有金融理财产品的比例为3.28%，远高于农村家庭；农村家庭拥有非人民币资产的比例为0.2%，城镇家庭拥有非人民币资产的比例则为1.5%，是农村家庭的8倍；农村家庭拥有黄金的比例为0.28%，城镇家庭拥有借出款的比例为1.37%，约为农村家庭的3倍；农村家庭拥有借出款的比例为9%，城镇家庭拥有借出款的比例为14%，高出农村家庭5个百分点。

表4-1显示，城乡居民家庭在金融市场参与率上存在巨大的差异，尤其是在风险性金融市场参与率上的差异更加明显。总体上看，城镇居民家庭是投资金融市场的主力军，农村居民对金融资产的参与普遍不足。此外，由于城乡居民在家庭金融市场的参与上存在显著的异质性特点，而且中国城乡之间长期存在“二元体制”使农村和城市在经济发展水平、社会保障制度和投资理财理念等方面存在系统性差异，如果将农村样本与城市样本不加区分地混为一体进行研究，必将导致异质性偏误问题。因此，本书基于中国资本市场发展的现实和参与者主体的特点，充分考虑城乡差异对家庭金融资产选择的影响，进而在实证部分考察我国城镇居民家庭的金融资产配置行为。对农户家庭金融市场参与行为的分析，需要另外进行针对性的研究，在这方面我们已经进行了一些初步尝试（王阳、漆雁斌，2013）①。

表4-1　中国城乡居民家庭金融市场的参与率(%)

金融资产类别	2011年调查			2013年调查		
	城镇居民	农村居民	总体	城镇居民	农村居民	总体
现金	96.46	93.27	95.22	96.40	91.32	94.78
活期存款	66.59	41.66	56.91	69.23	39.82	59.86

① 王阳，漆雁斌．农户金融市场参与意愿与影响因素的实证分析——基于3238家农户的调查[J]．四川农业大学学报，2013，31(4)：474-480.

续表

金融资产类别	2011年调查			2013年调查		
	城镇居民	农村居民	总体	城镇居民	农村居民	总体
定期存款	22.12	12.03	18.20	22.67	10.90	18.92
无风险债券	0.89	0.48	0.73	0.92	0.23	0.70
无风险资产	98.14	94.51	96.73	97.90	93.35	96.45
股票	13.56	1.69	8.95	11.62	0.29	8.01
基金	6.25	0.80	4.14	5.42	0.24	3.77
风险性债券	0.18	0.00	0.11	0.18	0.01	0.13
金融衍生品	0.08	0.00	0.05	0.17	0.02	0.12
金融理财	1.74	0.19	1.14	3.28	0.09	2.26
非人民币	1.84	0.57	1.35	1.49	0.22	1.09
黄金	0.91	0.29	0.67	1.37	0.28	1.02
借出款	13.56	9.67	12.05	14.02	9.20	12.48
风险资产	28.61	11.61	22.01	27.44	10.06	21.90
金融资产总计	98.36	94.58	96.89	98.04	93.49	96.59
样本量	4942	3135	8077	18532	8662	27194

注：① 表中的参与率是指持有该项资产的家庭数量与样本家庭总数量的比值。② 无风险性金融资产中的债券是指国库券和地方政府债券价值的总和；风险性金融资产中的债券是指金融债券和企业债券的价值总和。③ 无风险性金融资产中的现金是指手持现金和股票账户内的现金总和。本章以下表格的定义与此一致，不再一一说明。

我国地域广袤，东部、中部和西部地区的经济发展水平和市场化程度不一、金融市场的完善程度不同，不同区域的文化和风俗习惯也存在差异。表 4-2 考虑到我国东部、中部和西部的区域差异，分别统计东部、中部和西部地区的城乡居民在金融市场参与上的参与率。表 4-2 中 2013 年的调查数据显示，东部、中部和西部家庭在金融市场的参与上存在显著差异，这种差异主要反映在对风险性金融市场的参与上。从总体上看，东部地区家庭参与风险性金融市场的比例较高，达到 27%，中部和西部地区对风险性金融市场的参与率较低，而且比较接近，分别为 17.4%和 18.1%。在风险性金融资产的具体类别上，东部、中部和西部地区也基本呈现相同的趋势，尤其是在股票市场的参与上，东部地区家庭的参与率要远远大于中西部地区，东部地区的参与率为 12%，中部和西部地区的参与率仅为

4.7%和4.9%。导致这种现象的原因可能源于三个方面：首先，东部地区的资本市场，尤其是股票市场出现最早，为居民进行风险投资创造了便利条件；其次，东部地处改革开放的前沿，居民更容易接受新的投资理财观念，参与风险投资的积极性更高；最后，东部地区多为经济发达的省市，家庭拥有更高的收入和资产，具有更强的风险应对能力，这也为家庭参与风险性金融市场提供了现实可能性。

表 4-2　东部、中部和西部地区家庭金融市场参与情况(%)

金融资产类别	2011 年调查			2013 年调查		
	东部地区	中部地区	西部地区	东部地区	中部地区	西部地区
现金	96.25	95.74	92.44	96.10	94.52	92.48
活期存款	62.71	56.64	45.44	67.66	50.96	55.97
定期存款	23.15	15.90	11.12	24.81	14.01	13.61
无风险债券	0.95	0.41	0.70	0.97	0.50	0.44
无风险资产	97.67	96.89	94.60	97.72	95.83	94.74
股票	13.82	4.96	4.26	11.74	4.72	4.90
基金	5.87	2.46	2.81	5.38	2.15	2.67
风险性债券	0.18	0.00	0.11	0.13	0.12	0.13
金融衍生品	0.08	0.00	0.05	0.17	0.08	0.08
金融理财	1.88	0.53	0.43	3.65	1.05	1.07
非人民币	2.30	0.53	0.49	1.56	0.79	0.54
黄金	0.92	0.57	0.27	1.49	0.70	0.49
借出款	13.53	11.93	9.17	13.06	11.67	12.41
风险资产	28.46	17.70	14.52	26.72	17.41	18.19
金融资产总计	97.94	96.93	94.71	97.84	95.99	94.90
样本量	3784	2440	1853	12595	8271	6328
总样本量	8077			27194		

4.1.2　城镇居民家庭金融市场参与率影响因素的探索分析

本部分将根据家庭特征变量和户主特征变量对家庭金融市场参与率进行分组统计，在初步考察家庭特征与户主特征变量对家庭金融市场参与关系的基础上，寻求影响家庭金融市场参与的因素，为本章实证模型的构建奠定基础。

1. 城镇居民家庭金融市场参与率的财富分布

表 4-3 反映了城镇居民家庭金融市场参与率的财富分布状况。本书借鉴已有研究成果，用家庭资产来衡量家庭的财富水平，并根据资产分位数来定义不同的富裕程度。具体来看，先把样本家庭按资产数量从低到高排序，并以 25%分位数、50%分位数和 75%分位数为门槛值对家庭进行分组：将位于 25%百分位以下的家庭定义为贫困家庭；将位于 25%～50%的家庭定义为中等收入家庭；将位于 50%～75%的家庭定义为富裕家庭；将位于 75%以上的家庭定义为最富裕家庭。在分组的基础上分别统计不同组的样本家庭在各类金融市场上的参与率状况，得到表 4-3。

表 4-3　城镇居民家庭金融市场参与率的财富分布(%)

金融资产类别	2011 年调查				2013 年调查			
	贫困	中等收入	富裕	最富裕	贫困	中等收入	富裕	最富裕
现金	95. 15	96. 44	97. 17	97. 09	94. 56	95. 90	97. 47	97. 65
活期存款	53. 07	65. 10	71. 36	76. 84	53. 21	64. 52	74. 55	84. 65
定期存款	11. 81	17. 00	25. 49	34. 17	11. 16	18. 22	25. 90	35. 40
无风险债券	0. 08	0. 49	0. 65	2. 35	0. 19	0. 35	0. 91	2. 24
无风险资产	97. 09	97. 81	98. 62	99. 03	96. 09	97. 58	98. 79	99. 14
股票	2. 51	5. 34	15. 94	30. 45	2. 96	5. 57	11. 66	26. 31
基金	1. 54	3. 08	6. 72	13. 68	1. 14	2. 96	5. 68	11. 89
风险性债券	0. 00	0. 00	0. 08	0. 65	0. 06	0. 11	0. 11	0. 45
金融衍生品	0. 00	0. 08	0. 08	0. 16	0. 04	0. 09	0. 13	0. 41
金融理财	0. 32	0. 40	1. 38	4. 86	0. 45	1. 04	2. 33	9. 28
非人民币	0. 40	0. 57	2. 02	4. 37	0. 45	0. 63	1. 32	3. 58
黄金	0. 40	0. 40	0. 97	1. 86	0. 26	0. 65	1. 30	3. 26
借出款	7. 36	10. 69	18. 37	17. 81	7. 66	11. 09	16. 58	20. 74
风险资产	11. 08	18. 22	35. 36	49. 80	11. 61	18. 74	30. 50	48. 91
金融资产总计	97. 33	97. 89	98. 95	99. 27	96. 20	97. 84	98. 86	99. 27
样本量	1236	1235	1236	1235	4633	4633	4633	4633
总样本量	4942				18532			

表4-3中2013年的调查数据显示，处于不同财富阶层的家庭，在家庭金融市场的参与率上存在显著差异。随着家庭财富水平的上升，家庭参与金融市场的比例也不断提升，分别为96.2%、97.8%、98.9%和99.3%。在无风险金融市场的参与上，贫困家庭、中等收入家庭、富裕家庭和最富裕家庭的参与率分别为96%、97.6%、98.8%和99.1%。家庭财富水平对家庭参与风险性金融市场，尤其是股票市场有更显著的正向影响，贫困家庭、中等收入家庭、富裕家庭和最富裕家庭参与风险性金融市场的比例分别为11.6%、18.7%、30.5%和48.9%，参与股票市场的比例分别为3%、5.6%、11.7%和26.3%。随着家庭财富的增加而提高，其他种类风险性金融市场的参与率也有相同的增长态势。由此，可以初步认为家庭财富水平是影响家庭金融市场的重要因素，尤其是对家庭参与风险性金融市场和股票市场的决策有重要影响。

表4-3的发现与已有研究类似，Guiso et al.(2000)发现，美国、英国、意大利、德国以及荷兰等国家股票参与率随财富的增加而提高，Arrondel et al.(2002)发现，法国家庭随财富水平的提高会增加对股票市场的参与率，我国城镇居民家庭资产参与率的财富分布特征与发达国家类似。

2. 城镇居民家庭金融市场参与率的房产占比分布

表4-4反映了城镇居民家庭金融市场参与率的房产分布状况。根据家庭房产占比把样本家庭分为4组，首先，把没有房产的定义为占比为0的家庭①；其次，把房产占比大于0的家庭按照房产占比的大小从低到高排序，并以25%分位数和75%分位数为门槛值对家庭进行分组，位于25%分位数以下的家庭为低占比家庭，位于25%~75%的家庭为中等占比家庭，位于75%以上的家庭为高占比家庭。在分组的基础上分别统计不同组的样本家庭在各类金融市场上的参与率状况，得到表4-4。

表4-4中2013年的调查数据显示，没有住房的家庭与拥有房产的家

① 房产作为中国家庭最重要的资产，拥有房产和没有住房的家庭在金融资产选择上存在本质差异，因此有必要把没有房产的家庭单独作为一组进行统计。

庭在金融市场的参与率上存在差异，其在无风险金融市场和风险性金融市场的参与率上均介于中等占比和高占比家庭之间，但小于低占比家庭。对于房产占比大于0的家庭而言，房产占比低和占比中等的家庭在金融资产的参与率上没有太大差异。值得注意的是，房产占比高的家庭在金融市场的参与上，尤其是在风险性金融市场和股票市场的参与上远低于房产占比小和占比中等的家庭，房产占比对家庭参与基金、风险性债券、金融衍生品、非人民币资产市场也有相同的影响趋势。根据对表4-4的分析，我们初步得出结论，房产占比对家庭参与风险性金融市场尤其是股票市场具有“挤出效应”。Kullmann & Siegel(2005)的研究发现，美国家庭的房产投资会降低家庭股票市场参与率，房产对于我国城镇居民家庭参与股市的影响与美国相似。

表4-4 城镇居民家庭金融市场参与率的房产占比分布(%)

金融资产类别	2011年调查				2013年调查			
	占比为0	低占比	中等	高占比	占比为0	低占比	中等	高占比
现金	95.96	97.58	97.35	93.85	96.57	96.92	97.30	93.74
活期存款	61.74	78.79	72.14	46.18	67.40	73.42	73.96	59.03
定期存款	18.04	34.05	24.47	7.91	23.64	25.79	26.18	10.68
无风险债券	0.47	1.40	0.93	0.56	0.69	1.30	1.16	0.51
无风险资产	97.98	98.98	98.93	95.81	97.84	98.29	98.52	96.38
股票	9.02	20.74	16.14	3.91	10.17	13.50	15.32	5.09
基金	4.67	10.51	6.93	1.58	4.70	7.05	6.78	2.42
风险性债券	0.16	0.56	0.09	0.00	0.19	0.32	0.21	0.00
金融衍生品	0.31	0.00	0.09	0.00	0.15	0.35	0.13	0.10
金融理财	1.56	2.88	2.09	0.00	2.98	4.29	4.30	0.76
非人民币	1.56	3.16	1.91	0.56	1.33	2.54	1.59	0.57
黄金	0.47	1.49	0.88	0.65	1.40	2.45	1.33	0.29
借出款	12.44	25.12	13.53	2.70	13.72	24.96	14.46	2.73
风险资产	22.71	45.67	31.77	8.75	25.95	38.08	32.09	10.30
金融资产	98.44	99.16	99.16	95.90	97.98	98.51	98.68	96.41
样本量	643	1075	2150	1074	5939	3149	6298	3146
总样本量	4942				18532			

3. 城镇居民家庭金融市场参与率的商业保险分布

表 4-5 根据家庭成员是否购买商业保险，把样本家庭分为两组，分别统计是否购买商业保险两组样本家庭在不同金融市场上的参与率。在商业保险的定义上，CHFS 调查问卷的商业保险模块，会询问每一位家庭成员，“有没有以下的商业保险?”回答一共有 6 个选项：①商业人寿保险；②商业健康保险；③商业养老保险；④商业财产保险(汽车保险除外)；⑤其他商业保险；⑥都没有。根据家庭成员对这一问题的回答，首先可以识别每一位家庭成员是否购买商业保险，然后综合每位家庭成员是否购买商业保险，建立家庭层面商业保险虚拟变量，如果家庭至少有一人购买了商业保险，则认为家庭购买了商业保险，否则，认为家庭没有购买商业保险。

表 4-5 显示购买商业保险的家庭金融市场的参与显著高于没有购买商业保险的家庭，在无风险金融市场的参与上，有无商业保险的参与率分别为 99.2%和 97.5%，有无商业保险的家庭在风险性金融市场和股票市场上的参与差别巨大，前者分别为 48.5%和 21.4%，后者分别为 23%和 8%。这表明未来不确定性对家庭参与股票等风险性金融市场具有重要影响，降低了家庭对这类金融市场的参与率。但是通过商业保险等手段，能够降低家庭面临的不确定性，进而提高家庭参与风险性金融市场的比例。

表 4-5　城镇居民家庭金融市场参与率的商业保险分布(%)

金融资产类别	2011 年调查		2013 年调查	
	没有商业保险	有商业保险	没有商业保险	有商业保险
现金	96.42	96.63	95.90	98.11
活期存款	63.77	79.44	65.66	81.66
定期存款	20.93	27.53	20.51	30.20
无风险债券	0.57	2.36	0.74	1.57
无风险资产	97.93	99.10	97.52	99.23
股票	10.00	29.78	8.26	23.35
基金	4.37	14.83	3.70	11.40
风险性债券	0.12	0.45	0.10	0.46
金融衍生品	0.07	0.11	0.10	0.41
金融理财	1.06	4.83	2.26	6.82

续表

金融资产类别	2011 年调查		2013 年调查	
	没有商业保险	有商业保险	没有商业保险	有商业保险
非人民币	1.33	4.16	1.03	3.12
黄金	0.69	1.91	0.85	3.15
借出款	11.35	23.60	11.01	24.51
风险资产	23.37	52.47	21.40	48.49
家庭金融资产总计	98.12	99.44	97.65	99.42
样本量	4052	890	14399	4133
总样本量	4942		18532	

4. 城镇居民家庭金融市场参与率的年龄分布

表 4-6 反映了城镇居民家庭金融市场参与率的年龄分布状况。根据家庭户主年龄把样本家庭分为 4 组，分组标准的选择依据世界卫生组织的年龄分段标准，即 45 周岁以下定义为青年人，45~60 岁定义为中年人，60 周岁以上定义为老年人。根据这一分组标准，将整个样本分为 45 岁以下、45~60 岁、60 岁以上 3 个子样本，分别统计其各类金融市场的参与情况。

表 4-6 中 2013 年的调查数据显示，不管户主年龄处于什么阶段，家庭都主要以银行存款等无风险资产作为家庭金融资产的持有形式，股票、基金、风险性债券、金融衍生品、金融理财产品、非人民币资产、黄金和借出款等风险性金融资产的参与率都不高。

此外，随着户主年龄的增长，家庭参与定期存款的比例不断增加，分别从 19.8%增长到 20.8%和 28.6%。与此同时，家庭将减少对风险性金融市场和股票市场的参与，对风险性金融市场的参与从 36.7%减少为 25.3%和 17.9%。家庭对其他风险性金融资产市场的参与率随年龄的增长也基本呈现递减的趋势。Guiso et al.（2000）的研究发现，美国、英国、意大利、德国以及荷兰等国家股票参与率在年龄分布上呈现“钟型”特征。Arrondel et al.（2002）的研究发现，法国家庭的股票参与率在年龄分布上也呈现“钟型”。由此可见，年龄对中国家庭金融资产参与率有重要影响，但影响趋势与发达国家存在一定的差异。

表 4-6　城镇居民家庭金融市场参与率的年龄分布(%)

金融资产类别	2011 年调查			2013 年调查		
	小于 45 岁	45~60 岁	大于 60 岁	小于 45 岁	45~60 岁	大于 60 岁
现金	97.23	95.55	96.31	97.27	96.66	94.93
活期存款	71.77	62.52	62.62	75.15	65.60	65.75
定期存款	18.25	20.90	31.22	19.83	20.82	28.58
无风险债券	0.60	0.55	1.93	0.49	0.96	1.45
无风险资产	98.94	97.32	97.80	98.67	97.86	96.95
股票	16.64	12.86	8.71	13.39	11.86	9.03
基金	7.76	5.61	4.31	5.75	5.75	4.58
风险性债券	0.28	0.18	0.00	0.19	0.24	0.11
金融衍生品	0.18	0.00	0.00	0.27	0.16	0.04
金融理财	2.03	1.65	1.32	3.17	3.40	3.26
非人民币	2.22	1.58	1.50	1.84	1.39	1.17
黄金	1.43	0.43	0.62	2.45	0.94	0.43
借出款	20.52	9.38	6.33	22.93	11.30	5.52
风险资产	37.01	24.38	18.73	36.69	25.25	17.87
金融资产总计	99.12	97.56	98.07	98.81	98.05	97.02
样本量	2164	1641	1137	6969	6258	5305
总样本量	4942			18532		

5. 城镇居民家庭金融市场参与率的教育状况分布

表 4-7 反映了城镇居民家庭金融市场参与率的教育状况分布。根据家庭户主的受教育水平把样本家庭分为 4 组，CHFS 问卷会询问每位家庭成员“您的文化程度是?”这一问题对应 9 个选项：①没上过学；②小学；③初中；④高中；⑤中专/职高；⑥大专/高职；⑦大学本科；⑧硕士研究生；⑨博士研究生。根据户主对这一问题的回答构建户主受教育程度变量。具体来看，如果户主选择⑦、⑧和⑨，则认为户主受教育程度为本科以上；如果户主选择④、⑤和⑥，则认为户主受教育程度为高中(职高或中专)；如果户主选择①、②和③，则认为户主受教育程度为初中及以下。基于以上分组，分别统计家庭各类金融资产的参与率，如表 4-7 所示。

表 4-7 城镇居民家庭金融市场参与率的教育状况分布(%)

金融资产类别	2011 年调查				2013 年调查			
	初中(以下)	高中	大专	本科(以上)	初中(以下)	高中	大专	本科(以上)
现金	96.69	96.31	96.15	96.16	95.43	97.24	97.60	97.58
活期存款	58.36	69.58	78.15	81.57	58.41	75.67	83.32	87.88
定期存款	18.10	23.11	26.92	31.03	18.08	25.13	28.33	31.35
无风险债券	0.16	0.63	1.92	3.23	0.46	1.10	1.73	1.71
无风险资产	97.96	98.19	98.60	98.31	96.97	98.61	99.19	99.16
股票	5.93	15.25	24.13	29.65	4.54	14.43	21.96	25.50
基金	2.74	6.60	11.89	13.82	2.26	6.17	9.88	12.71
风险性债券	0.04	0.16	0.35	0.61	0.03	0.27	0.43	0.42
金融衍生品	0.00	0.08	0.00	0.46	0.02	0.11	0.34	0.71
金融理财	0.74	1.57	2.45	5.22	1.27	3.36	6.09	8.65
非人民币	0.82	1.65	2.45	5.53	0.62	1.48	2.49	4.14
黄金	0.57	0.71	1.22	2.30	0.65	1.44	2.01	3.51
借出款	10.95	13.44	18.71	19.05	10.57	14.90	20.09	20.82
风险资产	18.55	30.58	44.76	48.39	16.76	31.36	43.67	48.41
金融资产	98.12	98.43	98.95	98.62	97.07	98.78	99.38	99.33
样本量	2447	1272	572	651	9529	4525	2086	2392
总样本量	4942				18532			

表 4-7 中 2013 年的调查数据显示，随着户主受教育程度的提高，家庭参与无风险金融市场的比例没有太大的变化，分别为 97%、98.6%、99.2%和 99.2%。但是，随着户主受教育水平的提高，家庭持有活期存款和定期存款的比例明显提高。与此同时，家庭对风险性金融市场和股票市场的参与率随着户主受教育水平的提高有较大幅度的增加。其中，风险性金融市场的参与率分别为 16.8%、31.4%、43.7%和 48.4%，股票市场的参与率分别为 4.5%、14.4%、22%和 25.5%。随着户主受教育水平的提高，家庭参与基金、风险性债券、金融衍生品、金融理财产品和非人民币资产市场的比例均呈现出明显的增长趋势。总体来看，随着户主受教育水平的提升，家庭对股票等风险性金融市场的参与率却有明显的提高。

6. 城镇居民家庭金融市场参与率的健康状况分布

表4-8反映了城镇居民家庭金融市场参与率的健康状况分布。根据户主自评健康状况可把样本家庭分为身体健康、一般和不健康3个组别。具体来看，CHFS在问卷中设计了相关问题询问受访者的自评健康状况，“与同龄人相比，您的身体状况如何?”共有5个对应选项：①非常好；②好；③一般；④差；⑤非常差。根据户主对该问题的回答构建户主健康状况虚拟变量。如果户主选择①和②，则定义家庭属于身体健康组；如果户主选择③，则定义家庭属于健康状况一般组；如果户主选择④和⑤，则认为家庭属于不健康组。

基于健康分组后的样本，分别统计每组家庭金融资产参与率的情况，如表4-8所示。表4-8中2013年的调查数据显示，随着户主健康状况的改善，家庭对无风险金融市场的参与没有太大的变化，但会增加活期存款的持有比例；户主健康状况的提升会促使家庭更多地参与风险性金融市场，身体不健康、一般和健康3个组参与风险性金融市场的比重分别为22.6%、31.6%和33.9%，对包括股票、基金在内的各种风险性金融市场的参与率也有明显的正向影响。这一现象与Rosen & Wu(2004)对美国家庭金融资产配置的研究基本一致，他们发现健康状况的恶化会负向影响居民对于风险资产投资的意愿，健康状况对我国城镇居民家庭金融市场参与的影响与美国类似。

表4-8　城镇居民家庭金融市场参与率的健康状况分布(%)

金融资产类别	2011年调查			2013年调查		
	较差	一般	健康	较差	一般	健康
现金	94.54	97.03	97.45	95.74	97.16	97.16
活期存款	59.27	67.12	71.77	65.40	72.04	74.66
定期存款	16.94	25.82	22.91	22.37	23.26	22.85
无风险债券	0.69	0.99	0.96	0.93	0.90	0.93
无风险资产	96.96	98.20	98.99	97.31	98.50	98.63
股票	10.72	13.99	15.36	10.13	13.59	13.18
基金	3.60	6.93	7.71	4.76	6.32	6.09
风险性债券	0.21	0.12	0.21	0.13	0.21	0.27

续表

金融资产类别	2011 年调查			2013 年调查		
	较差	一般	健康	较差	一般	健康
金融衍生品	0.07	0.06	0.11	0.12	0.09	0.30
金融理财	1.31	1.49	2.29	2.94	3.32	3.87
非人民币	1.80	1.24	2.39	1.30	1.83	1.65
黄金	0.90	0.62	1.17	0.95	1.62	1.99
借出款	9.75	11.95	17.86	10.41	15.78	19.69
风险资产	21.92	28.24	34.08	22.59	31.59	33.93
家庭金融资产总计	97.16	98.51	99.15	97.45	98.68	98.75
样本量	1446	1615	1881	5273	3340	9919
总样本量	4942			18532		

7. 城镇居民家庭金融市场参与率的风险态度分布

表 4-9 反映了城镇居民家庭金融市场参与率的风险态度分布状况。根据户主主观风险态度把样本家庭分为风险偏好、风险中性和风险厌恶 3 个组。具体来看，CHFS 调查问卷在受访者的主观态度模块会询问被访者如下问题，“如果您有一笔钱，您愿意选择哪种投资项目？”对这一问题的回答共有 5 个选项：①高风险，高回报项目；②略高风险，略高回报的项目；③平均风险，平均回报的项目；④略低风险，略低回报的项目；⑤不愿意承担任何风险。将选择①和②的家庭界定为风险偏好型；将选择选项③的家庭界定为风险中性型；将选择选项④和⑤的家庭界定为风险厌恶型。

基于分组后的样本，分别统计其对各类金融市场的参与率，如表 4-9 所示。表 4-9 显示，风险偏好组内的家庭，在无风险性的活期存款和定期存款上的参与率较低，在风险性金融市场上的参与率较高，尤其是在股票市场的参与上，风险偏好、风险中性和风险厌恶 3 个组别的家庭差异明显，参与率分别为 25.2%、16.2% 和 7.7%。风险态度的转变（由厌恶变为偏好）对提高包括股票、基金、风险性债券、金融衍生品、金融理财产品、非人民币资产在内的各种风险性金融市场的参与率有显著的促进作用。由此初步推断，风险态度是影响家庭金融市场参与的重要影响因素。

表 4-9 城镇居民家庭金融市场参与率的风险态度分布(%)

金融资产类别	2011 年调查			2013 年调查		
	风险偏好	风险中性	风险厌恶	风险偏好	风险中性	风险厌恶
现金	96.81	96.54	96.33	96.69	97.32	96.03
活期存款	75.14	72.26	61.75	76.59	78.45	64.78
定期存款	19.31	20.68	23.51	18.89	23.54	23.04
无风险债券	1.11	0.88	0.84	0.65	0.93	0.97
无风险资产	98.75	98.45	97.83	98.27	98.78	97.53
股票	27.64	16.04	8.84	25.19	16.18	7.68
基金	10.42	8.02	4.37	8.49	7.36	4.21
风险性债券	0.28	0.22	0.14	0.37	0.45	0.06
金融衍生品	0.42	0.00	0.03	0.93	0.19	0.02
金融理财	3.06	2.21	1.19	5.83	4.87	2.28
非人民币	4.44	1.62	1.29	3.50	2.03	0.96
黄金	1.81	0.96	0.66	3.31	2.01	0.80
借出款	22.50	17.66	9.36	24.72	20.45	9.93
风险资产	48.33	34.88	20.68	47.43	38.06	20.28
金融资产总计	99.03	98.75	98.01	98.46	98.95	97.66
样本量	720	1359	2863	2144	4185	12203
总样本量	4942			18532		

4.2 城镇居民家庭金融市场参与率与影响因素的模型构建

4.2.1 变量选取与赋值

本节将在 4.1 节描述性统计的基础上，选择影响家庭金融市场参与率的因素，构建 3 个模型对家庭金融市场参与状况进行实证研究，这 3 个模型分别是：①风险性金融市场参与率模型；②股票市场参与率模型；③家庭储蓄存款参与率模型。利用 CHFS 微观家庭数据，实证检验了家庭参与金融市场受到哪些因素的影响，并对估计结果进行稳健性检验。3个实证模型对应的被解释变量分别为：①是否参与风险金融市场虚拟变量(p^{risk})，如果家庭参与风险性金融市场取值为1，否则为0；②是否参与股票市场虚拟变量(p^{stock})，参与股票市场取值为1，否则为0；③是否有储蓄存款虚拟变量(p^{saving})，有储蓄存款取值为1，否则为0。这3个模型有相同的解释变量，这些解释变量由家庭特征变量、户主特征变量和区域控制变量3个部分构成。具体来看：

1. 家庭特征变量

家庭特征变量包括家庭收入、家庭财富(总资产)、房产价值占家庭总资产的比重、家庭商业保险购买状况和家庭规模，以下将逐一说明变量赋值的具体内容。

家庭总收入变量(*income*)。根据CHFS的问卷设计，家庭收入由5个部分构成，即工资性收入、经营性收入、财产性收入、转移性收入和出售财务收入。本书所指的家庭收入是这5个部分收入的总和。此外，在实证分析中还引入家庭总收入的平方变量($income^2$)，以检验家庭收入是否对家庭金融市场参与行为具有非线性影响。

家庭财富变量(*wealth*)。家庭财富(家庭总资产)包括家庭非金融资产、家庭金融资产和家庭其他资产共3个部分，本书采用这3个部分的加总来衡量家庭财富(家庭总资产)。同样，为了考察家庭财富是否对家庭金融市场参与有非线性的影响，在实证模型中引入家庭财富的平方变量($wealth^2$)。

房产占家庭总资产比重变量(*house*)。随着房地产市场在中国的快速发展，房产对家庭金融资产的选择具有日益重要的影响，本书构建家庭房产市值占家庭总资产的比重变量，检验房产投资对家庭金融资产选择是否具有替代或互补效应。

工商业生产经营变量(*business*)。在CHFS问卷中会问道，“去年，您家是否从事工商业生产经营项目?”如果回答是则该变量取值为1，如果回答否则取值为0。

商业保险变量(*insurance*)。在CHFS调查问卷的商业保险模块，会询问每一位家庭成员，“有没有以下的商业保险?”回答一共有6个选项：①商业人寿保险；②商业健康保险；③商业养老保险；④商业财产保险(汽车保险除外)；⑤其他商业保险；⑥都没有。根据家庭成员对这一问题的回答，首先可以识别每一位家庭成员是否购买商业保险，然后综合每位家庭成员是否购买商业保险，建立家庭层面商业保险虚拟变量，如果家庭至少有一人购买了商业保险，则商业保险虚拟变量取值为1，其他取值为0。

家庭规模变量(*fscale*)。根据CHFS对家庭成员的定义，该变量衡量符合该定义的家庭人数的多少。

2. 户主特征变量

户主特征变量包括户主年龄、受教育程度、健康状况、风险态度、户主性别、户主婚姻状况、政治面貌。其中：

户主年龄变量(age_j)，根据世界卫生组织的年龄分段标准建立户主年龄虚拟变量，如果户主在45周岁以下，则定义为青年人，此时(age_1)取值为1，其他为0；如果户主年龄在45~60岁之间，则定义为中年人，此时(age_2)取值为1，其他为0；如果户主年龄在60周岁以上，则定义为老年人，此时(age_3)取值为1，其他为0。在实证分析中以老年户主作为参照组，引入青年户主(age_1)和中年户主(age_2)2个虚拟变量。

户主受教育程度变量($education_j$)。CHFS问卷会询问每位家庭成员“您的文化程度是?”这一问题对应9个选项：①没上过学；②小学；③初中；④高中；⑤中专/职高；⑥大专/高职；⑦大学本科；⑧硕士研究生；⑨博士研究生。本书根据户主对这一问题的回答构建户主受教育程度变量。具体来看，如果户主选择⑦、⑧和⑨，则认为户主受教育程度为本科以上，($education_1$)取值为1，其他为0；如果户主选择④、⑤和⑥，则认为户主受教育程度为高中(职高或中专)，($education_2$)取值为1，其他为0；如果户主选择①、②和③，则认为户主受教育程度为初中及以下，($education_3$)取值为1，其他为0。在实证分析中以受教育程度为初中及其以下($education_3$)的户主作为参照组，引入是否是本科以上户主($education_1$)和是否是高中(职高或中专)($education_2$)户主2个虚拟变量。

户主健康状况变量($health_j$)。CHFS设计相关问题询问受访者的自评健康状况，“与同龄人相比，您的身体状况如何?”共对应5个选项：①非常好；②好；③一般；④差；⑤非常差。根据户主对该问题的回答构建户主健康状况虚拟变量。具体来看，如果户主选择①和②，则认为户主身体健康，($health_1$)取值为1，其他为0；如果户主选择③，则认为户主身体健康状况一般，($health_2$)取值为1，其他为0；如果户主选择④和⑤，则认为户主身体不健康，($health_3$)取值为1，其他为0。在实证分析中以身体不健康的户主($health_3$)作为参照组，引入是否身体健康户主($health_1$)和身体健康状况一般($health_2$)的户主两个虚拟变量。

户主风险态度($riskatt_j$)。CHFS调查问卷在受访者的主观态度模块会询问被访者如下问题，“如果您有一笔钱，您愿意选择哪种投资项目?”对这一问题的回答共有5个选项：①高风险，高回报项目；②略高风险，略高回报的项目；③平均风险，平均回报的项目；④略低风险，略低回报的项目；⑤不愿意承担任何风险。本章将选择①和②的户主界定为风险偏好型，($riskatt_1$)取值为1，否则为0；将选择选项③的户主界定为风险中性型，($riskatt_2$)取值为1，否则为0；将选择选项④和⑤的户主界定为风险厌恶型，($riskatt_3$)取值为1，否则为0。在实证分析中以风险厌恶型户主($riskatt_3$)作为参照组，引入是否风险偏好型户主($riskatt_1$)和是否风险中性户主($riskatt_2$)两个虚拟变量。

户主性别(*gender*)。户主性别为虚拟变量，如果户主为男性取值为1，户主为女性则取值为0。

户主婚姻状况变量(*married*)。CHFS在问卷中会询问16岁以上受访者“您的婚姻状况是?”回答共有6个选项：①未婚；②已婚；③同居；④分居；⑤离婚；⑥丧偶。如果户主回答选项②，则认为户主婚姻状况为已婚，婚姻状况虚拟变量(*married*)取值为1，否则为0。

户主是否党员变量(*party*)。CHFS会询问受访者及其配偶，“您的政治面貌是?”该问题共有4个选项：①共青团员；②中共党员；③民主党派或其他党派；④群众。如果户主回答选项②，则认为户主政治面貌为中共党员，是否党员虚拟变量(*party*)取值为1，否则为0。

3. 区域控制变量

我国地域广袤，东部、中部和西部地区的经济发展水平不一、金融市场的完善程度不同，不同区域的文化和风俗习惯也存在差异。本书考虑到这种区域异质性，构建东部、中部和西部地区虚拟变量（$region_j$）控制区域差异。如果样本家庭属于东部省市，则东部虚拟变量（$region_1$）取值为 1，否则为 0；如果样本家庭属于中部省份，则中部虚拟变量（$region_2$）取值为 1，否则为 0；如果样本家庭属于西部省（区、市），则西部虚拟变量（$region_3$）取值为 1，否则为 0。在实证分析中以西部省（区、市）的户主作（$region_3$）为参照组，引入是否东部省市（$region_1$）和是否中部省份（$region_2$）两个虚拟变量。

各变量的赋值说明见表 4-10，变量的描述性统计见表 4-11。

表 4-10　城镇居民家庭金融市场参与率模型的变量设定与变量赋值

变量类型	变量名称	变量含义	变量赋值说明
被解释变量	p^{risk}	是否参与风险性金融市场	参与赋值为 1；不参与赋值为 0
	p^{stock}	是否参与股票市场	参与赋值为 1；不参与赋值为 0
	p^{saving}	是否有储蓄存款	有赋值为 1；没有赋值为 0
解释变量	*income*	家庭收入	家庭的年度可支配收入（千元）
	$income^2$	家庭收入的平方	$income \times income$
	wealth	家庭资产	家庭的资产总和=实物资产+金融资产（千元）
	$wealth^2$	家庭资产的平方	$wealth \times wealth$
	house	房产占比	家庭房产价值占家庭总资产的比重（%）
	business	是否从事工商业	家庭从事工商业经营赋值为 1；不从事工商业经营赋值为 0
	insurance	是否购买商业保险	家庭有成员购买商业保险赋值为 1；没有购买赋值为 0

续表

变量类型	变量名称	变量含义	变量赋值说明
解释变量	*fscale*	家庭规模	家庭总人口(人)
	age_j	户主年龄	取值为0、1的离散型虚拟变量。$age_j=1$分别表示户主为青年(44岁以下)、中年(45~59岁)($j=2$)、老年(60岁以上)($j=3$)
	$education_j$	户主受教育程度	取值为0、1的离散型虚拟变量。$education_j=1$分别表示本科及以上($j=1$)、专科或高职($j=2$)、高中、职高或中专($j=3$)、初中及以下($j=4$)
	$health_j$	户主健康状况	取值为0、1的离散型虚拟变量。$health_j=1$分别表示户主身体很健康($j=1$)、身体健康状况一般($j=2$)、身体不健康($j=3$)
	$riskattd_j$	户主风险态度	取值为0、1的离散型虚拟变量。$riskattd_j=1$分别表示户主为风险偏好($j=1$)、风险中性($j=2$)、风险厌恶($j=3$)
	gender	户主性别	户主为男性赋值为1；户主为女性赋值为0
	married	户主婚姻状况	户主已婚赋值为1；其他情况赋值为0
	party	户主是否党员	户主为党员赋值为1；户主不是党员为赋值为0
	$region_j$	地区虚拟变量	取值为0、1的离散型虚拟变量。$region_j=1$分别表示东部地区($j=1$)、中部地区($j=2$)、西部地区($j=3$)

表 4-11 变量的描述性统计

变量名	2011年调查数据		2013年调查数据	
	平均值	标准差	平均值	标准差
参与风险性金融市场(%)	29	45	27	45
参与股票市场(%)	14	34	12	32
参与储蓄存款市场(%)	71	45	73	44
家庭收入(千元)	68.93	167.8	84.22	161.49
家庭总资产(千元)	784.57	1335.15	920.76	1393.42
房产占比(%)	68.71	32.9	59.88	39.52
从事工商业	0.15	0.36	0.16	0.37
购买商业保险	0.18	0.38	0.22	0.42
家庭规模(人)	3.24	1.38	3.23	1.44

续表

变量名	2011 年调查数据		2013 年调查数据	
	平均值	标准差	平均值	标准差
45 岁以下	0. 44	0. 5	0. 38	0. 48
45~60 岁	0. 33	0. 47	0. 34	0. 47
60 岁以上	0. 23	0. 42	0. 29	0. 45
本科及以上	0. 13	0. 34	0. 13	0. 34
专科(高职)	0. 12	0. 32	0. 11	0. 32
高中(职高或中专)	0. 26	0. 44	0. 24	0. 43
初中以下	0. 5	0. 5	0. 51	0. 5
身体健康	0. 38	0. 49	0. 38	0. 45
一般健康	0. 33	0. 47	0. 28	0. 38
身体不健康	0. 29	0. 45	0. 34	0. 5
风险偏好	0. 15	0. 35	0. 12	0. 32
风险中性	0. 27	0. 45	0. 23	0. 42
风险厌恶	0. 58	0. 49	0. 66	0. 47
户主性别	0. 67	0. 47	0. 7	0. 46
户主婚姻	0. 85	0. 36	0. 84	0. 37
是否党员	0. 2	0. 4	0. 2	0. 4
东部	0. 57	0. 5	0. 52	0. 5
中部	0. 25	0. 43	0. 27	0. 45
西部	0. 18	0. 38	0. 21	0. 4
样本量	4942	18532		

4. 2. 2 变量的描述性统计

从表 4-11 可知，2011 年和 2013 年的调查样本中，参与风险性金融市场的比例不高，分别为 29%和 27%，其中参与股票市场的比重很低，分别只有 14%和 12%，中国城镇居民家庭在股市的参与率上存在“有限参与之谜”的现象。城镇居民家庭拥有储蓄存款的比例较高，分别达到 71%和 73%。

居民家庭收入在两年调查时的均值分别为 6. 8 万元和 8. 4 万元，居民家庭收入增长明显；家庭总资产分别为 78. 5 万元和 102 万元，其中房产占家庭金融资产的比重较高，分别为68.7%和60%，房产已经成为中国家庭最主要的资产；从事工商业的家庭占比分别为15%和16%；家庭购买商业保险的比率不高但增长很快，分别为18%和22%；家庭规模在两年基本一致，大约为3人，这与中国长期实行计划生育政策的现实一致；2013年的调查显示，60岁以上的户主家庭占比达到30%，中国正在步入老龄化社会；户主受教育程度分布存在显著差异，50%以上的家庭户主仅有初中文化，高中文化水平的比率为24%，专科和本科占比分别为11%和13%；家庭在健康状况上的分布比较平均，但有接近1/3的户主自评健康状况不好；绝大部分家庭是风险厌恶型，但有接近12%的户主是风险偏好型；绝大部分户主为已婚男性，户主为党员的占比为20%，东部、中部和西部样本分别为52%、27%和21%。

4.2.3　模型的选择与设定

家庭是否参与金融市场作为因变量，为二分类虚拟变量。因此，本章建立家庭金融市场参与的Logit模型，采用二值Logistic方法进行回归分析。本书的解释变量大多为有序分类变量，对于此类变量，一种处理方法是将每个多分类定性变量转化为若干二分类定性变量。另一种做法是给变量的各个选项赋予一定的数值，将变量作为连续变量来使用。尽管第二种方法在建模的简洁性上具有优势，但该方法要求赋值大小尽可能与实际一致，否则可能由于赋值不当而引起估计偏差。因此，本书采用第一种方法进行计量分析。本部分所采用的计量分析模型如下：

$$
\begin{aligned}
\ln\frac{p_i^f}{1-p_i^f} = {} & \beta_0 + \beta_1 income_i + \beta_2 income_i^2 + \beta_3 wealth_i + \beta_4 wealth_i^2 + \\
& \beta_5 house_i + \beta_6 business_i + \beta_7 insurance_i + \beta_8 fscale_i + \\
& \sum_{j=1}^{2}\beta_{9j} age_{ji} + \sum_{j=1}^{3}\beta_{10j} education_{ji} + \sum_{j=1}^{2}\beta_{11j} health_{ji} + \sum_{j=1}^{2}\beta_{12j} riskatt_{ji} + \\
& \beta_{13} gender_i + \beta_{14} married_i + \beta_{15} party_i + \sum_{j=1}^{2}\beta_{16j} region_{ji} + \varepsilon_i
\end{aligned}
$$

其中，p_i^f表示家庭持有f类金融资产的概率，以此来衡量家庭参与f类金融市场的意愿，其中$f=risk$，$stock$，$saving$；$1-p_i^f$表示家庭不持有f类金融资产的概率，$p_i^f/(1-p_i^f)$ 表示家庭持有 f 类金融资产的发生比，即持有 f 类金融资产的概率除以不持有风险资产的概率。β_0是常数项，被解释变量和解释变量的含义见表4-8。β_1、β_2、β_3、β_4、β_5、β_6、β_7、β_8、β_{9j}、β_{10j}、β_{11j}、β_{12j}、β_{13}、β_{14}、β_{15}、β_{16j}分别为对应解释变量的系数，ε_i是随机误差项。

4.3 Logit 模型的估计与检验①

4.3.1 Logit 模型的估计方法

假设个体只有两种选择，如 $y_i=1$(第 i 个家庭参与金融市场)或 $y_i=0$(第 i 个家庭不参与金融市场)。所有解释变量都包括在向量 x 中。“线性概率模型”（Linear Probability Model，LPM）：

$$y_i=x_i'\beta+\varepsilon_i(i=1,\ \cdots,\ n)$$

为了保证 y_i的预测值总是介于［0，1］之间，给定 x，考虑 y_i的两点分布的概率：

$$\begin{cases}P(y_i=1\mid x)=F(x,\ \beta)\\P(y_i=0\mid x)=1-F(x,\ \beta)\end{cases}$$

函数 $F(x,\ \beta)$被称为“连接函数”（link function），通过选择合适的 $F(x,\ \beta)$，可保证 y_i的预测值 $\hat{y}_i$介于［0，1］之间，可以将 $\hat{y}_i$理解为 $y_i=1$ 发生的概率，因为：

$$\hat{y}_i=E(y_i\mid x)=1\times P(y_i=1\mid x)+0\times P(y_i=0\mid x)=P(y_i=1\mid x)$$

如果 $F(x,\ \beta)$为“逻辑分布”（logistic distribution）的累积分布函数：

$$F(x,\ \beta)=\Lambda(x_i'\beta)=\frac{\exp(x_i'\beta)}{1+\exp(x_i'\beta)}$$

该模型称为 Logit 模型，其中逻辑分布的密度函数关于原点对称，期望为0，方差为 $\pi^2/3$(大于标准正态的方差)，具有厚尾(fat tails)特征。由于

① 本部分内容主要参照：陈强．高级计量经济学及 Stata 应用(第二版)[M]．北京：高等教育出版社，2014；伍德里奇．横截面与面板数据的经济计量分析[M]．北京：中国人民大学出版社，2008；A. 科林·卡梅伦，普拉温·K. 特里维迪．用 Stata 学微观计量经济学[M]．重庆：重庆大学出版社，2015.

Logit 模型为非线性模型，进行极大似然(MLE)估计。第 i 个观察数据的概率密度为

$$f(y_i \mid x_i, \beta)=\begin{cases}\Lambda(x_i'\beta), & 若\ y_i=1\\ 1-\Lambda(x_i'\beta), & 若\ y_i=0\end{cases}$$

也可以写为$f(y_i \mid x_i, \beta)=[\Lambda(x_i'\beta)]^{y_i}[1-\Lambda(x_i'\beta)]^{1-y_i}$，取对数可得

$$\ln f(y_i \mid x_i, \beta)=y_i\ln[\Lambda(x_i'\beta)]+(1-y_i)\ln[1-\Lambda(x_i'\beta)]$$

如果样本中的观察个体互相独立，则整个样本的对数似然函数为

$$\ln L(\beta \mid y, x)=\sum_{i=1}^{n} y_i\ln[\Lambda(x'_i\beta)]+\sum_{i=1}^{n}(1-y_i)\ln[1-\Lambda(x'_i\beta)]$$

值得注意的是，在 Logit 模型中，估计量$\hat{\beta}_k$并非解释变量 x_k 的边际效应(marginal effects)，边际效应应当等于

$$\frac{\partial P(y_i=1 \mid x)}{\partial x_k}=\frac{\partial P(y_i=1 \mid x)}{\partial(x_i'\beta)}\times\frac{\partial(x_i'\beta)}{\partial x_k}=z(x_i'\beta)\times\hat{\beta}_k$$

其中，$z(x_i'\beta)$为“逻辑分布”的概率密度函数。因此，边际效应不是常数，而是随着解释变量而变。对于本章的分析而言，采用平均边际效应(average marginal effect)的计算方法，即分别计算在每个样本观测值上的边际效应，然后进行简单算术平均(这也是 Stata 的默认方法)。在 Logit 模型中，虽然估计量$\hat{\beta}_k$并非解释变量 x_k的边际效应，但其也有特定的含义。假设 $p=\frac{\exp(x_i'\beta)}{1+\exp(x_i'\beta)}$，那么，$1-p=1-\frac{\exp(x_i'\beta)}{1+\exp(x_i'\beta)}$，因此，

$$\frac{p}{1-p}=\exp(x_i'\beta),\quad \ln\left(\frac{p}{1-p}\right)=x_i'\beta$$

其中，$p/(1-p)$被称为“几率比”(odds ratio)或“相对风险”(relative risk)。因此，$\hat{\beta}_k$表示解释变量 x_k 增加一个微小量所引起“对数几率比”(log-odds ratio)的边际变化。也可视 $\hat{\beta}_k$为半弹性，即 x_k增加一单位引起几率比的变化百分比。

另一解释：假设 x_k增加 1 个单位，从 x_k变为 x_k+1，p 的新值为 p^*，则新几率比与原几率比的比率可写为

$$\frac{\dfrac{p^*}{1-p^*}}{\dfrac{p}{1-p}}=\frac{\exp[\beta_0+\beta_1x_1+\cdots+\beta_k(x_k+1)+\cdots+\beta_Nx_N]}{\exp[\beta_0+\beta_1x_1+\cdots+\beta_kx_k+\cdots+\beta_Nx_N]}=\exp(\beta_k)$$

$\exp(\beta_k)$表示解释变量 x_k增加 1 个单位引起几率比的变化倍数，正是基于此，Stata 称 $\exp(\beta_k)$为几率比(odds ratio)。

4.3.2 Logit 模型的检验

由于不存在平方和分解公式，无法计算 Logit 模型的拟合优度 R^2。但是，Stata 仍然在估计结果中报告一个"准 R^2"（Pseudo R^2），该统计量由 McFadden(1974)提出：

$$\text{Pseudo } R^2=\frac{\ln L_0-\ln L_1}{\ln L_0}$$

其中，$\ln L_1$为原模型的对数似然函数的最大值，而 $\ln L_0$为以常数项为唯一解释变量的对数似然函数最大值。由于解释变量 y_i为离散的两点分布，似然函数的最大可能值为 1，故对数似然函数的最大可能值为 0，记为 $\ln L_{max}$。由于$\ln L_0\leqslant\ln L_1\leqslant 0$，因此"准 R^2"也可以表示为

$$\text{Pseudo } R^2=\frac{\ln L_1-\ln L_0}{\ln L_{max}-\ln L_0}$$

判断 Logit 模型拟合优度的另一方法是计算"正确预测的百分比"(percent correctly predicted)。如果发生概率的预测值$\hat{y}_i\geqslant 0.5$，则认为其预测$y=1$;反之，则认为其预测 $y=0$。将预测值与实际值(样本数据)进行比较，就能计算正确预测的百分比。

4.4 实证结果

4.4.1 模型估计结果与分析

表 4-12 基于中国家庭金融调查中心 2011 年的城镇居民家庭调查数据，采用极大似然法对家庭风险性金融市场参与率、股票市场参与率和储

蓄存款参与率模型进行估计的结果，各变量系数的估计值见表4-12。为了使变量的回归系数在直观上更容易理解，把家庭总收入、家庭资产数量的单位由元转变为以千元为单位。[①] 为了避免模型估计中可能的异方差问题，表4-12中的标准误为均采用稳健性标准误。表4-12中的第(1)、(2)和(3)列为发生比的估计结果[②]，第(4)、(5)和(6)列为所有解释变量的平均边际效应估计结果[③]。

表4-12　城镇居民家庭金融市场参与率模型的估计结果

解释变量	Logit模型			Logit模型		
	发生比			平均边际效应		
	(1)	(2)	(3)	(4)	(5)	(6)
	风险金融市场参与	股票市场参与	储蓄存款市场参与	风险金融市场参与	股票市场参与	储蓄存款市场参与
收入	1.0004*** (0.0001)	1.0001* (0.0001)	1.0010*** (0.0003)	0.0004*** (0.0001)	0.0001* (0.0001)	0.0010*** (0.0003)
收入平方	1.0000*** (0.0000)	1.0000* (0.0000)	1.0000*** (0.0000)	-0.0000*** (0.0000)	-0.0000* (0.0000)	-0.0000*** (0.0000)
总资产	1.0001*** (0.0000)	1.0001*** (0.0000)	1.0001*** (0.0000)	0.0001*** (0.0000)	0.0001*** (0.0000)	0.0001*** (0.0000)
总资产平方	1.0000*** (0.0000)	1.0000*** (0.0000)	1.0000*** (0.0000)	-0.0000*** (0.0000)	-0.0000*** (0.0000)	-0.0000*** (0.0000)
房产占比	0.9984*** (0.0002)	0.9992*** (0.0001)	0.9988*** (0.0002)	-0.0016*** (0.0002)	-0.0008*** (0.0001)	-0.0012*** (0.0002)
从事工商业	0.9736 (0.0172)	0.9149*** (0.0138)	0.9582** (0.0176)	-0.0268 (0.0177)	-0.0890*** (0.0151)	-0.0427** (0.0184)
商业保险	1.1480*** (0.0157)	1.0812*** (0.0105)	1.1109*** (0.0212)	0.1380*** (0.0137)	0.0781*** (0.0097)	0.1051*** (0.0191)

① 如果以元为单位进行模型拟合，则回归系数很小，经济意义不容易理解。

② 遵循已有文献传统，同时列出了Logit模型的发生比（odds ratio），但限于篇幅，没有给出解释。感兴趣的读者也可以从发生比的视角理解估计结果的经济含义。

③ 边际效应有多重计算方式，例如，所有解释变量的平均边际效应、所有解释变量在样本均值处的边际效应、所有解释变量在某一变量具体取值处的边际效应等。本书参照大多数文献的传统，列出了所有变量平均边际效应的估计结果，并基于平均边际效应的回归结果进行经济意义解释。

续表

解释变量	Logit 模型			Logit 模型		
	发生比			平均边际效应		
	(1)	(2)	(3)	(4)	(5)	(6)
	风险金融市场参与	股票市场参与	储蓄存款市场参与	风险金融市场参与	股票市场参与	储蓄存款市场参与
家庭规模	0.9969 (0.0048)	0.9961 (0.0036)	0.9879*** (0.0046)	-0.0031 (0.0048)	-0.0039 (0.0036)	-0.0122*** (0.0047)
45岁以下	1.0713*** (0.0185)	1.0136 (0.0144)	0.9835 (0.0169)	0.0689*** (0.0173)	0.0135 (0.0142)	-0.0167 (0.0172)
45~60岁	1.0088 (0.0176)	1.0094 (0.0141)	0.9524*** (0.0157)	0.0087 (0.0174)	0.0093 (0.0140)	-0.0488*** (0.0165)
本科及以上	1.0665*** (0.0216)	1.0830*** (0.0156)	1.0871*** (0.0279)	0.0644*** (0.0203)	0.0797*** (0.0144)	0.0835*** (0.0256)
专科	1.1050*** (0.0207)	1.0917*** (0.0153)	1.0737*** (0.0256)	0.0998*** (0.0187)	0.0877*** (0.0140)	0.0711*** (0.0239)
高中	1.0602*** (0.0153)	1.0755*** (0.0126)	1.0590*** (0.0160)	0.0585*** (0.0144)	0.0728*** (0.0117)	0.0573*** (0.0151)
身体健康	1.0264* (0.0156)	0.9892 (0.0119)	1.0497*** (0.0161)	0.0261* (0.0152)	-0.0109 (0.0120)	0.0485*** (0.0154)
一般健康	1.0300* (0.0156)	1.0068 (0.0119)	1.0459*** (0.0160)	0.0296* (0.0151)	0.0068 (0.0118)	0.0449*** (0.0153)
风险偏好	1.1393*** (0.0181)	1.1004*** (0.0126)	1.0358* (0.0204)	0.1304*** (0.0159)	0.0957*** (0.0114)	0.0352* (0.0197)
风险中性	1.0566*** (0.0143)	1.0324*** (0.0110)	1.0275* (0.0154)	0.0551*** (0.0136)	0.0319*** (0.0107)	0.0271* (0.0150)
户主性别	1.0232* (0.0131)	0.9916 (0.0096)	1.0115 (0.0136)	0.0229* (0.0128)	-0.0084 (0.0097)	0.0115 (0.0135)
户主婚姻	0.9950 (0.0172)	1.0368** (0.0150)	1.0272 (0.0184)	-0.0051 (0.0173)	0.0362** (0.0145)	0.0269 (0.0179)
是否党员	1.0057 (0.0157)	1.0194* (0.0112)	1.0490*** (0.0193)	0.0057 (0.0157)	0.0192* (0.0110)	0.0478*** (0.0184)
东部	1.0368** (0.0174)	1.0141 (0.0137)	1.0637*** (0.0170)	0.0361** (0.0168)	0.0140 (0.0135)	0.0618*** (0.0160)

续表

解释变量	Logit 模型			Logit 模型		
	发生比			平均边际效应		
	(1)	(2)	(3)	(4)	(5)	(6)
	风险金融市场参与	股票市场参与	储蓄存款市场参与	风险金融市场参与	股票市场参与	储蓄存款市场参与
中部	1.0438** (0.0189)	1.0095 (0.0150)	1.1597*** (0.0203)	0.0428** (0.0181)	0.0095 (0.0148)	0.1482*** (0.0175)
N	4942	4942	4942	4942	4942	4942
Pseudo R^2	0.1766	0.2122	0.0927	0.1766	0.2122	0.0927

注：*、**、***分别表示在10%、5%、1%的统计水平上显著，括号中数字为稳健性标准误。

下面，主要根据表4-12中第(4)、(5)和(6)列的平均边际效应估计结果，对家庭金融市场参与率模型的回归结果进行分析。

1. 收入对家庭金融市场参与率的影响

家庭收入(*income*)在1%的显著性水平上对家庭参与风险性金融市场、股票市场和储蓄存款有正向影响，平均边际效应分别为0.0004、0.0001和0.001，这表明家庭收入每增加1000元可以使家庭参与风险性金融市场的概率提高0.04%，参与股票市场的概率提高0.01%，参与储蓄存款的概率提高0.1%。尽管家庭收入的平方($income^2$)也在1%的显著性水平上对家庭参与风险性金融市场、股票市场和储蓄存款有影响，但这种影响趋近于0，表明家庭收入在经济意义上对金融市场参与率没有非线性影响。

2. 财富水平对家庭金融市场参与率的影响

家庭财富(*wealth*)对家庭参与风险性金融市场、股票市场和储蓄有非常显著的正向影响。具体来看，家庭财富在1%的显著性水平上对家庭参与风险性金融市场、股票市场和储蓄存款市场有促进作用，边际效应均为0.0001，表明家庭财富每增加1000元将使家庭参与风险性金融市场、股票市场和进行储蓄存款的概率提高0.01%。尽管家庭财富的平方($wealth^2$)也在1%的显著性水平上对城镇居民家庭参与风险性金融市场、股票市场和储蓄存款有影响，但这种影响非常小，没有显著的经济意义。

3. 房产占比对家庭金融市场参与率的影响

房产占比(*house*)在1%的显著性水平上对家庭参与风险性金融市场、股票市场和储蓄存款有负向影响，房产占比挤出了家庭对金融市场的参与，房产部分替代了家庭对金融资产的投资。边际效应分别为-0.0016、-0.0008和-0.0012，表明家庭房产占比每提高1个百分点，将使城镇居民家庭参与风险性金融市场的概率下降0.16%，参与股票市场的概率下降0.08%，参与储蓄存款的概率下降0.12%。

4. 工商业生产经营对家庭金融市场参与率的影响

从事工商业经营(*business*)对家庭参与风险性金融市场没有显著影响，对家庭参与股票市场和储蓄存款有负向影响。具体来看：在股票市场的参与上，从事工商业经营的家庭在1%的显著性水平上低于没有从事工商业经营的家庭，边际效应为-0.089，其参与股票市场的概率比没有从事工商业经营的家庭低9%；在储蓄存款的参与上，从事工商业经营的家庭在1%的显著性水平上低于没有从事工商业经营的家庭，边际效应为-0.043，其参与储蓄存款市场的概率比没有从事工商业经营的家庭低4%。

5. 商业保险对家庭金融市场参与率的影响

商业保险(*insurance*)在1%的显著性水平上对家庭参与风险性金融市场、股票市场和储蓄存款有显著的正向影响，边际效应分别为0.138、0.078和0.105，表明与没有购买商业保险的家庭比，购买商业保险将使城镇居民家庭参与风险性金融市场的概率提高13.8%，参与股票市场的概率提高7.8%，参与储蓄存款的概率提高10.5%。持有商业保险能够极大地促进家庭对金融市场的参与意愿。

6. 家庭规模对金融市场参与率的影响

家庭规模(*fscale*)对城镇居民家庭参与风险性金融市场和股票市场没有影响，对家庭参与储蓄存款在5%的水平上有显著的负向影响，边际效应为-0.0122,家庭规模每增加1人，家庭进行储蓄存款的概率将下降1.2%。

7. 户主年龄对家庭金融市场参与率的影响

户主年龄(*age*)对家庭参与风险性金融市场、股票市场和储蓄存款的作用存在差异。具体来看：在风险性金融市场的参与上，45岁以下(age_1)

的青年户主家庭的参与概率在1%的水平上高于60岁以上的老年户主家庭（age_3），边际效应为0.069。这意味着，青年户主家庭参与风险性金融市场的概率比老年户主家庭高7%。年龄在45~60岁（age_2）的中年户主家庭边际效应为0.0087，表明其参与风险性金融市场的概率比老年户主家庭（age_3）高0.9%，但这种影响在统计上不显著。

在股票市场的参与上，45岁以下（age_1）的青年户主家庭与60岁以上的老年户主家庭（age_3）没有显著差别，年龄在45~60岁（age_2）的中年户主家庭也与60岁以上的老年户主家庭（age_3）没有显著差别。因此，户主年龄阶段对家庭参与股票市场没有影响。

在储蓄存款的参与上，45岁以下（age_1）的青年户主家庭要低于60岁以上的老年户主家庭（age_3），边际效应为-0.0167，说明青年户主家庭参与储蓄存款概率比老年户主家庭低1.7%，但是该结果在统计上不显著。年龄在45~60岁（age_2）的中年户主家庭在5%的水平上低于60岁以上的老年户主家庭（age_3），边际效应为-0.0488，即中年户主家庭参与储蓄存款市场的概率比老年户主家庭低4.9%。

8. 户主受教育程度对家庭金融市场参与率的影响

户主受教育程度（*education*）对城镇居民家庭参与风险性金融市场、股票市场和储蓄存款概率都有显著的正向影响，但是影响幅度存在差异。具体来看：

在风险性金融市场的参与上，本科及其以上（$education_1$）的户主家庭在1%的水平上高于初中及以下（$education_4$）户主家庭，边际影响为0.0644，表明其参与风险性金融市场的概率比初中及以下户主家庭高6.4%。专科或高职（$education_2$）的户主家庭在1%的水平上高于初中及以下（$education_4$）户主家庭，边际效应为0.0998，表明其参与风险性金融市场的概率比初中及以下户主家庭高约10%。高中、职高或中专（$education_3$）的户主家庭在5%的水平上高于初中及以下（$education_4$）户主家庭，边际效应为0.0585，表明其参与风险性金融市场的概率比初中及以下户主家庭高5.8%。

在股票市场的参与上，本科及其以上（$education_1$）的户主家庭在1%的水平上高于初中及以下（$education_4$）的户主家庭，边际效应为0.08，表明其参与股票市场的概率比初中及以下户主家庭高 8%。专科或高职($education_2$)的户主家庭在 1%的水平上高于初中及以下($education_4$)户主家庭，边际效应为 0.088，表明其参与股票市场的概率比初中及以下户主家庭高 9%。高中、职高或中专($education_3$)的户主家庭在 1%的水平上高于初中及以下($education_4$)户主家庭，边际效应为 0.073，表明其参与股票市场的概率比初中及以下户主家庭高 7%。

在储蓄存款的参与上，本科及其以上($education_1$)的户主家庭在 1%的水平上高于初中及以下($education_4$)户主家庭，边际效应为 0.0835，即其参与储蓄存款市场的概率比初中及以下户主家庭高 8%。专科或高职($education_2$)的户主家庭在 1%的水平上高于初中及以下($education_4$)户主家庭，边际效应为 0.07，表明其参与储蓄存款市场的概率比初中及以下户主家庭高 7%。高中、职高或中专($education_3$)的户主家庭也在 1%的水平上高于初中及以下($education_4$)户主家庭，边际效应为 0.057，表明其参与储蓄存款市场的概率比初中及以下户主家庭高 5.7%。

9. 户主健康状况对家庭金融市场参与率的影响

户主健康状况($health$)对家庭参与风险性金融市场、股票市场和储蓄存款的作用存在差异。具体来看：在风险性金融市场的参与上，健康状况良好的户主家庭($health_1$)在 10%的水平上高于健康状况不好的户主家庭($health_3$)，边际效应为 0.026，表明其参与风险金融市场的概率比健康状况不好的户主家庭高 2.6%。健康状况一般的户主家庭($health_2$)也在 10%的水平上高于健康状况不好的户主家庭($health_3$)，边际效应为 0.03，表明其参与风险金融市场的概率比健康状况不好的户主家庭高 3%。

在股票市场的参与上，户主健康状况对家庭参与股市没有显著影响。

在储蓄存款的参与上，健康状况良好的户主家庭($health_1$)在 1%的水平上高于健康状况不好的户主家庭($health_3$)，边际效应为 0.05，表明其参与储蓄存款的概率比健康状况不好的户主家庭高 5%。健康状况一般的户主家庭($health_2$)也在 1%的水平上高于健康状况不好的户主家庭($health_3$)，边际效应为 0.045，表明其参与储蓄存款的概率比健康状况不好的户主家庭高 4.5%。

10. 主观风险态度对家庭金融市场参与率的影响

户主风险态度(*riskatt*)对家庭参与风险性金融市场、股票市场和储蓄存款有显著的影响。具体来看：在风险性金融市场的参与上，风险偏好的户主家庭($riskatt_1$)在1%的水平上高于风险厌恶的户主家庭($riskatt_3$)，边际效应为0.13，表明其参与风险性金融市场的概率比风险厌恶的户主家庭高13%。风险中性的户主家庭($riskatt_2$)也在1%的显著性水平上高于风险厌恶的户主家庭($riskatt_3$)，边际效应为0.055，表明其参与风险性金融市场的概率比风险厌恶的户主家庭高5.5%。

在股票市场的参与上，风险偏好的户主家庭($riskatt_1$)在1%的水平上高于风险厌恶的户主家庭($riskatt_3$)，边际效应为0.1，表明其参与股票市场的概率比风险厌恶的户主家庭高10%。风险中性的户主家庭($riskatt_2$)也在1%的显著性水平上高于风险厌恶的户主家庭($riskatt_3$)，边际效应为0.03，表明其参与股票市场的概率比风险厌恶的户主家庭高3%。

在储蓄存款的参与上，风险偏好的户主家庭($riskatt_1$)在10%的水平上高于风险厌恶的户主家庭($riskatt_3$)，边际效应为0.035，表明其参与储蓄存款的概率比风险厌恶的户主家庭高3.5%。风险中性的户主家庭($riskatt_2$)也在10%的显著性水平上高于风险厌恶的户主家庭($riskatt_3$)，边际效应为0.027，表明其参与储蓄存款的概率比风险厌恶的户主家庭高2.7%。

11. 户主性别对家庭金融市场参与率的影响

户主性别(*gender*)在10%的水平上对城镇居民家庭参与风险性金融市场有正向影响，边际效应为0.023，表明男性户主家庭参与风险性金融市场的概率比女性户主家庭高2.3%。但是，户主性别对家庭参与股票市场和储蓄存款没有显著影响。

12. 户主婚姻状况对家庭金融市场参与率的影响

户主婚姻状况(*married*)对家庭在10%的水平上对城镇居民家庭参与股市有正向影响，边际效应为0.036，表明已婚户主家庭参与股市的概率比未婚户主家庭高3.6%。但是，户主婚姻状况对家庭参与风险性金融市场和储蓄存款没有显著影响。

13. 户主政治面貌对家庭金融市场参与率的影响

户主政治面貌(*party*)对家庭参与风险性金融市场没有显著影响，对家庭参与股票市场和储蓄存款有显著的正向影响。在股票市场的参与上，户主为党员的家庭在10%的水平上高于非党员的家庭，边际效应为0.02，表明党员家庭参与股市的概率比非党员的家庭高2%。在储蓄存款的参与上，户主为党员的家庭在1%的水平上高于非党员的家庭，边际效应为0.048，表明党员家庭参与储蓄存款的概率比非党员的家庭高4.8%。

14. 地域差异对家庭金融市场参与率的影响

区域变量(*region*)对家庭参与风险性金融市场、股票市场和储蓄存款的作用不同。具体来看：在风险性金融市场的参与上，东部地区的家庭($region_1$)在5%的显著水平上高于西部地区家庭($region_3$)，边际效应为0.036，表明东部地区家庭参与风险性金融市场的概率比西部地区家庭高3.6%。中部地区家庭($region_2$)在5%的显著水平上高于西部地区家庭($region_3$)，边际效应为0.04，表明中部地区家庭参与风险性金融市场的概率比西部地区家庭高4%。

在股票市场的参与率上，东部地区的家庭($region_1$)高于西部地区的家庭($region_3$)，中部地区家庭($region_2$)也高于西部地区家庭($region_3$)，但在统计上不显著。

在储蓄存款的参与上，东部地区的家庭($region_1$)在1%的显著水平上高于西部地区的家庭($region_3$)，边际效应为0.06，表明东部地区的家庭在参与储蓄存款的概率上比西部地区的家庭高6%。中部地区的家庭($region_2$)在5%的显著水平上高于西部地区的家庭($region_3$)，边际效应为0.15，表明中部地区的家庭参与储蓄存款的概率比西部地区的家庭高15%。

4.4.2 估计结果的稳健性检验

为了检验家庭金融市场参与率模型的估计结果是否稳健，我们用CHFS在2013年的调查数据重新对参与率模型进行了估计，估计结果见表4-13。表4-13显示，家庭参与风险性金融市场、股票市场和储蓄存款的估计结果与表4-12基本一致，即家庭特征变量、户主特征变量和区域变量对家庭金融市场参与广度有稳定的影响，研究结论具有稳健性。

表 4-13 城镇居民家庭金融市场参与率模型的稳健性检验

解释变量	Logit 模型			Logit 模型		
	发生比			平均边际效应		
	(1)	(2)	(3)	(4)	(5)	(6)
	风险金融市场参与	股票市场参与	储蓄存款市场参与	风险金融市场参与	股票市场参与	储蓄存款市场参与
收入	1.0005*** (0.0001)	1.0001*** (0.0000)	1.0010*** (0.0001)	0.0005*** (0.0001)	0.0001*** (0.0000)	0.0010*** (0.0001)
收入平方	1.0000*** (0.0000)	1.0000*** (0.0000)	1.0000*** (0.0000)	-0.0000*** (0.0000)	-0.0000*** (0.0000)	-0.0000*** (0.0000)
总资产	1.0001*** (0.0000)	1.0000*** (0.0000)	1.0001*** (0.0000)	0.0001*** (0.0000)	0.0000*** (0.0000)	0.0001*** (0.0000)
总资产平方	1.0000*** (0.0000)	1.0000*** (0.0000)	1.0000*** (0.0000)	-0.0000*** (0.0000)	-0.0000*** (0.0000)	-0.0000*** (0.0000)
房产占比	0.9992*** (0.0001)	0.9998*** (0.0001)	0.9994*** (0.0001)	-0.0008*** (0.0001)	-0.0002*** (0.0001)	-0.0006*** (0.0001)
从事工商业	1.0034 (0.0086)	0.9504*** (0.0068)	0.9889 (0.0090)	0.0034 (0.0086)	-0.0509*** (0.0071)	-0.0112 (0.0091)
商业保险	1.1434*** (0.0073)	1.0741*** (0.0049)	1.0997*** (0.0096)	0.1340*** (0.0064)	0.0715*** (0.0046)	0.0951*** (0.0087)
家庭规模	0.9770*** (0.0025)	0.9889*** (0.0019)	0.9812*** (0.0022)	-0.0233*** (0.0025)	-0.0112*** (0.0019)	-0.0189*** (0.0023)
45 岁以下	1.0733*** (0.0095)	0.9726*** (0.0065)	0.9898 (0.0087)	0.0707*** (0.0088)	-0.0278*** (0.0067)	-0.0103 (0.0087)
45~60 岁	1.0308*** (0.0085)	0.9940 (0.0061)	0.9571*** (0.0075)	0.0303*** (0.0082)	-0.0060 (0.0061)	-0.0438*** (0.0078)
本科及以上	1.0843*** (0.0112)	1.1037*** (0.0082)	1.1497*** (0.0164)	0.0809*** (0.0103)	0.0986*** (0.0075)	0.1395*** (0.0143)
专科	1.1104*** (0.0108)	1.1145*** (0.0079)	1.1307*** (0.0142)	0.1047*** (0.0097)	0.1084*** (0.0071)	0.1228*** (0.0126)
高中	1.0739*** (0.0079)	1.0867*** (0.0064)	1.0974*** (0.0085)	0.0713*** (0.0074)	0.0832*** (0.0059)	0.0930*** (0.0077)

续表

解释变量	Logit 模型			Logit 模型		
	发生比			平均边际效应		
	(1)	(2)	(3)	(4)	(5)	(6)
	风险金融市场参与	股票市场参与	储蓄存款市场参与	风险金融市场参与	股票市场参与	储蓄存款市场参与
身体健康	1.0125* (0.0071)	0.9874** (0.0052)	1.0136* (0.0077)	0.0124* (0.0070)	-0.0127** (0.0052)	0.0135* (0.0076)
一般健康	1.0182** (0.0082)	1.0010 (0.0058)	1.0108 (0.0087)	0.0180** (0.0080)	0.0010 (0.0058)	0.0107 (0.0086)
风险偏好	1.1346*** (0.0100)	1.1021*** (0.0067)	1.0185* (0.0110)	0.1263*** (0.0088)	0.0972*** (0.0061)	0.0183* (0.0108)
风险中性	1.0782*** (0.0076)	1.0513*** (0.0056)	1.0627*** (0.0088)	0.0753*** (0.0071)	0.0500*** (0.0053)	0.0608*** (0.0083)
户主性别	1.0059 (0.0068)	0.9947 (0.0048)	0.9972 (0.0070)	0.0059 (0.0067)	-0.0053 (0.0048)	-0.0028 (0.0070)
户主婚姻	1.0265*** (0.0093)	1.0412*** (0.0075)	1.0472*** (0.0093)	0.0261*** (0.0090)	0.0404*** (0.0072)	0.0461*** (0.0089)
是否党员	1.0222*** (0.0080)	1.0042 (0.0055)	1.0633*** (0.0100)	0.0220*** (0.0078)	0.0042 (0.0055)	0.0614*** (0.0094)
东部	1.0216*** (0.0082)	1.0354*** (0.0064)	1.0439*** (0.0084)	0.0214*** (0.0080)	0.0348*** (0.0062)	0.0429*** (0.0081)
中部	0.9942 (0.0088)	1.0000 (0.0072)	0.9911 (0.0084)	-0.0058 (0.0089)	0.0000 (0.0072)	-0.0090 (0.0084)
N	18530	18530	18530	18530	18530	18530
Pseudo R^2	0.1756	0.1939	0.1161	0.1756	0.1939	0.1161

注：*、**、***分别表示在10%、5%、1%的统计水平上显著。

4.5 小　　结

本章在第2章和第3章分析的基础上，对家庭各类金融市场参与情况进行了描述性统计，并实证检验了影响城镇居民家庭金融市场参与的因素。本章共包括5个部分的内容：①利用CHFS在2011年和2013年两轮的家庭金融调查数据，对城镇居民家庭不同种类金融市场的参与率、不同因素与金融市场参与率的关系进行探索性描述统计分析，在初步识别不同因素对家庭金融市场参与影响的基础上，结合已有理论分析，选择影响城镇居民金融市场参与的因素；②在第1部分分析的基础上，选取相应的影响因素变量，构建城镇居民家庭金融市场参与的Logit模型；③对Logit模型的估计方法和检验方法进行概述，为实证研究奠定方法论基础；④利用极大似然法对家庭金融市场参与模型进行估计，对参数估计结果进行计量经济学检验，对模型估计结果进行稳健性检验，最后结合相关理论对实证结果进行解释和分析；⑤对本章内容进行小结。本章的研究得到一些与现实较为一致的结论。

1. 家庭特征变量对家庭金融市场参与率的影响

（1）收入的影响。

家庭收入对家庭参与风险性金融市场、股票市场和储蓄存款有正向影响，家庭收入每增加1000元可以使家庭参与风险性金融市场的概率提高0.04%，参与股票市场的概率提高0.01%，参与储蓄存款的概率提高0.1%。

（2）财富水平的影响。

家庭财富对家庭参与风险性金融市场、股票市场和储蓄有非常显著的正向影响，家庭财富每增加1000元将使家庭参与风险性金融市场、股票市场和进行储蓄存款的概率提高0.01%。

（3）房产占比的影响。

房产占比对家庭参与风险性金融市场、股票市场和储蓄存款有显著的负向影响，房产挤出了家庭对金融市场的参与，房产部分替代了家庭对金融资产的投资。家庭房产占比每提高1个百分点，将使城镇居民家庭参与风险性金融市场的概率下降0.16%，参与股票市场的概率下降0.08%，参与储蓄存款的概率下降0.12%。

（4）工商业生产经营的影响。

从事工商业经营对家庭参与风险性金融市场没有显著影响，对家庭参与股票市场和储蓄存款有负向影响。在股票市场的参与上，从事工商业经营的家庭显著低于没有从事工商业经营的家庭，其参与股票市场的概率比没有从事工商业经营的家庭低 9%；在储蓄存款的参与上，从事工商业经营的家庭比没有从事工商业经营的家庭低 4%。

（5）商业保险的影响。

商业保险对家庭参与风险性金融市场、股票市场和储蓄存款有显著的正向影响，与未购买商业保险的家庭相比，购买商业保险将使城镇居民家庭参与风险性金融市场的概率提高 13.8%，参与股票市场的概率提高 7.8%，参与储蓄存款的概率提高 10.5%。持有商业保险能够极大地促进家庭对金融市场的参与意愿。

（6）家庭规模的影响。

家庭规模对城镇居民家庭参与风险性金融市场和股票市场没有显著影响，对家庭参与储蓄存款有显著的负向影响，家庭规模每增加 1 人，家庭进行储蓄存款的概率将下降 1.2%。

2. 户主特征变量对家庭金融市场参与率的影响

（1）户主年龄的影响。

户主年龄对家庭参与风险性金融市场、股票市场和储蓄存款的作用存在差异。

在风险性金融市场的参与上，青年户主家庭的参与概率显著高于老年户主家庭，青年户主家庭参与风险性金融市场的概率比老年户主家庭高 7%；中年户主与老年户主家庭没有显著差异。

在股票市场的参与上，青年户主家庭与老年户主家庭没有显著差别，中年户主家庭也与老年户主家庭没有显著差别。因此，户主年龄阶段对家庭参与股票市场没有影响。

在储蓄存款的参与上，青年户主家庭与老年户主家庭没有显著差别，中年户主家庭显著低于老年户主家庭，其参与储蓄存款市场的概率比老年户主家庭低 4.9%。

（2）户主受教育程度的影响。

户主受教育程度对城镇居民家庭参与风险性金融市场、股票市场和储蓄存款概率都有显著的正向影响，但是影响幅度存在差异。

在风险性金融市场的参与上，本科及其以上的户主家庭高于初中及以下户主家庭，边际影响为0.0644，其参与风险性金融市场的概率比初中及以下户主家庭高6.4%。专科或高职的户主家庭在1%的显著水平上高于初中及以下户主家庭，其参与风险性金融市场的概率比初中及以下户主家庭高10%。高中、职高或中专的户主家庭高于初中及以下户主家庭，其参与风险性金融市场的概率比初中及以下户主家庭高5.8%。

在股票市场的参与上，本科及其以上户主家庭显著高于初中及以下户主家庭，其参与股票市场的概率比初中及以下户主家庭高8%。专科或高职户主家庭显著高于初中及以下户主家庭，其参与股票市场的概率比初中及以下户主家庭高9%。高中、职高或中专的户主家庭显著高于初中及以下户主家庭，其参与股票市场的概率比初中及以下户主家庭高7%。

在储蓄存款的参与上，本科及其以上的户主家庭显著高于初中及以下户主家庭，其参与储蓄存款市场的概率比初中及以下户主家庭高8%。专科或高职的户主家庭显著高于初中及以下户主家庭，其参与储蓄存款市场的概率比初中及以下户主家庭高7%。高中、职高或中专的户主家庭也显著高于初中及以下户主家庭，其参与储蓄存款市场的概率比初中及以下户主家庭高5.7%。

(3) 户主健康状况的影响。

户主健康状况对家庭参与风险性金融市场、股票市场和储蓄存款的作用存在差异。

在风险性金融市场的参与上，健康状况良好的户主家庭显著高于健康状况不好的户主家庭，其参与风险金融市场的概率比健康状况不好的户主家庭高2.6%。健康状况一般的户主家庭也显著高于健康状况不好的户主家庭，其参与风险金融市场的概率比健康状况不好的户主家庭高3%。

在股票市场的参与上，户主健康状况对家庭参与股市没有显著影响。

在储蓄存款的参与上，健康状况良好的户主家庭显著高于健康状况不好的户主家庭，其参与储蓄存款的概率比健康状况不好的户主家庭高5%。健康状况一般的户主家庭显著高于健康状况不好的户主家庭，其参与储蓄存款的概率比健康状况不好的户主家庭高 4.5%。

（4）主观风险态度的影响。

户主风险态度对家庭参与风险性金融市场、股票市场和储蓄存款有显著的影响。

在风险性金融市场的参与上，风险偏好的户主家庭显著高于风险厌恶的户主家庭，其参与风险性金融市场的概率比风险厌恶的户主家庭高 13%。风险中性的户主家庭也显著高于风险厌恶的户主家庭，其参与风险性金融市场的概率比风险厌恶的户主家庭高 5.5%。

在股票市场的参与上，风险偏好的户主家庭显著高于风险厌恶的户主家庭，其参与股票市场的概率比风险厌恶的户主家庭高 10%。风险中性的户主家庭也显著高于风险厌恶的户主家庭，其参与股票市场的概率比风险厌恶的户主家庭高 3%。

在储蓄存款的参与上，风险偏好的户主家庭显著高于风险厌恶的户主家庭，其参与储蓄存款的概率比风险厌恶的户主家庭高 3.5%。风险中性的户主家庭也显著高于风险厌恶的户主家庭，其参与储蓄存款的概率比风险厌恶的户主家庭高 2.7%。

（5）户主性别的影响。

户主性别在 10%的水平上对城镇居民家庭参与风险性金融市场有正向影响，男性户主家庭参与风险性金融市场的概率比女性户主家庭高 2.3%。但户主性别对家庭参与股票市场和储蓄存款没有显著影响。

（6）户主婚姻状况的影响。

户主婚姻状况在 10%的水平上对城镇居民家庭参与股市有正向影响，已婚户主家庭参与股市的概率比未婚户主家庭高 3.6%。但户主婚姻状况对家庭参与风险性金融市场和储蓄存款没有显著影响。

（7）户主政治面貌的影响。

户主政治面貌对家庭参与风险性金融市场没有显著影响，对家庭参与股票市场和储蓄存款有显著的正向影响。在股票市场的参与上，户主为党员的家庭比非党员的家庭高 2%。在储蓄存款的参与上，户主为党员的家庭比非党员的家庭高 4.8%。

3. 区域差异对家庭金融市场参与率的影响

东部、中部和西部区域变量对家庭参与风险性金融市场、股票市场和储蓄存款的作用不同。

在风险性金融市场的参与上，东部地区的家庭显著高于西部地区家庭，其参与风险性金融市场的概率比西部地区家庭高 3.6%。中部地区家庭也显著高于西部地区家庭，其参与风险性金融市场的概率比西部地区家庭高 4%。

在股票市场的参与率上，东部、中部、西部地区家庭没有显著差别。

在储蓄存款的参与上，东部地区的家庭显著高于西部地区家庭，其参与储蓄存款的概率比西部地区家庭高 6%。中部地区家庭也显著高于西部地区家庭，其参与储蓄存款的概率比西部地区家庭高 15%。

本章还使用 CHFS 在 2013 年的调查数据对参与率模型重新进行回归，对以上研究结论的稳健性进行检验。结果发现，以上因素对家庭金融市场的参与率具有基本一致的影响，本章实证研究得到的结论具有稳健性。

5　城镇居民家庭金融资产数量及其影响因素的实证分析

本章将对城镇居民家庭各类金融资产持有量情况进行描述性统计，对影响城镇居民家庭资产持有量的因素进行实证分析，主要包括5个部分的主要内容：①基于CHFS在2011年和2013年的家庭金融调查数据，对城镇居民家庭各类金融资产的持有量、不同因素与家庭金融资产持有量的关系进行探索性描述统计分析，在初步识别不同因素对家庭金融资产持有量影响的基础上，选择影响我国城镇居民金融资产持有量的因素；②在第1部分分析的基础上，选择具体的变量并对变量赋值进行说明，进而构建影响家庭金融资产持有量的Tobit模型；③探讨Tobit模型的适用条件、估计方法和检验方法，为本章的实证研究奠定方法论基础；④采用极大似然法对模型进行估计，对参数估计结果进行计量经济学检验，对模型估计结果进行稳健性检验，最后结合相关理论对实证结果进行解释和分析；⑤对本章内容进行小结。

5.1　城镇居民家庭特征及金融资产总量的统计描述

本节将基于CHFS在2011年和2013年两轮的调查数据对城镇居民家庭特征、不同金融资产的持有数量进行简单描述性统计。首先，对家庭各类金融资产配置数量进行简单统计分析；其次，对家庭和户主特征变量与家庭各类金融资产数量的关系进行分组统计，考察不同组别家庭在各类金融资产持有量上的分布情况，通过发现不同组别的差异为下文模型构建的变量选取提供初步依据。

5.1.1 城镇居民家庭金融资产数量的描述性统计

表 5-1 统计了我国城乡居民家庭在 2011 年和 2013 年持有各类金融资产数量的均值和中位数情况。具体来看，城镇居民家庭金融市场参与率在两次调查中的差异不大，下文主要以 2013 年的调查数据对表 5-1 进行说明。在 2013 年调查的 18532 个城镇居民家庭样本中，城镇居民家庭持有金融资产的均值为 78263 元，中位数只有 10800 元。其中，无风险性金融资产持有量的均值 52586 元，中位数为 9500 元；风险性金融资产持有量的均值为 25677 元，中位数为 0。在无风险金融资产中，活期存款的均值为 19157 元，中位数为 2000 元；定期存款的均值为 23194 元，中位数为 0；无风险债券的均值为 1056 元，中位数为 0。在无风险金融资产中，股票的均值为 9071 元，中位数为 0；基金的均值为 2875 元，中位数为 0；风险性债券的均值为 239 元，中位数为 0；金融衍生品的均值为 186 元，中位数为 0；金融理财产品的均值为 5354 元，中位数为 0；非人民币资产的均值为 1005 元，中位数为 0；持有黄金的均值为 843 元，中位数为 0；借出款的均值为 6104 元，中位数为 0。

总体来看，城镇居民家庭各类金融资产持有量的均值和中位数存在巨大差异，这在各类风险性金融资产的持有量上体现得更加明显①。这一现象表明，我国城镇居民在金融资产持有上存在极大的“不平等”，部分家庭属于“被平均的状况”。另外，在家庭金融资产配置上，无风险金融资产的配置数量最多，银行储蓄存款又是家庭持有无风险金融资产的渠道；家庭风险性金融资产的持有量很低，股票是家庭风险金融资产最主要的持

① 中国家庭金融调查与研究中心主任甘犁教授认为，平均数和中位数都有意义，平均数反映了社会财富，中位数反映了家庭财富的分布，通过两者的比较能反映家庭财产差距的状况。

有形式。

表 5-1 城镇居民家庭金融资产数量的描述性统计　　单位：元

金融资产类别	2011 年调查		2013 年调查	
	均值	中位数	均值	中位数
现金	6440	1500	5413	1500
活期存款	21321	2000	19157	2000
定期存款	18748	0	23194	0
无风险债券	601	0	1056	0
无风险资产	52477	9000	52586	9500
股票	11464	0	9071	0
基金	3126	0	2875	0
风险性债券	296	0	239	0
金融衍生品	12	0	186	0
金融理财	1844	0	5354	0
非人民币	586	0	1005	0
黄金	367	0	843	0
借出款	5893	0	6104	0
风险资产	23589	0	25677	0
家庭金融资产	76066	11000	78263	10800
总样本量	4942		18532	

注：① 无风险性金融资产中的债券是指国库券和地方政府债券价值的总和；风险性金融资产中的债券是指金融债券和企业债券的价值总和。② 无风险性金融资产中的现金是指手持现金和股票账户内的现金总和。本章以下表格与此相同，不再赘述。

表 5-2 考虑到我国东部、中部和西部的区域差异，分别统计东部、中部和西部地区城乡居民在不同金融资产持有量上的均值。表 5-2 中 2013 年的统计结果显示，东部、中部和西部家庭在金融资产的持有量上存在显著差异，这种差异主要反映在对风险性金融市场的参与上。总体上看，东部地区家庭持有风险性金融资产的数量较高，平均为 35655 元，中部和西部地区对风险性金融资产的持有量较低，而且没有太大的差别，分别 15276 元和 14178 元。在风险性金融资产的具体类别上，东部、中部和西部地区也基本呈现相同的趋势，尤其是在股票的配置数量上，东部地区家庭要远远大于中部和西部地区，东部地区家庭平均持有股票 13120 元，中

部和西部地区家庭平均持有量只有 4733 元和 4562 元。导致这种现象的原因与家庭股票市场参与率在东部和西部地区差异的原因类似：一是东部地区的资本市场起步早，发展较成熟；二是东部地处改革开放的前沿，家庭对新型投资理财观念的接受度更高，进行风险投资的积极性更高；三是东部地区经济比中西部地区发达，家庭也拥有更高的收入风险应对能力，这也为家庭持有风险性金融资产提供了现实可能性。

表 5-2　东部、中部和西部地区家庭金融资产持有情况　　单位：元

金融资产类别	2011 年调查			2013 年调查		
	东部地区	中部地区	西部地区	东部地区	中部地区	西部地区
现金	7909	5722	2774	6107	4681	4625
活期存款	25482	16183	15335	23537	13511	15539
定期存款	25439	10956	8455	32806	12788	12630
无风险债券	958	119	148	1672	455	290
无风险资产	67368	35078	29657	69306	33366	35684
股票	16949	5083	3019	13120	4733	4562
基金	4296	1944	1074	4203	1401	1464
风险性债券	410	0	351	264	262	145
金融衍生品	21	0	0	206	279	14
金融理财	2965	373	357	8135	2453	2154
非人民币	958	103	85	1270	345	1207
黄金	544	225	5	1352	203	399
借出款	7654	4633	2064	7107	5600	4233
风险资产	33797	12360	6955	35655	15276	14178
金融资产总计	101165	47438	36612	104961	48642	49862
样本量	2811	1249	882	9664	5048	3820
总样本量	4942			18532		

5.1.2　城镇居民家庭金融资产数量影响因素的探索分析

本部分将根据家庭特征变量和户主特征变量对家庭金融资产持有量进行分组统计，在初步考察家庭特征与户主特征变量对家庭金融资产配置数

量关系的基础上，寻求影响家庭金融资产配置的因素，为本章实证模型的构建奠定基础。

1. 城镇居民家庭金融资产数量的财富分布

表 5-3 和表 5-4 分别统计了城镇居民家庭在 2011 年和 2013 年调查时家庭金融资产持有量在不同财富水平上的均值和中位数。表 5-4 中 2013 年的调查数据显示，随着家庭财富水平的提高，家庭金融资产的持有量会显著提高，贫困家庭、中等收入家庭、富裕家庭和最富裕家庭持有金融资产平均值分别为 11131 元、26923 元、54938 元和 220058 元，中位数分别为 2050 元、5700 元、19000 元和 80000 元。

表 5-3　CHFS 2011 年城镇居民家庭金融资产数量的财富分布　　单位：元

金融资产类别	贫困家庭		中等收入家庭		富裕家庭		最富裕家庭	
	均值	中位数	均值	中位数	均值	中位数	均值	中位数
现金	1698	800	2422	1000	4322	2000	17323	3000
活期存款	3929	0	8125	1700	16728	3000	56519	10000
定期存款	2865	0	7934	0	15134	0	49074	0
无风险债券	16	0	57	0	201	0	2131	0
无风险资产	8609	2000	19102	5200	39452	14000	142791	45300
股票	266	0	978	0	5757	0	38870	0
基金	100	0	412	0	2069	0	9927	0
风险性债券	0	0	0	0	8	0	1177	0
金融衍生品	0	0	0	0	0	0	48	0
金融理财	44	0	180	0	774	0	6380	0
非人民币	90	0	41	0	367	0	1847	0
黄金	17	0	18	0	128	0	1306	0
借出款	490	0	1686	0	4548	0	16853	0
风险资产	1007	0	3315	0	13651	0	76408	0
家庭金融资产	9617	2300	22417	6000	53103	21000	219199	75000
样本量	1236		1235		1236		1235	
总样本量	4942							

表 5-4 CHFS 2013 年城镇居民家庭金融资产数量的财富分布 单位：元

金融资产类别	贫困家庭		中等收入家庭		富裕家庭		最富裕家庭	
	均值	中位数	均值	中位数	均值	中位数	均值	中位数
现金	1861	900	3044	1000	4896	2000	11851	3000
活期存款	4149	0	8991	500	15381	3000	48108	10000
定期存款	3608	0	9410	0	19811	0	59948	0
无风险债券	23	0	138	0	530	0	3532	0
无风险资产	9793	2000	22188	5000	42660	12550	135701	50000
股票	467	0	1494	0	4213	0	30111	0
基金	148	0	678	0	2012	0	8661	0
风险性债券	13	0	39	0	113	0	790	0
金融衍生品	15	0	17	0	122	0	590	0
金融理财	152	0	665	0	1979	0	18620	0
非人民币	7	0	70	0	190	0	3753	0
黄金	34	0	75	0	235	0	3026	0
借出款	502	0	1696	0	3412	0	18806	0
风险资产	1338	0	4735	0	12278	0	84357	0
家庭金融资产	11131	2050	26923	5700	54938	19000	220058	80000
样本量	4633		4633		4633		4633	
总样本量	18532							

类似地，家庭持有的无风险性金融资产在不同财富阶层也存在很大差异，并呈现不断增加的趋势，现金、活期存款、定期存款和无风险债券也随之增加，但是无论家庭富裕程度如何，银行存款都是家庭无风险金融资产的主要持有方式。

家庭对风险性金融资产的持有量也随富裕程度的提高而不断增加，股票、基金、风险性债券、金融衍生品、金融理财产品、非人民币资产、黄金和借出款也都随之增加。对不同富裕程度的家庭而言，股票、基金和借出款是家庭风险金融资产的主要持有形式。其中，最富裕家庭与贫困家庭之间在各类金融资产的持有上存在巨大差距，家庭在各类金融资产数量的持有上存在显著的财富效应。

2. 城镇居民家庭金融资产数量的房产占比分布

表 5-5 和表 5-6 分别统计了城镇居民家庭在 2011 年和 2013 年调查时家庭金融资产持有量在不同房产占比水平上的均值和中位数。表 5-6 中 2013 年的调查数据显示，没有住房的家庭与拥有房产的家庭在金融资产的持有量上存在显著差异，其在金融资产总量、无风险金融资产和风险性金融资产的持有量上均介于中等占比和高占比家庭之间，但小于低占比家庭。对于房产占比大于 0 的家庭而言，随着家庭房产占比的提高，家庭金融资产的持有量会显著下降，没有房产、低占比、中等和高占比的样本家庭，持有金融资产平均值分别为 67955 元、169194 元、75485 和 12263 元，中位数分别为 10000 元、32000 元、20000 元和 2200 元。

表 5-5 CHFS 2011 年城镇居民家庭金融资产数量的房产占比分布 单位：元

金融资产类别	占比为 0		低占比		中等		高占比	
	均值	中位数	均值	中位数	均值	中位数	均值	中位数
现金	2774	1000	17561	2000	4320	2000	1747	1000
活期存款	17140	500	53103	10000	15906	3550	2851	0
定期存款	16342	0	42922	0	15659	0	2174	0
无风险债券	109	0	917	0	705	0	373	0
无风险资产	40409	3765	129267	40000	40238	12000	7341	2000
股票	7523	0	29748	0	8964	0	528	0
基金	1256	0	6997	0	3153	0	318	0
风险性债券	778	0	850	0	23	0	0	0
金融衍生品	0	0	0	0	27	0	0	0
金融理财	1423	0	3108	0	2260	0	0	0
非人民币	535	0	1697	0	309	0	59	0
黄金	95	0	980	0	316	0	19	0
借出款	2533	0	19060	0	3134	0	248	0
风险资产	14143	0	62440	0	18186	0	1172	0
家庭金融资产	54552	4300	191707	57000	58424	18000	8513	2000
样本量	643		1075		2150		1074	
总样本量	4942							

表 5-6　CHFS 2013 年城镇居民家庭金融资产数量的房产占比分布　　单位：元

金融资产类别	占比为 0		低占比		中等		高占比	
	均值	中位数	均值	中位数	均值	中位数	均值	中位数
现金	4900	1500	10529	2000	4951	2000	2185	1000
活期存款	15534	1000	42539	5000	18742	3000	3426	0
定期存款	23147	0	37829	0	25366	0	4287	0
无风险债券	808	0	2490	0	1025	0	151	0
无风险资产	47240	8000	102578	23000	53718	12725	10369	2000
股票	8043	0	20736	0	8322	0	837	0
基金	2645	0	6076	0	2699	0	456	0
风险性债券	81	0	1054	0	100	0	0	0
金融衍生品	131	0	649	0	86	0	29	0
金融理财	4278	0	11691	0	5708	0	335	0
非人民币	582	0	2730	0	1022	0	42	0
黄金	254	0	3688	0	368	0	56	0
借出款	4701	0	19993	0	3462	0	140	0
风险资产	20715	0	66617	0	21767	0	1894	0
家庭金融资产	67955	10000	169194	32000	75485	20000	12263	2200
样本量	5939		3149		6298		3146	
总样本量	18532							

表 5-6 显示，随着城镇居民家庭房产占比的提升，家庭持有的无风险性金融资产数量显著下降，现金、活期存款、定期存款和无风险债券都随之降低。同样，家庭对风险性金融资产的持有量也随房产份额的提高不断减少，股票、基金、风险性债券、金融衍生品、金融理财产品、非人民币资产、黄金和借出款都随之降低。房产份额较高的家庭与房产份额较低的家庭在各类金融资产配置数量上存在巨大的差距，房产对各类家庭金融资产配置具有明显的“挤出效应”。

3. 城镇居民家庭金融资产数量的保险状况分布

表 5-7 分别统计了城镇居民家庭在 2011 年和 2013 年调查时家庭金融资产持有量在不同房产占比水平上的均值和中位数。表 5-7 中 2013 年的

调查数据显示，购买商业保险的家庭金融资产的持有量显著高于没有购买商业保险的家庭，在无风险金融资产持有上，有无商业保险的均值分别为89535元和41980元；中位数分别为25000元和6000元。同样，有无商业保险的家庭在风险性金融市场和股票的持有量上也存在巨大差别，持有风险性金融资产的均值分别为59958元和15837元；持有股票数量的均值分别为21065元和5629元。这表明未来不确定性对家庭持有股票等风险性金融资产的数量具有重要影响，但是通过商业保险等手段，能够降低家庭面临的不确定性，进而提高家庭对风险性金融资产的投资。

表5-7 CHFS 2011年、2013年家庭金融资产数量的保险状况分布 单位：元

金融资产类别	2011年调查				2013年调查			
	没有商业保险		有商业保险		没有商业保险		有商业保险	
	均值	中位数	均值	中位数	均值	中位数	均值	中位数
现金	5501	1000	10717	2000	4331	1500	9182	2000
活期存款	17016	1500	40921	7000	15376	700	32331	6000
定期存款	16699	0	28075	0	19250	0	36935	0
无风险债券	262	0	2144	0	760	0	2085	0
无风险资产	43385	6000	93872	25000	41980	6000	89535	25000
股票	7601	0	29051	0	5629	0	21065	0
基金	1943	0	8511	0	1772	0	6718	0
风险性债券	40	0	1461	0	168	0	486	0
金融衍生品	15	0	0	0	53	0	649	0
金融理财	1126	0	5114	0	3260	0	12650	0
非人民币	278	0	1989	0	390	0	3146	0
黄金	198	0	1134	0	613	0	1644	0
借出款	4589	0	11831	0	3953	0	13599	0
风险资产	15791	0	59091	0	15837	0	59958	0
家庭金融资产	59176	8000	152963	46000	57817	7000	149493	40000
样本量	4052		890		14399		4133	
总样本量	4942				18532			

4. 城镇居民家庭金融资产数量的年龄分布

表5-8和表5-9分别统计了城镇居民家庭在2011年和2013年调查时家庭金融资产持有量在户主不同年龄上的均值和中位数。表5-9中2013年的调查数据显示，随着户主年龄增长，家庭持有的金融资产总量、无风险金融资产、风险性金融资产和股票数量不断减少，但是定期存款的数量随户主年龄的增长不断提高。具体来看，45岁以下、45~60岁、60岁以上的家庭样本中，持有金融资产总量的均值分别为86151元、78045元和68156元；持有无风险金融资产的均值分别为55475元、51996元和49485元；持有风险性金融资产的均值分别为30676元、26049元和18671元；持有股票数量的均值分别为10953元、8756元和6972元；持有定期存款的均值分别为18921元、22803元和29270元。

表5-8　CHFS 2011年城镇居民家庭金融资产数量的年龄分布　　单位：元

金融资产类别	<45岁		45~60岁		≥60岁	
	均值	中位数	均值	中位数	均值	中位数
现金	8347	2000	5453	1400	4234	1000
活期存款	30498	3100	14587	1200	13573	1000
定期存款	14113	0	18921	0	27320	0
无风险债券	149	0	283	0	1921	0
无风险资产	59592	10500	44258	6000	50798	7800
股票	14215	0	11265	0	6516	0
基金	2938	0	3422	0	3058	0
风险性债券	397	0	368	0	0	0
金融衍生品	27	0	0	0	0	0
金融理财	1591	0	1224	0	3221	0
非人民币	615	0	412	0	782	0
黄金	537	0	351	0	68	0
借出款	6827	0	4346	0	6347	0
风险资产	27148	0	21387	0	19992	0
家庭金融资产	86739	15000	65646	8000	70790	10000
样本量	2164		1641		1137	
总样本量	4942					

表 5-9　CHFS 2013 年城镇居民家庭金融资产数量的年龄分布　　单位：元

金融资产类别	<45 岁		45~60 岁		≥60 岁	
	均值	中位数	均值	中位数	均值	中位数
现金	6179	2000	6371	1700	3278	1200
活期存款	25465	4000	17968	1000	12274	50
定期存款	18921	0	22803	0	29270	0
无风险债券	378	0	1335	0	1616	0
无风险资产	55475	11500	51996	7000	49485	6050
股票	10953	0	8756	0	6972	0
基金	2787	0	2958	0	2892	0
风险性债券	107	0	494	0	112	0
金融衍生品	322	0	187	0	8	0
金融理财	4360	0	5624	0	6342	0
非人民币	1361	0	961	0	590	0
黄金	1183	0	1085	0	109	0
借出款	9604	0	5985	0	1646	0
风险资产	30676	0	26049	0	18671	0
家庭金融资产	86151	15900	78045	9718.7	68156	7500
样本量	6969		6258		5305	
总样本量	18532					

表 5-9 还表明，无论户主年龄处于什么阶段，家庭都主要以银行存款等无风险资产作为家庭金融资产的持有形式，股票、基金、风险性债券、金融衍生品、金融理财产品、非人民币资产、黄金和借出款等风险性金融资产的持有量不高。

5. 城镇居民家庭金融资产数量的受教育程度分布

表 5-10 和表 5-11 分别统计了城镇居民家庭在 2011 年和 2013 年调查时家庭金融资产持有量在不同教育程度上的均值和中位数。表 5-11 中 2013 年的调查数据显示，随着户主受教育程度的提高，家庭持有的金融资产总量、无风险金融资产、风险性金融资产、股票数量均不断提高。具体来看，受教育程度为初中、高中、大专、本科的样本家庭中，持有金融资

产总量的均值分别为 42268 元、85509 元、111925 元和 178591 元；持有无风险金融资产的均值分别为 32616 元、58020 元、72520 元和 104472 元；持有风险性金融资产的均值分别为 9651 元、27489 元、39405 元和 74119 元；持有股票数量的均值分别为 2616 元、8698 元、14591 元和 30680 元；持有定期存款的均值分别为 14680 元、24438 元、32751 元和 46427 元。

表 5-10　CHFS 2011 年城镇居民家庭金融资产数量的教育状况分布　　单位：元

金融资产类别	初中(以下)		高中		大专		本科(以上)	
	均值	中位数	均值	中位数	均值	中位数	均值	中位数
现金	3828	1000	10726	1750	6490	2000	7839	2000
活期存款	14477	400	20322	2500	29341	5000	41949	9000
定期存款	10613	0	15168	0	24884	0	50931	0
无风险债券	18	0	165	0	1452	0	2899	0
无风险资产	31027	4500	50335	10500	73699	19625	118642	30000
股票	4189	0	6699	0	26104	0	35259	0
基金	837	0	2125	0	6221	0	10967	0
风险性债券	204	0	79	0	892	0	543	0
金融衍生品	0	0	0	0	0	0	90	0
金融理财	393	0	2508	0	1405	0	6387	0
非人民币	141	0	614	0	805	0	2012	0
黄金	404	0	219	0	358	0	526	0
借出款	5356	0	5090	0	8279	0	7384	0
风险资产	11524	0	17334	0	44063	0	63169	0
家庭金融资产	42551	5010	67669	13000	117762	28050	181812	50500
样本量	2447		1272		572		651	
总样本量	4942							

表 5-11　CHFS 2013 年城镇居民家庭金融资产数量的教育状况分布　　单位：元

金融资产类别	初中(以下)		高中		大专		本科(以上)	
	均值	中位数	均值	中位数	均值	中位数	均值	中位数
现金	4039	1000	6512	2000	6495	2000	7867	2000
活期存款	12333	0	21397	2750	25558	5000	36524	10000

续表

金融资产类别	初中(以下)		高中		大专		本科(以上)	
	均值	中位数	均值	中位数	均值	中位数	均值	中位数
定期存款	14680	0	24438	0	32751	0	46427	0
无风险债券	320	0	1294	0	1374	0	3257	0
无风险资产	32616	4000	58020	12000	72520	20000	104472	32500
股票	2616	0	8698	0	14591	0	30680	0
基金	784	0	2945	0	4914	0	9293	0
风险性债券	12	0	456	0	258	0	715	0
金融衍生品	9	0	131	0	127	0	1050	0
金融理财	1796	0	6189	0	8981	0	14786	0
非人民币	136	0	652	0	1022	0	5120	0
黄金	447	0	1070	0	464	0	2318	0
借出款	3851	0	7348	0	9048	0	10158	0
风险资产	9651	0	27489	0	39405	0	74119	0
家庭金融资产	42268	4800	85509	15500	111925	30000	178591	51500
样本量	9529		4525		2086		2392	
总样本量	18532							

不管户主年龄处于什么阶段，家庭都主要以银行存款等无风险资产作为家庭金融资产的持有形式。对不同文化程度的户主家庭而言，股票和借出款是家庭风险性金融资产的主要持有形式，家庭对基金、风险性债券、金融衍生品、金融理财产品、非人民币资产和黄金等风险性金融资产的持有量很少。随着户主受教育程度的提高，家庭对股票的持有量呈现显著提高的趋势，户主受教育水平对家庭各类金融资产持有量的提高具有积极作用。

6. 城镇居民家庭金融资产数量的健康状况分布

表 5-12 和表 5-13 分别统计了城镇居民家庭在 2011 年和 2013 年调查时家庭金融资产持有量在不同健康状况上的均值和中位数。表 5-13 中 2013 年的调查数据显示，随着户主健康状况的改善，家庭持有的金融资产总量、无风险金融资产、风险性金融资产、股票数量均不断增加。具体来看，身体健康、一般和不健康 3 个组的样本家庭中，持有金融资产总量的

均值分别为64262元、87890元和98501元；持有无风险金融资产的均值分别为43828元、56642元和66489元；持有风险性金融资产的均值分别为20434元、31248元和32012元。

表5-12　CHFS 2011年城镇居民家庭金融资产数量的健康状况分布　单位：元

金融资产类别	很差		一般		健康	
	均值	中位数	均值	中位数	均值	中位数
现金	3632	1000	8026	1500	7236	2000
活期存款	19696	500	18243	2000	25213	3750
定期存款	12666	0	22077	0	20565	0
无风险债券	773	0	659	0	419	0
无风险资产	40839	4000	53054	10000	60928	12000
股票	7317	0	8042	0	17590	0
基金	1413	0	3726	0	3928	0
风险性债券	353	0	312	0	239	0
金融衍生品	0	0	0	0	31	0
金融理财	1560	0	1871	0	2040	0
非人民币	504	0	749	0	508	0
黄金	239	0	149	0	653	0
借出款	2592	0	3631	0	10373	0
风险资产	13979	0	18481	0	35362	0
家庭金融资产	54818	4700	71535	12000	96290	20000
样本量	1446		1615		1881	
总样本量	4942					

表5-13　CHFS 2013年城镇居民家庭金融资产数量的健康状况分布　单位：元

金融资产类别	很差		一般		健康	
	均值	中位数	均值	中位数	均值	中位数
现金	4241	1250	5632	2000	7479	2000
活期存款	14200	500	19876	3000	28026	4000
定期存款	21254	0	25458	0	25410	0
无风险债券	959	0	931	0	1317	0

续表

金融资产类别	很差		一般		健康	
	均值	中位数	均值	中位数	均值	中位数
无风险资产	43828	5800	56642	11000	66489	13000
股票	7085	0	12307	0	10758	0
基金	2207	0	3065	0	4010	0
风险性债券	181	0	70	0	455	0
金融衍生品	76	0	392	0	264	0
金融理财	5392	0	5830	0	4981	0
非人民币	925	0	1444	0	877	0
黄金	412	0	1271	0	1382	0
借出款	4156	0	6867	0	9285	0
风险资产	20434	0	31248	0	32012	0
家庭金融资产	64262	7000	87890	14435	98501	20099
样本量	5273		3340		9919	
总样本量	18532					

表 5-13 还显示，无论户主的健康状况如何，银行存款都是家庭无风险金融资产的主要持有方式。对健康状况不同的家庭而言，股票、基金和借出款是家庭风险金融资产的主要持有形式，家庭对风险性债券、金融衍生品、金融理财产品、非人民币资产和黄金等风险性金融资产的持有量很低。

7. 城镇居民家庭金融资产数量的风险态度分布

表 5-14 和表 5-15 分别统计了城镇居民家庭在 2011 年和 2013 年调查时家庭金融资产持有量在不同风险态度上的均值和中位数。表 5-15 中 2013 年的调查数据显示，随着户主风险态度由保守向激进转变，家庭持有的金融资产总量、无风险金融资产、风险性金融资产、股票数量均不断提高。具体来看，风险偏好、风险中性和风险厌恶 3 个组的样本家庭中，持有金融资产总量的均值分别为 163629 元、99992 元和 55812 元；持有无风险金融资产的均值分别为 82146 元、66896 元和 42484 元；持有风险性金融资产的均值分别为 81483 元、33096 元和 13328 元；持有股票数量的均值分别为 34024 元、11532 元和 3843 元。

表 5-14　CHFS 2011 年城镇居民家庭金融资产数量的风险态度分布　　单位：元

金融资产类别	风险偏好		风险中性		风险厌恶	
	均值	中位数	均值	中位数	均值	中位数
现金	7626	2000	10959	2000	3997	1000
活期存款	35724	5000	29212	3500	13953	1000
定期存款	23420	0	19767	0	17089	0
无风险债券	353	0	667	0	633	0
无风险资产	79956	15700	68191	11000	38107	6000
股票	27546	0	15947	0	5292	0
基金	6426	0	3612	0	2065	0
风险性债券	486	0	371	0	213	0
金融衍生品	82	0	0	0	0	0
金融理财	2765	0	2620	0	1244	0
非人民币	1888	0	647	0	229	0
黄金	331	0	562	0	284	0
借出款	8056	0	6652	0	4989	0
风险资产	47581	0	30411	0	14317	0
家庭金融资产	127537	23264	98602	16000	52424	7000
样本量	720		1359		2863	
总样本量	4942					

表 5-15　CHFS 2013 年城镇居民家庭金融资产数量的风险态度分布　　单位：元

金融资产类别	风险偏好		风险中性		风险厌恶	
	均值	中位数	均值	中位数	均值	中位数
现金	9489	2000	6651	2000	4273	1500
活期存款	34524	5000	28064	5000	13403	350
定期存款	22061	0	26746	0	22175	0
无风险债券	2506	0	761	0	902	0
无风险资产	82146	16000	66896	15500	42484	6000
股票	34024	0	11532	0	3843	0
基金	6940	0	3606	0	1910	0

续表

金融资产类别	风险偏好		风险中性		风险厌恶	
	均值	中位数	均值	中位数	均值	中位数
风险性债券	932	0	446	0	46	0
金融衍生品	1358	0	90	0	14	0
金融理财	10336	0	9400	0	3091	0
非人民币	4923	0	821	0	379	0
黄金	3228	0	716	0	467	0
借出款	19742	0	6484	0	3577	0
风险资产	81483	0	33096	0	13328	0
家庭金融资产	163629	27550	99992	22000	55812	7000
样本量	2144		4185		12203	
总样本量	18532					

相比于风险厌恶的户主家庭，尽管风险偏好的家庭平均持有无风险性金融资产的数量更高，但对现金和活期存款的持有量呈下降趋势，对定期存款的持有呈先上升后下降的趋势，由于风险偏好往往与家庭收入和财富水平相关，这可能是导致这一现象的原因。

随着户主风险态度的转变(由厌恶变为偏好)，家庭对包括股票、基金、风险性债券、金融衍生品、金融理财产品、非人民币资产在内的各种风险性金融资产的持有量均有明显的提高，家庭风险态度的转变会极大地鼓励城镇居民家庭增持股票，提高居民家庭的股票市场参与深度。

5.2 城镇居民家庭金融资产数量选择的模型构建

5.2.1 变量选取与赋值

本书第3章对城镇居民家庭风险性金融市场参与率的影响因素进行了理论分析，本部分将在此基础上，结合5.1节对金融资产持有量在不同变量下的分布状况，选择影响家庭金融资产配置数量的因素，分别构建3个家庭金融资产配置模型：①家庭风险性金融资产配置模型；②家庭股票配置模型；③家庭储蓄配置模型。利用 CHFS 微观家庭数据，实证检验家庭金融资产持有量受到哪些因素的影响，并对估计结果进行稳健性检验。3 个实证模型对应的被解释变量分别为：①家庭金融资产总量（$fassets^{all}$）；②家庭股票持有量（$fassets^{stock}$）；③家庭储蓄存款持有量（$fassets^{saving}$）。3 个被解释变量的赋值见表 5-16。

这 3 个模型有相同的解释变量，这些解释变量与第 4 章家庭金融市场参与率模型的解释变量一致，具体赋值情况参见第 4 章表 4-10。

表 5-16 城镇居民家庭金融资产数量模型的变量设定与变量赋值

变量类型	变量名称	变量含义	变量赋值说明
被解释变量	$fassets^{all}$	家庭金融资产总量	家庭金融资产总量=无风险性金融资产+风险性金融资产
	$fassets^{stock}$	股票持有量	家庭持有股票的总市值
	$fassets^{saving}$	储蓄持有量	家庭的储蓄存款总额=活期存款+定期存款
解释变量	同第 4 章表 4-10		

5.2.2 变量的描述性统计

表 5-17 给出了被解释变量在 2011 年和 2013 年调查的描述性统计结果，解释变量的描述性统计结果与第 4 章表 4-11 一致，限于篇幅，在此没有列出。

表 5-17 家庭金融资产总量在两轮调查中分别为 7.6 万元和 7.8 万元，有微量增加；股票持有量则从 1.15 万元减少为 0.9 万元；储蓄存款量从 4 万元增加到 4.23 万元。由于 2013 年的调查大幅增加了样本量，所以被解释变量的方差小于 2011 年的调查数据，被解释变量在 2013 年的波动性更小。

表 5-17 变量的描述性统计

变量名	2011 年调查		2013 年调查	
	平均值	标准差	平均值	标准差
金融资产总量（千元）	76.07	263.70	78.26	239.34
股票持有数量（千元）	11.46	83.49	9.07	70.66

续表

变量名	2011 年调查		2013 年调查	
	平均值	标准差	平均值	标准差
储蓄存款数量(千元)	40.07	147.32	42.35	123.99
解释变量	同表 4-11	同表 4-11	同表 4-11	同表 4-11
总样本量	4942		18532	

5.2.3 模型的选择与设定

本章将对城镇居民家庭金融资产持有量的影响因素进行实证分析，使用的样本数据是典型的“截断数据”，即因变量处于某个范围内的样本观测值被某一个相同的数值代替，观测值被压缩在了一个点上。具体来看，城镇居民家庭的样本数据可以分为两类：第一类家庭对相应金融资产的持有量不为 0；第二类家庭对相应金融资产的持有量为 0。尽管两类样本数据有相同的解释变量，但不持有相应家庭金融资产的第二类家庭，其被解释变量被压缩在 0 点。

事实上，持有金融资产的家庭与不持有家庭金融资产的家庭，在性质上有很大的差别。这时候，需要建立一种不同于经典多变量线性模型的新模型，来更加精确地估计解释变量对被解释变量的作用。Tobit 模型是解决这类“截断数据”的有效方法，对该模型估计方法的介绍将在下一节进行。本章在前文分析的基础上，参照国内外已有研究方法和结论，建立如下城镇居民家庭金融资产持有量的 Tobit 模型。

$$\begin{cases} fassets_i^m = \beta_0 + \beta_1 income_i + \beta_2 income_i^2 + \beta_3 wealth_i + \beta_4 wealth_i^2 + \\ \quad \beta_5 house_i + \beta_6 business_i + \beta_7 insurance_i + \beta_8 fscale_i + \\ \quad \sum_{j=1}^{2} \beta_{9j} age_{ji} + \sum_{j=1}^{3} \beta_{10j} education_{ji} + \sum_{j=1}^{2} \beta_{11j} health_{ji} + \sum_{j=1}^{2} \beta_{12j} riskatt_{ji} + \\ \quad \beta_{13} gender_i + \beta_{14} married_i + \beta_{15} party_i + \sum_{j=1}^{2} \beta_{16j} region_{ji} + \varepsilon_i \quad 若\ RHS>0 \\ fassets_i^m = 0 \qquad 若\ RHS<0 \end{cases}$$

其中，被解释变量 $fassets_i^m$ 分别表示家庭持有第 m 类金融资产的数量，

其中 $m=all$，$saving$，$stock$，$fassets_i^{all}$表示家庭金融资产的总量，$fassets_i^{saving}$表示家庭储蓄存款的数量，$fassets_i^{stock}$表示家庭股票的持有量。解释变量的含义见表5-8。β_0是常数项，β_1、β_2、β_3、β_4、β_5、β_6、β_7、β_8、β_{9j}、β_{10j}、β_{11j}、β_{12j}、β_{13}、β_{14}、β_{15}、β_{16j}分别为对应解释变量的系数，ε_i是随机误差项。

5.3　Tobit 模型的估计与检验

本部分内容根据我们所使用数据的特点，对相应的归并回归模型(Tobit 模型)进行理论探讨，重点分析该模型的适用条件、估计方法、模型的检验问题。在此基础上，综合本书的实际情况，确立适用的具体方法，从而为下文的实证分析奠定方法论基础。

本书使用的数据在问卷调查和后续的数据处理过程中，对因变量采用了“上不封顶”(top coding)的处理办法，既当 $y_i \geqslant c$(或 $y_i \leqslant c$)时)所有的 y_i都取值为 c，这种数据属于典型的归并数据。对于这类变量，虽然我们拥有被解释变量的全部观测数据，但是，对于某些观测数据，被解释变量被压缩到一个具体的点上。①

由于被解释变量是归并数据，其概率分布就变成由一个连续分布和一个离散点所构成的混合分布。在这种情况下，如果继续使用传统的 OLS 方法进行估计，无论使用的是整个样本，还是去掉归并点后的子样本，都无法得到一致估计(陈强，2014)。下面我们将分析普通最小二乘估计在估计归并数据模型时“失灵”的原因，再进一步探讨克服 OLS 缺陷的其他估计方法。

5.3.1　Tobit 模型的估计方法比较

1. 普通最小二乘法估计归并数据模型时的缺陷

Quester 和 Greene 在实证分析中发现最小二乘回归估计的 Tobit 模型估计量并不适当(Quester and Greene，1982)。我们以数据的左归并为例②。

① 归并回归(censored regression)不同于断尾回归，后者是缺失了相关数据。
② 右归并的情形可以做类似分析。

假设 $y_i^* = x_i'\beta + \varepsilon_i$，其中 y_i^* 不可观测，扰动项的分布 $\varepsilon_i \mid x_i \sim N(0,\ \sigma^2)$。不失一般性，假定左截取点为 $c = c^*$，如果总的样本量为 N，即总样本中有 N_1 个样本被解释变量观测值大于 $c^*(y_i^* > c^*)$，N_2 个样本被解释变量的观测值小于 $c^*(y_i^* \leqslant c^*)$，其中 $N = N_1 + N_2$。假设可以观测到 y，以上左归并数据可以表述为

$$y_i = \begin{cases} y_i^*, & 若\ y_i^* > c^* \\ c^*, & 若\ y_i^* \leqslant c^* \end{cases}$$

回归的本质就是估计条件期望函数，下面以左归并数据为例分别分析仅包含子样本和包含全部样本时归并分布的条件期望，在此基础上探寻传统 OLS 方法失灵的原因。

(1) 仅包含子样本的条件期望。

如果仅对 N_1 个满足条件 $y_i > c^*$ 的子样本进行 OLS 估计，那么 $y_i > c^*$ 时的条件期望

$$\begin{aligned} E(y_i \mid x_i;\ y_i > c^*) &= E(y_i^* \mid x_i;\ y_i > c^*)\ (当\ y_i > c^*\ 时，必然有\ y_i = y_i^*) \\ &= E(x_i'\beta + \varepsilon_i \mid x_i;\ y_i^* > c^*) \\ &= x_i'\beta + E(\varepsilon_i \mid x_i;\ x_i'\beta + \varepsilon_i > c^*) \\ &= x_i'\beta + E(\varepsilon_i \mid x_i;\ \varepsilon_i > c^* - x_i'\beta) \end{aligned} \tag{5-1}$$

对于任意实数 c，定义“反米尔斯比率”(Inverse Mill's Rato, IMR)为:

$$\lambda(c) = \frac{\phi(c)}{1 - \Phi(c)}$$

那么，当随机变量服从标准正态分布 $\varepsilon_i \sim N(0,\ 1)$ 时，$E(\varepsilon \mid \varepsilon > c) = \lambda(c)$，反米尔斯比率在 c 点的取值，等于标准正态的密度函数 $\phi(c)$ 除以密度函数曲线下比 c 大的阴影部分面积 $[1 - \Phi(c)]$。对于更一般的正态分布 $\varepsilon_i \sim N(\mu,\ \sigma^2)$，定义 $z \equiv \frac{\varepsilon - \mu}{\sigma} \sim N(0,\ 1)$，那么 $\varepsilon = \mu + \sigma z$。所以

$$\begin{aligned} E(\varepsilon \mid \varepsilon > c) &= E(\mu + \sigma z \mid \mu + \sigma z > c) \\ &= E\left(\mu + \sigma z \mid z > \frac{c - \varepsilon}{\sigma}\right) \\ &= \mu + \sigma E\left(z \mid z > \frac{c - \varepsilon}{\sigma}\right) \end{aligned}$$

$$=\mu+\sigma\lambda\left(\frac{c-\varepsilon}{\sigma}\right)$$

由于 $\varepsilon_i \mid x_i \sim N(0, \sigma^2)$，把反米尔斯比率应用到式(5-1)中，最终可以得到仅包含子样本的条件期望：

$$E(y_i \mid x_i;\ y_i>c^*)=x_i'\beta+\sigma\times\lambda\left(\frac{c^*-x_i'\beta}{\sigma}\right) \tag{5-2}$$

观察上式不难发现，在使用子样本进行回归时，由于忽略了非线性项 $\sigma\times\lambda\left(\frac{c^*-x_i'\beta}{\sigma}\right)$，该项将被纳入在扰动项中，由于该非线性项中包含解释变量 x_i，从而导致扰动项与解释变量相关，因此在使用子样本进行 OLS 估计时，参数估计是不一致的。

（2）包含整个样本的条件期望。

包含全部 N 个样本观测值的条件期望为 $E(y_i \mid x_i)$

$$E(y_i \mid x_i)=c^*\cdot P(y_i\leqslant c^* \mid x_i)+E(y_i \mid x_i;\ y_i>c^*)\cdot P(y_i>c^* \mid x_i) \tag{5-3}$$

其中，$P(y_i>c^* \mid x_i)=P(y_i^*>c^* \mid x_i)=P(x_i'\beta+\varepsilon_i>c^* \mid x_i)$

$$=P(\varepsilon_i>c^*-x_i'\beta \mid x_i)=P\left(\frac{\varepsilon_i}{\sigma}>\frac{c^*-x_i'\beta}{\sigma} \mid x_i\right)$$

$$=1-\Phi\left(\frac{c^*-x_i'\beta}{\sigma}\right) \tag{5-4}$$

因此，由式(5-3)可知，$P(y_i\leqslant c^* \mid x_i)=\Phi\left(\frac{c^*-x_i'\beta}{\sigma}\right)$ (5-5)

把式(5-2)、式(5-4)和式(5-5)代入式(5-3)可得到包含整个样本的条件期望：

$$E(y_i \mid x_i)=c^*\cdot\Phi\left(\frac{c^*-x_i'\beta}{\sigma}\right)+\left[x_i'\beta+\sigma\times\lambda\left(\frac{c^*-x_i'\beta}{\sigma}\right)\right]\cdot\left[1-\Phi\left(\frac{c^*-x_i'\beta}{\sigma}\right)\right] \tag{5-6}$$

容易发现，式(5-6)是解释变量 x_i 的非线性函数，在这种情况下，如果仍然使用 OLS 对整个样本进行线性回归，其包含解释变量的非线性项将被纳入扰动项中，使扰动项与解释变量相关，从而导致参数估计的非一致性。

2. 极大似然法估计归并数据模型

Tobin(1958)提出用极大似然估计法(MLE)估计这个模型(Tobin, 1958)，因此该方法被称为 “Tobit”①。Amemiya(1973)证明了用极大似然法估计 Tobit 模型时获得的估计量具有 MLE 方法通常所具有的全部优良特性。随后，Olsen(1978)进一步简化 Amemiya(1973)提出的似然函数。

如果数据是左归并数据，当 $y_i \leqslant c^*$ 时，y_i 的概率密度不会发生变化，即

$$f(y_i)=\frac{1}{\sigma}\phi\left[(y_i-x_i'\beta)/\sigma\right],\qquad \forall y_i>0$$

但是，当 $y_i \leqslant c^*$ 时，y_i 的分布却被挤到了一个点 $y_i=c^*$ 上，即

$$P(y_i=c^*\mid x)=1-P(y_i>c^*\mid x)=\Phi\left(\frac{c^*-x_i'\beta}{\sigma}\right)$$

因此，y_i 的分布变成由一个离散点和一个连续分布构成的混合分布，该混合分布的概率密度函数可以写成：

$$f(y_i\mid x)=\left[\Phi\left(\frac{c^*-x_i'\beta}{\sigma}\right)\right]^{1(y_i=c^*)}\left[\frac{1}{\sigma}\phi((y_i-x_i'\beta)/\sigma)\right]^{1(y_i>c^*)}$$

其中，1(·)为示性函数，其含义为：如果括号里的表达式成立，取值为 1；反之，取值为 0。基于上式，我们可以写出整个样本的似然函数和对数似然函数，进而使用 MLE 的方法来对参数进行估计②。

5.3.2 Tobit 模型的检验

1. 模型参数估计值的显著性检验

沃尔德检验(Wald Test)检验可以用来检验 Tobit 模型系数估计值的显著性③。对于回归模型，检验的原假设可以表示为：H_0：$\beta=\beta_0$，其中 β 为 k 行 1 列的未知参数向量，β_0 为 k 行 1 列的已知向量，原假设表示对模型参

---

① 该方法又被称作“归并回归”(censored regression)或“Type Ⅰ Tobit”。

② 极大似然法估计就是求使对数似然函数值达到最大的参数估计值 $\hat{\beta}$, $\hat{\sigma}$。

③ 这种检验是由著名的数理统计学家——亚伯拉罕 · 沃尔德(Abraham Wald)于 20 世纪初提出的。

数施加了 k 个约束。Wald 检验的基本思想是，如果原假设 H_0 是正确的，那么无约束模型的估计量 $\hat{\beta}_u$ 与 β_0 的差距的绝对值（$|\hat{\beta}_u-\beta_0|$）就不应该很大，因此可以通过分析模型参数 β 的无约束估计量 $\hat{\beta}_u$ 与 β_0 的距离来检验原假设。Wald 统计量可以表示为

$$W\equiv(\hat{\beta}_u-\beta_0)'[\mathrm{Var}(\hat{\beta}_u)]^{-1}(\hat{\beta}_u-\beta_0)\sim\chi^2(k)$$

值得注意的是，对于更一般的线性假设 H_0：$R\beta=c$，其中 R 为系数矩阵，c 为常数向量；以及非线性假设 H_0：$h(\beta)=0$，Wald 检验有同样的结果。上述分析表明，计算 Wald 统计量时，只需估计无约束模型，而无须估计有约束的模型，因此可以直接根据 Tobit 模型参数的极大似然估计结果对模型进行 Wald 检验。Tobit 模型参数的显著性检验，就是对 Tobit 模型估计参数逐个实施单一约束下的 Wald 检验。具体检验过程如下：

$$H_0:\ \beta_i=0 \quad \text{vs} \quad H_1:\ \beta_i\neq 0$$

此时，Wald 统计量为

$$W=(\hat{\beta}_i-0)\mathrm{Var}(\hat{\beta}_i)^{-1}(\hat{\beta}_i-0)=\frac{\hat{\beta}_i^{\,2}}{\mathrm{Var}(\hat{\beta}_i)}\sim\chi^2(1)$$

上式表明，我们可以依据参数估计值和参数估计值的方差①直接计算得到 Wald 统计量，进而对 Tobit 模型参数的显著性进行检验。

2. 模型整体显著性检验

对于线性回归模型的整体显著性检验，传统的方法是基于方差分析的 F 统计量或者拟合优度的决定系数 $R^2$②来衡量模型的整体拟合效果。方差分析的 F 检验统计为

$$F=\frac{ESS/(k-1)}{RSS/(n-k)}\sim F(k-1,\ n-k)$$

其中，ESS 表示回归平方和，RSS 表示残差平方和。F 统计量的本质是检验解释变量的线性组合是否是回归方差的主要来源。但是，在 Tobit

① 极大似然估计量具有一致性，参数估计值的方差等于参数估计值标准差的平方。

② 对于多元线性回归模型需要用修正后的 R^2。

模型中，部分样本的解释变量被压缩到一个点上，此时解释变量并非是由解释变量的线性组合所决定。如果采用 F 统计量，这部分样本也将按照与非归并样本同样的线性组合形式，参与回归平方和与残差方差平方和的计算。此时，F 统计量就无法正确反映所有非截取样本的线性组合的显著性，更不能衡量包括全部两部分样本的整个模型的显著性。由于 F 统计量不符合模型的实际情况，不能用于检验 Tobit 模型的拟合效果。为此，我们需要基于 Tobit 模型的特点，寻求其他方法来检验 Tobit 模型整体的显著性。

（1）Wald 检验。

根据 Wald 检验的思想，对模型整体显著性的检验相当于如下约束形式：

$$H_0: \beta=0$$

其中，β 为 k 行 1 列的未知参数向量，该约束等价于检验 $\beta_1=\beta_2=\cdots=\beta_k=0$。于是，检验统计量为

$$W\equiv(\hat{\beta})'[\mathrm{Var}(\hat{\beta})]^{-1}(\hat{\beta})$$

在参数估计值相互独立的情况下，$\mathrm{Var}(\hat{\beta})$ 是一个对角矩阵，因此上式可以简化为

$$W\equiv\sum_{i=1}^{k}\frac{\hat{\beta}^2{}_i}{\mathrm{Var}(\hat{\beta}_i)}\sim\chi^2(k)$$

显然，通过将回归方程中各个参数 β_i 检验的 Wald 统计量累加，便可得到检验模型总体显著性的 Wald 统计量。

（2）似然比检验（Likelihood Ratio Test，LR）。

由于无约束条件下的模型参数空间比有约束条件下（即 H_0 成立时）的参数空间更大，因此，无约束的对数似然函数最大值比有约束的对数似然函数最大值更大。似然比检验（LR）的基本思想是，如果约束条件 H_0 正确，那么 $[\ln L(\hat{\beta}_u)-\ln L(\hat{\beta}_r)]$ 不应该很大，其中 $L(\hat{\beta}_u)$ 表示无约束对数似然函数最大值；$\ln L(\hat{\beta}_r)$ 表示有约束对数似然函数最大值。也就是说，如果 H_0 有效，加上该约束不会导致对数似然函数的大幅度降低，因此，通过检验

似然函数的差异，可以确定该解释变量是否应该存在于模型中。定义似然比为

$$\lambda = \frac{\ln L(\hat{\beta}_u)}{\ln L(\hat{\beta}_r)}$$

其取值在 0 和 1 之间，如果 λ 的取值太小，则怀疑约束不成立，需要拒绝原假设。如果原假设为 H_0：$\beta=\beta_0$，那么 $\hat{\beta}_r=\beta_0$。此时 LR 统计量为

$$LR \equiv -2\ln\left[\frac{\ln L(\hat{\beta}_0)}{\ln L(\hat{\beta}_u)}\right] = 2[\ln L(\hat{\beta}_u) - \ln L(\hat{\beta}_0)] \sim \chi^2(k)$$

式中，k 为约束条件的个数。若似然比统计量大于自由度为 k 的 χ^2 统计量的临界值，则说明约束无效，无约束方程优于有约束方程。反之，若似然比统计量小于 χ^2 统计量的临界值，则说明约束方程与无约束方程拟合效果没有显著差异。在本书的实证分析部分中，将主要利用似然比检验，对比有约束①与无约束方程的显著性，以选取最优的回归模型。值得注意的是，似然比检验有一个缺陷，该检验需要估计有约束模型与无约束模型的两组参数向量。也就是说，它只能用于比较两个回归方程哪个更显著，而不能在只有一个回归方程的情况下确定其是否显著。为了弥补这个缺陷，在检验模型整体显著性时，我们还需要用 Wald 检验作为似然比检验的补充。

5.4 实证结果

5.4.1 模型估计结果与分析

采用极大似然法对家庭各类金融资产数量（金融资产总额、股票金额和储蓄存款数额）的 Tobit 模型进行估计，在实际回归分析中 3 个方程的自变量都取了对数。为了避免可能的异方差问题，标准误差采用稳健性标准

① 本书中的约束为模型中的部分参数为 0。

误。各变量系数的估计值见表 5-18。

表 5-18 城镇居民家庭金融资产数量模型的估计结果

解释变量	Tobit 模型		Tobit 模型		Tobit 模型	
	金融资产对数		股票数量对数		储蓄存款对数	
	(1)		(2)		(3)	
	系数	标准差	系数	标准差	系数	标准差
收入	0.003***	0.001	0.026***	0.005	0.003***	0.001
收入平方	-0.000***	0.000	-0.000***	0.000	-0.000***	0.000
总资产	0.001***	0.000	0.003***	0.000	0.001***	0.000
总资产平方	-0.000***	0.000	-0.000***	0.000	-0.000***	0.000
房产占比	-0.015***	0.001	-0.032***	0.004	-0.017***	0.001
从事工商业	0.068	0.078	-2.677***	0.439	-0.035	0.115
商业保险	0.657***	0.067	1.990***	0.284	0.643***	0.096
家庭规模	-0.002	0.022	-0.193*	0.109	-0.037	0.031
45 岁以下	-0.200**	0.079	-0.141	0.401	-0.461***	0.108
45~60 岁	-0.333***	0.077	-0.097	0.393	-0.560***	0.107
本科及以上	0.478***	0.096	1.106***	0.422	0.696***	0.132
专科	0.502***	0.091	1.782***	0.409	0.481***	0.128
高中	0.366***	0.067	1.451***	0.333	0.437***	0.096
身体健康	0.456***	0.070	-0.072	0.340	0.414***	0.098
一般健康	0.354***	0.072	-0.220	0.347	0.363***	0.099
风险偏好	0.324***	0.084	2.425***	0.342	0.130	0.115
风险中性	0.234***	0.063	0.863***	0.308	0.156*	0.089
户主性别	0.175***	0.060	-0.231	0.277	0.175**	0.084
户主婚姻	0.339***	0.085	0.828**	0.415	0.400***	0.116
是否党员	0.254***	0.071	0.333	0.316	0.286***	0.097
东部	0.373***	0.078	0.265	0.399	0.344***	0.109
中部	0.564***	0.083	0.237	0.438	0.715***	0.116
N	4942		4942		4942	

续表

解释变量	Tobit 模型		Tobit 模型		Tobit 模型	
	金融资产对数		股票数量对数		储蓄存款对数	
	(1)		(2)		(3)	
	系数	标准差	系数	标准差	系数	标准差
N_lc	933		4400		1936	
N_unc	4009		542		3006	
Pseudo R^2	0.108		0.139		0.063	

注：*、**、***分别表示在10%、5%、1%的统计水平上显著。系数为边际效应，在Tobit模型中自变量对应变量的边际影响应当为边际系数乘以观测样本未被截取的概率。例如，某变量的估计系数为β，那么该变量的边际影响应当为$\beta \times P(Z)$；其中，$P(Z)$表示观测样本未被截取的概率，即未被截取的样本数除以全部样本数，本表中的估计系数已经进行了这种处理。

本节基于表5-18对城镇居民家庭金融资产数量模型的回归结果进行分析。

1. 收入对家庭金融资产持有量的影响

家庭收入的影响分为两个部分：一部分为匀速影响，为β_1；另一部分为加速影响，为$\beta_2\times[(income+1)^2-income^2]=\beta_2\times(2\times income-1)$。因此家庭收入增加1000元的总影响为［$\beta_1+\beta_2\times(2\times income-1)$］。但是，家庭收入(*income*)在1%的显著性水平上对家庭金融资产总量、储蓄存款和股票持有量有正向影响，而家庭收入的平方项($income^2$)尽管在统计意义上显著，但回归系数和0很接近，经济意义不明显。因此，家庭收入的影响为β_1。具体来看：家庭收入每增加1000元，会使家庭金融资产总量增加0.3%，使股票持有量增加2.6%，使储蓄存款增加0.3%。从总体上看，家庭收入对城镇居民家庭持有金融资产、储蓄存款和股票有显著的促进作用。

2. 财产对家庭金融资产持有量的影响

家庭资产的影响也包括两个部分：匀速影响部分为β_3，加速影响部分为$\beta_4\times[(wealth+1)^2-wealth^2]=\beta_4\times[(2\times wealth-1])$。因此，家庭资产增加1000元的总效应为：［$\beta_3+\beta_4\times(2\times wealth-1)$］。家庭资产(*wealth*)在1%的显著性水平上对家庭金融资产总量、股票和储蓄存款有正向影响。尽管家庭资产的平方项($wealth^2$)在统计上显著，但回归系数基本为0，经济意义不显著。因此，家庭资产的总效应为β_3。具体来看，家庭财产每增长1000元，会使家庭金融资产总量增加0.1%，使股票持有量增加0.3%，使储蓄存款增加0.1%。

3. 房产占比对家庭金融资产持有量的影响

房产比重(*house*)在1%的显著性水平上对城镇居民家庭金融资产总量、股票持有量和储蓄存款有负向作用，大小为β_4。具体来看，家庭房产价值占家庭总资产的比重每提高1个百分点，会使家庭金融资产总量减少1.5%，使股票持有量减少3.2%，使储蓄存款减少1.7%。

4. 工商业经营对家庭金融资产持有量的影响

工商业生产经营(*business*)对家庭金融资产总量和储蓄存款没有影响。但是挤出了家庭对股票的持有量。从事工商业生产经营的家庭在1%的水平上比没有从事工商业生产经营的家庭少持有2.68倍的股票。工商业经营在很大程度上替代了家庭对股票的投资。

5. 商业保险对家庭金融资产持有量的影响

商业保险(*insurance*)在1%的显著性水平上对家庭持有金融资产总量、股票和储蓄存款有正向影响，估计系数分别为0.657、1.99和0.643，表明与没有购买商业保险的家庭相比，购买商业保险将使城镇居民家庭持有金融资产的数量提高66%，持有股票的数量提高2倍，储蓄存款提高64%。商业保险能够极大地促进家庭对金融资产的持有量。

6. 家庭规模对金融资产持有量的影响

家庭规模(*fscale*)对家庭金融资产总量和储蓄存款没有影响。但是在10%的水平上降低了家庭对股票的持有量。家庭规模增加1人，家庭持有股票的数量将下降19%。

7. 户主年龄对家庭金融资产持有量的影响

户主年龄(*age*)在1%的显著性水平上对金融资产总量和储蓄存款产生负向影响，对股票持有量没有影响。具体来看：与60岁以上的老年户主家庭相比(age_3)，45岁以下(age_1)的青年户主家庭会减少金融资产总量的20%，减少储蓄存款的46%。相比于60岁以上的老年户主家庭(age_3)，45~60岁之间(age_2)的中年户主家庭会减少家庭金融资产总量的33%，减少储蓄存款的56%。

8. 户主受教育程度对家庭金融资产持有量的影响

户主受教育程度(*education*)对家庭金融资产总量、股票持有量和储蓄存款有显著的正向影响。具体来看，相比于初中及以下($education_4$)户主家庭，本科及其以上($education_1$)户主家庭在1%的水平上增加金融资产持有量的48%，增加股票持有量的110%，增加储蓄存款的70%。相比于初中及以下($education_4$)户主家庭，专科或高职($education_2$)的户主家庭在1%的水平上增加金融资产持有量的50%，增加股票持有量的178%，增加储蓄存款的48%。相比于初中及以下($education_4$)户主家庭，高中、职高或中专($education_3$)的户主家庭在1%的水平上增加金融资产持有量的36%，增加股票持有量的145%，增加储蓄存款的44%。

9. 户主健康状况对家庭金融资产持有量的影响

户主健康状况(*health*)在1%的显著性水平上对金融资产总量和储蓄存款产生正面影响，对股票持有量没有影响。具体来看：与健康状况不好的户主家庭($health_3$)相比，健康状况良好的户主家庭($health_1$)会增加持有金融资产总量的46%，增加储蓄存款的41%。相比于与健康状况不好的户主家庭($health_3$)，健康状况一般的户主家庭($health_2$)会增加家庭金融资产总量的35.4%，增加储蓄存款的36%。

10. 户主风险态度对家庭金融资产持有量的影响

户主风险态度(*riskatt*)对城镇居民家金融资产总量、储蓄存款量和股票持有量有显著的影响。具体来看：相比于风险厌恶的户主家庭($riskatt_3$)，风险偏好的户主家庭($riskatt_1$)在1%的显著性水平上增加家庭金融资产总量的32%，增加股票持有量的2.4倍，但是对储蓄存款的影响不大。由此可见，风险偏好的家庭将极大地促进其持有股票，影响家庭主观风险态度的因素将在很大程度上改变家庭股票配资的决策。相比于风险厌恶的户主家庭($riskatt_3$)，风险中性的户主家庭($riskatt_2$)在1%的显著性水平上增加家庭金融资产总量的23%，增加股票持有量的86%，增加储蓄存款的15.6%。

11. 户主性别对家庭金融资产持有量的影响

相比于女性户主，男性户主在1%的显著性水平上增加家庭金融资产总量的17.5%；在5%的显著性水平上增加储蓄存款的17.5%。户主性别对股票持有量的影响不显著。

12. 户主婚姻状况对家庭金融资产持有量的影响

实证结果表明，户主婚姻状况对城镇居民家金融资产总量、储蓄存款量和股票持有量有不同程度的正向影响。相比于未婚家庭，已婚家庭在1%的显著性水平上增加家庭金融资产总量的34%；在5%的显著性水平上增加股票持有量的82.8%；在1%的显著性水平上增加储蓄存款的40%。

13. 户主政治面貌对家庭金融资产持有量的影响

相比于非党员的户主家庭，户主为党员的家庭在1%的显著性水平上增加家庭金融资产持有量的25%，在1%的显著性水平上增加储蓄存款的28%；是否党员对家庭股票持有量的影响不显著。

14. 不同地域对家庭金融资产持有量的影响

区域变量(*region*)对城镇居民家金融资产总量和储蓄存款量有不同影响，但对家庭股票持有量没有显著影响。具体来看：相比于西部地区的家庭($region_3$)，东部地区的城镇居民家庭($region_1$)在1%的显著性水平上增加家庭金融资产总量的37%，增加储蓄存款的34%。相比于西部地区的家庭($region_3$)，中部地区的城镇居民家庭($region_2$)在1%的显著性水平上增加家庭金融资产总量的56%；在1%的显著性水平上增加储蓄存款的71.5%。

5.4.2 估计结果的稳健性检验

为了检验家庭金融资产持有量模型的估计结果是否稳健，我们用CHFS在2013年的调查数据重新对持有量模型进行了估计，估计结果见表5-19。表5-19显示，家庭持有金融资产总量、股票数量和储蓄存款的估计结果与表5-18基本一致，即家庭特征变量、户主特征变量和区域变量对家庭金融市场参与深度有稳定的影响，研究结论具有稳健性。

表 5-19　家庭金融资产数量模型估计结果的稳健性检验

解释变量	Tobit 模型		Tobit 模型		Tobit 模型	
	金融资产对数		股票数量对数		储蓄存款对数	
	(1)		(2)		(3)	
	系数	标准差	系数	标准差	系数	标准差
收入	0.004***	0.000	0.022***	0.002	0.005***	0.000
收入平方	-0.000***	0.000	-0.000***	0.000	-0.000***	0.000
总资产	0.001***	0.000	0.001***	0.000	0.001***	0.000
总资产平方	-0.000***	0.000	-0.000***	0.000	-0.000***	0.000
房产占比	-0.009***	0.000	-0.012***	0.002	-0.010***	0.001
从事工商业	0.313***	0.041	-1.541***	0.233	0.215***	0.060
商业保险	0.680***	0.034	1.853***	0.156	0.714***	0.048
家庭规模	-0.100***	0.011	-0.410***	0.062	-0.143***	0.016
45 岁以下	-0.166***	0.042	-1.173***	0.222	-0.215***	0.060
45~60 岁	-0.214***	0.040	-0.316	0.199	-0.392***	0.057
本科及以上	0.763***	0.052	2.697***	0.252	0.851***	0.072
专科	0.741***	0.050	2.809***	0.241	0.793***	0.070
高中	0.560***	0.037	2.361***	0.191	0.652***	0.053
身体健康	0.234***	0.035	-0.341**	0.174	0.246***	0.049
一般健康	0.179***	0.039	-0.037	0.195	0.199***	0.056
风险偏好	0.368***	0.048	3.233***	0.200	0.083	0.067
风险中性	0.372***	0.036	1.521***	0.178	0.384***	0.050
户主性别	0.072**	0.034	-0.466***	0.160	0.081*	0.047
户主婚姻	0.525***	0.046	1.184***	0.237	0.580***	0.063
是否党员	0.313***	0.038	-0.017	0.182	0.390***	0.054
东部	0.295***	0.040	1.067***	0.207	0.364***	0.056
中部	-0.071*	0.043	0.010	0.241	-0.101	0.062
N	18530		18530		18530	
N_lc	3764		16762		7586	
N_unc	14766		1768		10944	
Pseudo R^2	0.100		0.124		0.065	

注：*、**、***分别表示在10%、5%、1%的统计水平上显著。系数为边际效应，在Tobit模型中自变量对应变量的边际影响应当为边际系数乘以观测样本未被截取的概率。例如，某变量的估计系数为β，那么该变量的边际影响应当为$\beta \times P(Z)$；其中，$P(Z)$表示观测样本未被截取的概率，即未被截取的样本数除以全部样本数，本表中的估计系数已经进行了这种处理。

5.5 小　　结

本章对家庭各类金融资产持有量的情况进行了描述性统计，对影响城镇居民家庭资产持有量的因素进行实证分析，主要包括5个部分的主要内容：①基于CHFS在2011年和2013年的调查数据，对城镇居民家庭各类金融资产的持有量、不同因素与家庭金融资产持有量的关系进行探索性描述统计分析，在初步识别不同因素对家庭金融资产持有量影响的基础上，选择影响我国城镇居民金融资产持有量的因素；②在第1部分分析的基础上，选择具体的变量并对变量赋值进行说明，进而构建影响家庭金融资产持有量的Tobit模型；③探讨Tobit模型的适用条件、估计方法和检验方法，为本章的实证研究奠定方法论基础；④采用极大似然法对模型进行估计，对参数估计结果进行计量经济学检验，对模型估计结果进行稳健性检验，最后结合相关理论对实证结果进行解释和分析；⑤对本章内容进行小结。

本章主要得到以下结论：

1. 家庭特征变量对家庭金融市场持有量的影响

（1）收入的影响。

家庭收入对家庭金融资产总量、储蓄存款和股票持有量有显著的正向影响，家庭收入每增加1000元，会使家庭金融资产总量增加0.3%，使股票持有量增加2.6%，使储蓄存款增加0.3%。

（2）财产数量的影响。

家庭财产对城镇居民家庭持有金融资产、储蓄存款和股票有显著的促进作用，家庭财产每增长1000元，会使家庭金融资产总量增加0.1%，使股票持有量增加0.3%，使储蓄存款增加0.1%。

（3）房产占比的影响。

房产比重对城镇居民家庭金融资产总量、股票持有量和储蓄存款有显著的负向作用，家庭房产价值占家庭总资产的比重每提高1个百分点，会使家庭金融资产总量减少1.5%，使股票持有量减少3.2%，使储蓄存款减少1.7%。

（4）工商业经营的影响。

工商业生产经营对家庭金融资产总量和储蓄存款没有显著影响，但是显著挤出了家庭对股票的持有量，从事工商业生产经营的家庭比没有从事工商业生产经营的家庭少持有2.68倍的股票，工商业经营在很大程度上替代了家庭对股票的投资。

（5）商业保险的影响。

商业保险对家庭持有金融资产总量、股票和储蓄存款有显著的正向影响，与没有购买商业保险的家庭相比，购买商业保险将使城镇居民家庭持有金融资产的数量提高66%，持有股票的股票数量提高2倍，储蓄存款提高64%，购买商业保险极大地促进了家庭对金融资产的持有量。

（6）家庭规模的影响。

家庭规模对家庭金融资产总量和储蓄存款没有影响，但是显著降低了家庭对股票的持有量，家庭规模增加1人，家庭持有股票的数量将下降19%。

2. 户主特征变量对家庭金融市场持有量的影响

（1）户主年龄的影响。

户主年龄对金融资产总量和储蓄存款有显著的负向影响，对股票持有量没有影响。与老年户主家庭相比，青年户主家庭会减少金融资产总量的20%，减少储蓄存款的46%，相比于老年户主家庭，中年户主家庭会减少家庭金融资产总量的33%，减少储蓄存款的56%。

（2）户主受教育程度的影响。

户主受教育程度对家庭金融资产总量、股票持有量和储蓄存款有显著的正向影响。相比于初中及以下户主家庭，本科及其以上户主家庭会增加金融资产持有量的48%，增加股票持有量的110%，增加储蓄存款的70%。相比于初中及以下户主家庭，专科或高职的户主家庭会增加金融资产持有量的50%，增加股票持有量的178%，增加储蓄存款的48%。相比于初中及以下户主家庭，高中、职高或中专的户主家庭会增加金融资产持有量的36%，增加股票持有量的145%，增加储蓄存款的44%。

（3）户主健康状况的影响。

户主健康状况对金融资产总量和储蓄存款产生显著的正面影响，对股票持有量没有影响。与健康状况不好的户主家庭相比，健康状况良好的户主家庭会增加持有金融资产总量的46%，增加储蓄存款的41%。相比于健康状况不好的户主家庭，健康状况一般的户主家庭会增加家庭金融资产总量的35.4%，增加储蓄存款的36%。

（4）户主风险态度的影响。

户主风险态度对城镇居民家庭金融资产总量、储蓄存款量和股票持有量有显著的影响。相比于风险厌恶的户主家庭，风险偏好的户主家庭会增加家庭金融资产总量的32%，股票持有量增加2.4倍。但是风险态度对储蓄存款的影响不大。由此可见，风险偏好的家庭将极大地促进其持有股票，影响家庭主观风险态度的因素将在很大程度上改变家庭股票配资的决策。相比于风险厌恶的户主家庭，风险中性的户主家庭会显著增加家庭金融资产总量的23%，增加股票持有量的86%，增加储蓄存款的15.6%。

（5）户主性别的影响。

相比于女性户主，男性户主在1%的显著性水平上增加家庭金融资产总量的17.5%；在5%的显著性水平上增加储蓄存款的17.5%。户主性别对股票持有量的影响不显著。

（6）户主婚姻状况的影响。

户主婚姻状况对城镇居民家金融资产总量、储蓄存款量和股票持有量有不同程度的正向影响。相比于未婚家庭，已婚家庭在1%的显著性水平上增加家庭金融资产总量的34%；在5%的显著性水平上增加股票持有量的82.8%；在1%的显著性水平上增加储蓄存款的40%。

（7）户主政治面貌的影响。

相比于非党员的户主家庭，户主为党员的家庭在1%的显著性水平上增加家庭金融资产持有量的25%，在1%的显著性水平上增加储蓄存款的28%；是否党员对家庭股票持有量的影响不显著。

3. 区域差异对家庭金融市场持有量的影响

东部、中部和西部区域变量对城镇居民家金融资产总量和储蓄存款量有不同的影响，但对家庭股票持有量没有显著影响。相比于西部地区的家庭，东部地区的城镇居民家庭会增加家庭金融资产总量的37%，增加储蓄存款的34%。相比于西部地区的家庭，中部地区的城镇居民家庭会增加家庭金融资产总量的56%；在1%的显著性水平上增加储蓄存款的71.5%。

最后，使用CHFS在2013年的数据对家庭金融资产持有量模型重新进行回归，对以上研究结论的稳健性进行检验。结果发现，以上因素对家庭金融资产持有量的影响方向和幅度没有太大的变化，本章的实证结论是稳健的。

6　城镇居民家庭金融资产结构及其影响因素的实证分析

本章对城镇居民家庭金融资产配置结构情况进行了描述性统计，并实证检验哪些因素影响居民家庭金融资产配置结构，主要包括 4 个部分的内容：①利用 CHFS 在 2011 年和 2013 年两轮的家庭金融调查数据，对城镇居民家庭各类金融资产占家庭金融资产的比重、不同因素与金融资产结构的关系进行探索性描述统计分析，在初步识别不同因素对家庭金融资产结构影响的基础上，结合已有的理论分析，选择影响城镇居民金融资产配置结构的因素；②在第 1 部分分析的基础上，选取具体的变量衡量指标，构建影响城镇居民家庭金融资产配置结构的 Tobit 模型；③对家庭金融资产结构模型进行估计，对参数估计结果进行计量经济学检验，对模型估计结果进行稳健性检验，最后结合相关理论对实证结果进行解释和分析；④对本章内容进行小结。由于本章的模型估计方法与第 5 章相同，在此省略(具体介绍参见第 5 章 5.3 节)。

6.1　城镇居民家庭特征及金融资产结构的统计描述

本节将基于 CHFS 2011 年和 2013 年两轮的家庭金融调查数据对城镇居民家庭特征及金融资产结构进行统计分析。首先对家庭各类金融资产占家庭金融资产的比重进行简单的统计分析；其次，对家庭和户主特征变量与家庭各类金融资产占比的关系进行描述性统计分析，即通过对家庭和户主属性变量进行分组，考察不同组别家庭在各类金融资产占比的分布情况，发现分布差异为下一步的变量选取提供初步依据。

6.1.1 城镇居民家庭金融资产结构的描述性统计分析

表 6-1 统计了我国城乡居民家庭不同金融资产占家庭金融资产比重，该表直观反映了我国城乡居民家庭在 2010 年和 2012 年的金融资产结构状况。总体来看，城乡居民家庭资产结构在两次调查中的差异不大，下文主要以 2013 年的调查数据对表 6-1 进行说明。在 2013 年中国家庭金融调查的 27194 个有效样本中，无风险性金融资产的占比为 88%，要远远高于 7.6%的风险性金融资产占比。在无风险金融市场中，持有现金占比为 48%，活期存款占比为 27%，定期存款占比为 13%，无风险债券占比为 0.2%。在风险金融资产中，股票占比为 2.3%，基金占比为 1%，风险性债券占比为 0.03%，金融衍生品占比为 0.04%，金融理财产品占比为 1%，非人民币资产占比为 0.18%，黄金占比为 0.27%，借出款占比为 2.6%。

分城镇居民和农村居民来看，2013 年城镇和农村家庭在各类金融市场的占比上存在显著差异，城镇居民在各类金融市场上的占比大多高于农村居民家庭，但在无风险性金融资产占比上农村居民高于城镇居民，尤其是在现金占比上，农村居民远远高于城镇居民。具体来看，农村家庭银行活期存款占比为 21%，城镇家庭占比为 30%，高出农村家庭 9 个百分点；农村家庭拥有银行定期存款占比仅为 8%，城镇家庭则为 15%，持有比率是农村家庭的 2 倍；农村家庭无风险债券占比为 0.04%，城镇家庭为 0.3%。在风险性金融资产占比上，城乡差异更加明显，农村家庭风险性金融资产占比只有 2.6%，城镇家庭为 10%，高出农村家庭 2 倍；农村家庭股票占比仅为 0.07%，城镇家庭则为 3.37%，城乡居民在股票数量的配置结构上差异巨大；农村家庭基金占比为 0.08%，城镇家庭为 1.64%；2013 年的调查样本中没有农村家庭持有风险性债券（相应的占比为 0%），城镇家庭风险性债券的占比也很低，仅为 0.05%；2013 年的调查样本也少有农村家庭持有金融衍生品（占比仅为0.01%），城镇家庭拥有金融衍生品占比也很低，仅为0.06%；农村家庭金融理财产品占比为0.05%，城镇家庭为1.37%；农村家庭非人民币资产的占比为0.03%，城镇家庭为0.25%；农村家庭黄金占比为0.11%，城镇家庭为0.34%；农村家庭借出款占比为2.1%，城镇家庭为2.92%。

表6-1显示，城乡居民家庭在金融资产结构上同样存在巨大的差异，尤其是在风险性金融资产的配置结构上，差异更加明显。由于城乡居民在家庭金融资产结构上存在显著的异质性特点，而且中国城乡之间长期存在的“二元体制”使得农村和城市在经济发展水平、社会保障制度和投资理财理念等方面存在系统性差异，如果对农村样本与城市样本混合在一起研究，必然会导致异质性偏误问题。因此，本章充分考虑城乡差异对家庭金融资产选择的影响，在实证部分考察我国城镇居民家庭金融资产配置结构的影响因素。对农户家庭金融资产配置结构的分析，需要另外进行针对性研究，我们已经在此方面进行了一些初步尝试，参见王阳、漆雁斌等（2013）。

表6-1 城乡居民家庭金融资产结构的描述性统计（%）

金融资产类别	2011年调查			2013年调查		
	城镇居民	农村居民	总体	城镇居民	农村居民	总体
现金	38.77	60.16	47.08	41.16	61.72	47.71
活期存款	31.07	21.12	27.20	29.66	20.62	26.78
定期存款	14.10	8.20	11.81	15.11	7.94	12.82
无风险债券	0.22	0.04	0.15	0.29	0.04	0.21
无风险资产	86.20	89.79	87.59	87.55	90.37	88.45
股票	4.22	0.45	2.76	3.37	0.07	2.32
基金	1.92	0.27	1.28	1.64	0.08	1.14
风险性债券	0.05	0.00	0.03	0.05	0	0.03
金融衍生品	0.00	0.00	0.00	0.06	0.01	0.04
金融理财	0.50	0.02	0.32	1.37	0.05	0.95
非人民币	0.24	0.06	0.17	0.25	0.03	0.18
黄金	0.28	0.08	0.20	0.34	0.11	0.27

续表

金融资产类别	2011 年调查			2013 年调查		
	城镇居民	农村居民	总体	城镇居民	农村居民	总体
借出款	4.58	3.57	4.19	2.92	2.1	2.66
风险资产	11.80	4.46	8.95	9.99	2.46	7.59
总样本量	4942	3135	8077	18532	8662	27194

注：①无风险性金融资产中的债券是指国库券和地方政府债券价值的总和；风险性金融资产中的债券是指金融债券和企业债券价值的总和。②无风险性金融资产中的现金是指手持现金和股票账户内的现金总和。本章以下表格与此相同，不再赘述。

表 6-2 考虑我国东部、中部和西部的区域差异，分别统计东部、中部和西部地区城乡居民的金融资产结构。表 6-2 显示，东部、中部、西部家庭在金融资产结构上存在显著差异，这种差异主要反映在风险性金融资产的占比上。从总体上看，东部地区家庭风险性金融资产的占比最高，达到 9.75%，中部和西部地区占比较低，都为 5.73%。在风险性金融资产的具体类别上，东部、中部和西部地区也基本呈现相同的趋势，尤其是在股票的占比上，东部地区家庭的股票占比率要远远大于中部和西部地区，东部地区为 3.4%，中部和西部地区分别为 1.36%和 1.43%。

表 6-2　东部、中部和西部地区家庭金融资产占比的描述性统计(%)

金融资产类别	2011 年调查			2013 年调查		
	东部地区	中部地区	西部地区	东部地区	中部地区	西部地区
现金	40.41	51.31	55.1	41.01	55.27	51.16
活期存款	28.38	27.08	24.97	28.51	24.02	26.94
定期存款	14.76	10.41	7.63	16.45	9.84	9.51
无风险债券	0.22	0.04	0.16	0.31	0.14	0.11
无风险资产	85.79	89.71	88.5	87.58	89.87	88.35
股票	4.47	1.39	1.07	3.4	1.36	1.43
基金	1.73	0.81	0.97	1.56	0.7	0.89
风险性债券	0.04	0	0.04	0.03	0.04	0.04
金融衍生品	0.01	0	0	0.06	0.03	0.03
金融理财	0.48	0.21	0.12	1.48	0.52	0.46
非人民币	0.33	0.03	0.03	0.24	0.15	0.09
黄金	0.23	0.21	0.13	0.38	0.2	0.14

续表

金融资产类别	2011 年调查			2013 年调查		
	东部地区	中部地区	西部地区	东部地区	中部地区	西部地区
借出款	4.51	4.24	3.47	2.61	2.74	2.65
风险资产	11.8	6.89	5.84	9.75	5.73	5.73
金融资产总计	97.6	96.6	94.33	97.32	95.6	94.07
样本量	3784	2440	1853	12595	8271	6328
总样本量	8077			27194		

6.1.2 城镇居民家庭金融资产结构影响因素的探索性分析

1. 城镇居民家庭金融资产结构的财富分布

表 6-3 反映了城镇居民家庭金融资产结构的财富分布状况。表 6-3 中 2013 年的统计结果表明，随着家庭财富水平的变化，家庭金融资产结构也发生了较大的波动。具体来看，随着家庭财富水平的提高，无风险性金融资产的占比会下降，贫困家庭、中等收入家庭、富裕家庭和最富裕家庭的参与率分别为 91.97%、91.22%、88.17%和 78.86%，与此同时，家庭风险性金融资产的占比将明显提高，分别为 3.69%、5.91%、10.28%和 20.09%。其他风险性金融资产的比重也有所提高，股票、基金和金融理财产品的比重显著增加。

Bertaut & Starr(2002)的研究发现，美国家庭财富水平的增加会使家庭提高股票和基金的持有份额。Arrondel et al.(2002)发现，法国家庭中财富水平的提高会增加家庭的股票份额，我国城镇居民家庭金融资产配置比重的财富分布特征与这些国家类似。

表 6-3　城镇居民家庭金融资产结构的财富分布(%)

金融资产类别	2011 年调查				2013 年调查			
	贫困	中等收入	富裕	最富裕	贫困	中等收入	富裕	最富裕
现金	54.2	42.09	33.71	25.1	57.52	46.59	36.14	24.4
活期存款	28.48	35.68	31.82	28.28	25.57	30.92	32.43	29.69
定期存款	8.97	12.17	16.22	19.03	8.54	12.93	17.69	21.27
无风险债券	0.03	0.12	0.15	0.56	0.05	0.09	0.32	0.71

续表

金融资产类别	2011 年调查				2013 年调查			
	贫困	中等收入	富裕	最富裕	贫困	中等收入	富裕	最富裕
无风险资产	91.97	90.95	84.47	77.4	91.97	91.22	88.17	78.86
股票	0.72	1.37	4.73	10.08	0.96	1.65	3.45	7.42
基金	0.51	0.95	2.27	3.94	0.48	1.15	1.88	3.05
风险性债券	0	0	0.01	0.18	0.03	0.03	0.05	0.08
金融衍生品	0	0	0	0.02	0.02	0.03	0.05	0.12
金融理财	0.11	0.19	0.42	1.28	0.22	0.51	0.95	3.79
非人民币	0.12	0.16	0.27	0.42	0.05	0.11	0.21	0.63
黄金	0.34	0.22	0.23	0.33	0.11	0.16	0.34	0.75
借出款	3.07	3.81	6.06	5.39	1.82	2.27	3.34	4.25
风险资产	4.87	6.7	14	21.63	3.69	5.91	10.28	20.09
样本量	1236	1235	1236	1235	4633	4633	4633	4633
总样本量	4942				18532			

2. 城镇居民家庭金融资产结构的房产占比分布

表 6-4 反映了城镇居民家庭金融资产占比的房产分布状况。表 6-4 中 2013 年数据的统计结果显示，没有住房的家庭与拥有房产的家庭在金融资产占比上存在差异，其在无风险金融资产和风险性金融资产上的比重均介于房产占比中等和占比高的家庭之间，但小于房产低占比组的家庭。对于房产占比大于 0 的家庭而言，房产占比越高的家庭越倾向于增加无风险性金融资产的比重，降低风险性金融资产的比重。值得注意的是，房产占比高的家庭在风险性金融资产的占比上远低于房产占比小和占比中等的家庭，房产占比对家庭股票、基金、风险性债券、金融衍生品、非人民币资产的占比也有相同的影响趋势。根据对表 6-4 的分析，我们初步得出结论，房产占比对风险性金融资产尤其是股票占比具有“挤出效应”。

Kullmann & Siegel (2003) 发现，美国家庭的房产投资会降低家庭股票及其他风险资产的比重。Cardak & Wilkins (2009) 发现，在澳大利亚拥有住房会提高家庭风险资产的持有比例。房产投资对于中国城镇家庭金融资产比重的影响与美国相似，与澳大利亚存在差异。

表 6-4 城镇居民家庭金融资产结构的房产占比分布(%)

金融资产类别	2011 年调查				2013 年调查			
	0	0~25%	25%~75%	75%~100%	0	0~25%	25%~75%	75%~100%
现金	45.71	23.25	32	63.73	41.89	33.94	34.88	59.6
活期存款	29.12	33.62	35.01	21.78	28.82	32.96	32.25	22.74
定期存款	12.47	21.04	15.56	5.18	16.3	15.94	17.12	7.98
无风险债券	0.1	0.25	0.22	0.26	0.21	0.35	0.38	0.21
无风险资产	88.62	81.17	85.28	91.62	88.41	84.72	86.38	91.13
股票	2.85	6.25	5.06	1.35	2.96	3.66	4.46	1.66
基金	0.98	2.81	2.3	0.81	1.34	1.8	2.11	1.09
风险性债券	0.14	0.12	0.01	0	0.06	0.06	0.06	0
金融衍生品	0	0	0.01	0	0.05	0.1	0.05	0.05
金融理财	0.57	0.68	0.65	0	1.25	1.57	1.84	0.46
非人民币	0.55	0.33	0.16	0.14	0.14	0.44	0.32	0.11
黄金	0.23	0.31	0.25	0.34	0.34	0.56	0.34	0.12
借出款	4.05	7.41	5.12	1	3.06	5.41	2.79	0.42
风险资产	9.36	17.9	13.56	3.63	9.2	13.6	11.97	3.91
样本量	643	1075	2150	1074	5939	3149	6298	3146
总样本量	4942				18532			

3. 城镇居民家庭金融资产结构的保险状况分布

表 6-5 根据家庭成员是否购买商业保险把样本家庭分为两组，分别统计是否购买商业保险两组样本家庭在不同金融资产占比上的差异。表 6-5 中 2013 年的调查数据显示，购买商业保险的家庭在风险性金融资产的占比上显著高于没有购买商业保险的家庭，分别为 18.64%和 7.51%。在股票资产的占比上也差异巨大，购买商业保险的家庭和没有购买商业保险的家庭分别为 6.33%和 2.52%。这表明未来不确定性对家庭投资股票等风险性金融市场具有重要影响，会降低家庭对这类金融市场的参与深度。但是通过商业保险等手段，能够降低家庭面临的不确定性，进而提高家庭风险性金融资产的占比。

表 6-5 城镇居民家庭金融资产结构的商业保险分布(%)

金融资产类别	2011 年调查		2013 年调查	
	有商业保险	无商业保险	有商业保险	无商业保险
现金	25.34	41.73	27.08	45.2
活期存款	31.9	30.88	32.12	28.95
定期存款	15.11	13.87	18.36	14.17
无风险债券	0.5	0.16	0.43	0.26
无风险资产	77.09	88.2	80.59	89.55
股票	9.31	3.11	6.33	2.52
基金	3.84	1.49	3.04	1.24
风险性债券	0.19	0.02	0.13	0.03
金融衍生品	0	0.01	0.1	0.04
金融理财	1.24	0.34	2.63	1.01
非人民币	0.62	0.16	0.57	0.16
黄金	0.29	0.28	0.73	0.23
借出款	6.86	4.08	5.11	2.29
风险资产	22.35	9.48	18.64	7.51
样本量	4052	890	14399	4133
总样本量	4942		18532	

4. 城镇居民家庭金融资产结构的年龄分布

表 6-6 反映了城镇居民家庭金融资产结构的年龄分布状况。表 6-6 中 2013 年的调查数据显示，不管户主年龄处于什么阶段，银行存款等无风险资产占比都居于主要地位，股票、基金、风险性债券、金融衍生品、金融理财产品、非人民币资产、黄金和借出款等风险性金融资产的占比都不高。此外，随着户主年龄的增长，定期存款占比不断增加，分别为 12.09%、13.76%和 20.66%。与此同时，风险性金融资产和股票的占比不断下降，对风险性金融市场的参与从 12.77%减少为 9.33%和 7.11%。家庭对其他风险性金融资产市场的参与率随年龄的增长也基本呈现递减的趋势。在西方发达国家，Guiso et al.(2000)的研究发现，美国、英国、意大利、德国以及荷兰等国家股票投资在年龄分布上呈现“钟型”。Cardak & Wilkins(2009)发现，在澳大利亚，年龄增大会提高家庭持有风险资产的比

例。Arrondel et al.（2002）发现，法国家庭中股票份额在年龄分布上呈现"钟型"。从总体上看，年龄对我国城镇居民家庭金融资产结构的影响和发达国家存在一定的差异。

表 6-6 城镇居民家庭金融资产结构的年龄分布（%）

金融资产类别	2011 年调查			2013 年调查		
	小于 45 岁	45~60 岁	大于 60 岁	小于 45 岁	45~60 岁	大于 60 岁
现金	35.81	42.03	39.73	36.23	44.95	43.17
活期存款	34.96	29	26.63	35.77	27.85	23.76
定期存款	10.31	13.59	22.03	12.09	13.76	20.66
无风险债券	0.09	0.05	0.71	0.15	0.28	0.5
无风险资产	83.53	86.81	90.39	85.73	88.27	89.1
股票	4.81	4.19	3.16	3.53	3.58	2.91
基金	2.24	1.94	1.25	1.76	1.7	1.41
风险性债券	0.09	0.03	0	0.05	0.06	0.03
金融衍生品	0.01	0	0	0.09	0.04	0.04
金融理财	0.58	0.41	0.49	1.24	1.4	1.49
非人民币	0.29	0.15	0.27	0.32	0.22	0.2
黄金	0.34	0.13	0.38	0.61	0.27	0.07
借出款	6.77	3.4	2.12	5.18	2.07	0.96
风险资产	15.13	10.26	7.67	12.77	9.33	7.11
样本量	2164	1641	1137	6969	6258	5305
总样本量	4942			18532		

5. 城镇居民家庭金融资产结构的教育状况分布

表 6-7 显示了城镇居民家庭金融资产占比的教育分布情况。2013 年的调查数据显示，随着户主受教育程度的提高，家庭无风险金融资产的比重呈现明显下降趋势，其中现金和无风险债券的比重明显减少，但活期存款和定期存款的比重小幅提高。与此同时，风险性金融资产比重随着户主受教育程度的提升显著增加，股票、基金、风险性债券、金融衍生品、金融理财产品和非人民币资产的比重均呈现出明显的增长趋势。总体来看，随着户主受教育水平的提升，家庭配置于无风险金融资产的比重下降，配置于风险性金融资产的比重将提高。

表 6-7 城镇居民家庭金融资产结构的教育状况分布(%)

金融资产类别	2011 年调查				2013 年调查			
	初中(以下)	高中	大专	本科(以上)	初中(以下)	高中	大专	本科(以上)
现金	47	36.66	25.75	23.44	50.88	36.55	27.99	22.66
活期存款	29.63	32.36	31.86	33.24	26.53	31.88	33.14	34.88
定期存款	12.36	14.59	16.54	17.53	13.03	16.58	17.6	18.4
无风险债券	0.02	0.11	0.53	0.90	0.18	0.33	0.48	0.51
无风险资产	90.11	86.2	78.4	78.34	91.15	87.08	81.75	79.17
股票	2.02	4.41	8.27	8.61	1.43	4.15	6.13	7.22
基金	1	1.88	3.62	3.91	0.72	1.84	2.96	3.79
风险性债券	0.04	0.02	0.06	0.13	0.02	0.07	0.12	0.07
金融衍生品	0	0	0	0.04	0.01	0.06	0.1	0.17
金融理财	0.18	0.58	0.66	1.43	0.55	1.42	2.54	3.49
非人民币	0.14	0.18	0.28	0.71	0.12	0.2	0.34	0.79
黄金	0.28	0.1	0.65	0.3	0.21	0.29	0.48	0.85
借出款	4.19	4.44	6.3	4.84	2.3	3.23	4.43	3.48
风险资产	7.85	11.6	19.85	19.97	5.35	11.26	17.1	19.87
样本量	2447	1272	572	651	9529	4525	2086	2392
总样本量	4942				18532			

6. 城镇居民家庭金融资产结构的健康状况分布

表 6-8 统计了不同健康状况的家庭在各类金融资产上的占比情况。2013 年的调查数据显示，随着户主健康状况的改善，家庭无风险性金融资产的比重下降，风险性金融资产的比重显著提高。良好的健康状况提高了家庭在股票和基金家庭上的投资比重。此外，随着户主健康状况的改善，家庭持有其他种类的风险性金融资产份额也有所提高。Rosen & Wu(2004)发现，美国家庭的健康状况会负向影响居民对于风险资产投资的比重。Cardak & Wilkins(2009)发现，澳大利亚居民家庭的健康状况恶化也会使其减少对风险资产的投资比重。Guiso et al.(1996)发现，意大利家庭健康风险对于风险资产比重具有负向作用，健康状况对我国城镇家庭资产比重的影响与这些国家基本一致。

表 6-8 城镇居民家庭金融资产结构的健康状况分布(%)

金融资产类别	2011 年调查			2013 年调查		
	很差	一般	健康	很差	一般	健康
现金	46.56	37.81	33.62	45.05	38.02	35.83
活期存款	29.13	29.06	34.28	26.8	31.25	34.01
定期存款	10.62	17.47	13.87	15.32	15.71	14.33
无风险债券	0.16	0.28	0.20	0.34	0.27	0.22
无风险资产	88.25	86.61	84.26	88.71	86.67	85.93
股票	3.07	4.21	5.12	2.97	3.9	3.78
基金	0.98	2.36	2.26	1.41	1.94	1.89
风险性债券	0.07	0.01	0.06	0.04	0.05	0.07
金融衍生品	0.00	0.00	0.01	0.04	0.05	0.09
金融理财	0.46	0.50	0.54	1.25	1.45	1.55
非人民币	0.41	0.11	0.22	0.25	0.23	0.26
黄金	0.32	0.17	0.34	0.23	0.4	0.52
借出款	3.11	4.23	6.02	1.96	3.58	4.3
风险资产	8.43	11.59	14.57	8.14	11.6	12.45
样本量	1446	1615	1881	5273	3340	9919
总样本量	4942			18532		

7. 城镇居民家庭金融资产结构的风险态度分布

表 6-9 统计了城镇居民家庭金融资产占比在不同风险态度上的分布状况，相对于风险厌恶的家庭，风险偏好的家庭持有无风险性金融资产的比重明显下降，现金、定期存款和无风险债券的比重均呈下降趋势。家庭风险态度的转变(由厌恶变为偏好)，能显著增加家庭投资于风险性金融资产的比重，股票、基金、风险性债券、金融衍生品、金融理财产品、非人民币资产的占比都有所提高。总体来看，风险态度的转变(由厌恶变为偏好)将促使家庭更多地增持风险性金融资产，减少对无风险性金融资产的配置比重。

表 6-9 城镇居民家庭金融资产结构的风险态度分布(%)

金融资产类别	2011 年调查			2013 年调查		
	风险偏好	风险中性	风险厌恶	风险偏好	风险中性	风险厌恶
现金	31.81	34.68	42.47	32.65	33.51	45.28
活期存款	32.21	34.15	29.32	32.38	35.31	27.23

续表

金融资产类别	2011 年调查			2013 年调查		
	风险偏好	风险中性	风险厌恶	风险偏好	风险中性	风险厌恶
定期存款	9.79	12.16	16.1	9.5	14.15	16.42
无风险债券	0.1	0.22	0.25	0.16	0.23	0.34
无风险资产	77.46	83.48	89.68	77.78	85.05	90.13
股票	9.21	4.85	2.67	8.71	4.13	2.17
基金	2.78	2.43	1.46	2.18	2.08	1.39
风险性债券	0.12	0.07	0.02	0.11	0.12	0.01
金融衍生品	0.03	0	0	0.24	0.08	0.01
金融理财	0.97	0.62	0.33	2.11	1.97	1.03
非人民币	0.47	0.24	0.18	0.62	0.34	0.15
黄金	0.53	0.27	0.22	0.7	0.54	0.21
借出款	6.76	6.42	3.16	5.74	4.15	2
风险资产	20.87	14.9	8.05	20.4	13.4	6.99
样本量	720	1359	2863	2144	4185	12203
总样本量	4942			18532		

6.2 城镇居民家庭金融资产结构的模型构建

6.2.1 变量选取与赋值

本书第 3 章对家庭风险性金融资产配置结构的影响因素进行了理论分析，本部分将在此基础上，结合 6.1 节对家庭金融资产结构在不同变量下的分布状况，选择影响家庭金融资产结构的因素，分别构建 3 个家庭金融资产结构模型，分别是：①风险性金融资产占家庭金融总资产比重模型；②股票占家庭金融资产比重模型；③储蓄占家庭金融资产比重模型。利用 CHFS 微观家庭数据，实证检验哪些因素影响家庭金融资产配置结构，并对估计结果进行稳健性检验。3 个实证模型对应的被解释变量分别为：①家庭风险性金融资产占比变量($faratio^{risk}$)；②家庭股票占比变量($faratio^{stock}$)；③家庭储蓄存款占比变量($faratio^{saving}$)。3 个被解释变量的赋值见表 6-10。这 3 个模型有相同的解释变量，这些解释变量与第 4 章家庭金融市场参与率模型的解释变量一致，具体赋值情况参见表 4-10。

表 6-10 家庭金融资产比重模型的变量设定与变量赋值

变量类型	变量名称	变量含义	变量赋值说明
被解释变量	$faratio^{all}$	风险金融资产占比	金融资产占家庭总资产的比重
	$faratio^{stock}$	股票占比	股票价值占家庭金融资产的比重
	$faratio^{saving}$	储蓄占比	储蓄存款占家庭金融资产的比重
解释变量	同第 4 章表 4-10		

6.2.2 变量的描述性统计

表 6-11 给出了被解释变量在 2011 年和 2013 年调查的描述性统计结果，3 个模型解释变量的描述性统计结果与第 4 章表 4-11 一致，限于篇幅，在此没有列出。表 6-11 中的调查数据显示，家庭风险性金融资产占比在两轮调查中分别为 11.8%和 9.99%，有少量减少；股票占比从 4.22%减少为 3.37%；储蓄占比从 45.16%微减到 44.76%。由于 2013 年的调查大幅增加了样本量，所以被解释变量的方差小于 2011 年的调查数据，被解释变量在 2013 年的波动性更小。

表 6-11 变量的描述性统计

变量名	2011 年调查		2013 年调查	
	平均值	标准差	平均值	标准差
风险金融资产占金融资产的比重(%)	11.80	24.60	9.99	23.57
股票价值占金融资产的比重(%)	4.22	14.82	3.37	13.24
储蓄存款占金融资产的比重(%)	45.16	41.47	44.76	40.23
解释变量	同表 4-11	同表 4-11	同表 4-11	同表 4-11
总样本量	4942		18532	

6.2.3 模型的选择与设定

本节将对城镇居民家庭金融资产比重的影响因素进行实证分析，使用的样本数据也是典型的“归并数据”。具体来看，城镇居民家庭金融资产结构的样本数据包括两类：第一类样本家庭持有相应类型的金融资产，家庭持有该类金融资产的比重也大于0；第二类样本家庭不持有某些种类的金融资产，因此这些金融资产的比重为0。与第5章一样，尽管两类样本数据有相同的解释变量，第二类样本家庭的被解释变量被压缩在0上，属于典型的“归并数据”，但是，本部分仍将选择Tobit模型来估计解释变量对各类家庭金融资产比重的影响，分别构建城镇居民家庭金融资产占家庭总资产比重的Tobit模型、城镇居民家庭储蓄存款占家庭金融资产比重的Tobit模型、城镇居民家庭股票持有量占家庭金融资产比重的Tobit模型。

$$\begin{cases} faratio_i^m = \beta_0 + \beta_1 income_i + \beta_2 income_i^2 + \beta_3 wealth_i + \beta_4 wealth_i^2 + \\ \beta_5 house_i + \beta_6 business_i + \beta_7 insurance_i + \beta_8 fscale_i + \\ \sum_{j=1}^{2} \beta_{9j} age_{ji} + \sum_{j=1}^{3} \beta_{10j} education_{ji} + \sum_{j=1}^{2} \beta_{11j} health_{ji} + \sum_{j=1}^{2} \beta_{12j} riskatt_{ji} + \\ \beta_{13} gender_i + \beta_{14} married_i + \beta_{15} party_i + \sum_{j=1}^{2} \beta_{16j} region_{ji} + \varepsilon_i \quad \text{若 } RHS>0 \\ faratio_i^m = 0 \quad \text{若 } RHS<0 \end{cases}$$

其中，被解释变量$faratio_i^m$分别表示家庭持有的第m类金融资产的比重，其中$m=risk$，$stock$，$saving$，$faratio_i^{risk}$表示家庭风险性金融资产占家庭金融资产的比重，$faratio_i^{stock}$表示股票占家庭金融资产的比重，$faratio_i^{saving}$表示储蓄存款占家庭金融资产的比重。

解释变量的含义见表6-10。β_0是常数项，β_1、β_2、β_3、β_4、β_5、β_6、β_7、β_8、β_{9j}、β_{10j}、β_{11j}、β_{12j}、β_{13}、β_{14}、β_{15}、β_{16j}分别为对应解释变量的系数，ε_i是随机误差项。

6.3 实证结果

6.3.1 模型估计结果与分析

采用极大似然估计法对家庭各类金融资产比重(家庭金融资产比重、储蓄存款比重和股票比重)的Tobit模型进行估计，为了避免可能出现的异方差问题，回归分析的标准误采用稳健性标准误。各变量系数的估计值见表6-12。

表6-12 城镇居民家庭金融资产结构模型的估计结果

解释变量	Tobit 模型		Tobit 模型		Tobit 模型	
	风险性金融资产占比		股票占比		储蓄存款占比	
	(1)		(2)		(3)	
	系数	标准差	系数	标准差	系数	标准差
收入	0.033**	0.015	0.025	0.018	0.020*	0.012
收入平方	-0.000**	0.000	-0.000	0.000	-0.000	0.000
总资产	0.026***	0.002	0.031***	0.003	0.006***	0.001
总资产平方	-0.000***	0.000	-0.000***	0.000	-0.000***	0.000
房产占比	-0.314***	0.036	-0.319***	0.049	-0.173***	0.029
从事工商业	-9.972***	3.359	-34.309***	5.401	-3.111	2.476
商业保险	23.577***	2.588	24.383***	3.570	5.598***	2.034
家庭规模	-0.022	0.953	-1.621	1.289	-1.163*	0.692
45岁以下	12.669***	3.404	-0.659	4.853	-6.446***	2.452
45~60岁	1.831	3.460	0.026	4.807	-8.756***	2.432
本科及以上	6.993*	3.733	17.507***	5.026	8.097***	2.853
专科	17.524***	3.672	25.766***	5.043	7.304***	2.758
高中	7.940***	2.875	19.451***	4.058	6.918***	2.132
身体健康	9.328***	2.960	2.393	4.120	9.411***	2.210
一般健康	7.961***	2.986	2.908	4.144	7.538***	2.259
风险偏好	25.110***	3.061	31.055***	4.157	-4.223*	2.441
风险中性	13.543***	2.694	11.211***	3.755	0.998	2.014
户主性别	4.697*	2.457	-1.153	3.353	2.542	1.877
户主婚姻	0.529	3.382	10.853**	5.069	4.244	2.595
是否党员	3.829	2.934	4.841	3.863	6.239***	2.167
东部	7.978**	3.404	5.971	4.803	8.444***	2.577
中部	9.159**	3.694	2.738	5.321	16.956***	2.738
N	4942		4942		4942	
N_lc	3626		4386		1653	

续表

解释变量	Tobit 模型		Tobit 模型		Tobit 模型	
	风险性金融资产占比		股票占比		储蓄存款占比	
	(1)		(2)		(3)	
	系数	标准差	系数	标准差	系数	标准差
N_ unc	1316		556		3289	
Pseudo R^2	0. 050		0. 081		0. 006	

注：*、**、***分别表示在10%、5%、1%的统计水平上显著。系数为边际效应，在Tobit模型中自变量对应变量的边际影响应当为边际系数乘以观测样本未被截取的概率。例如，某变量的估计系数为β，那么该变量的边际影响应当为$\beta \times P(Z)$；其中，$P(Z)$表示观测样本未被截取的概率，即未被截取的样本数除以全部样本数，本表中的估计系数已经进行了这种处理。

本节将基于表6-12，对城镇居民家庭金融资产数量模型的回归结果进行分析。

1. 收入对家庭金融资产结构的影响

家庭收入的影响分为两个部分：一部分为匀速影响，为β_1；另一部分为加速影响，为$\beta_2 \times [(income+1)^2 - income^2] = \beta_2 \times (2 \times income - 1)$。因此家庭收入增加1000元的总效应为$[\beta_1 + \beta_2 \times (2 \times income - 1)]$。但是，家庭收入($income$)在1%的显著性水平上对家庭金融资产占比、储蓄存款占比有正向影响，而家庭收入的平方项($income^2$)尽管在统计意义上显著，但回归系数和0很接近，经济意义不明显。因此，家庭收入的影响为β_1。具体来看，家庭收入每增加1000元，会使家庭风险性金融资产占比在5%的水平上增加0. 03%；在10%的显著水平上使储蓄存款占比增加0. 02%。收入对股票占比没有显著影响。

2. 财产对家庭金融资产结构的影响

家庭资产的影响也包括两个部分：匀速影响部分为β_3，加速影响部分为$\beta_4 \times [(wealth+1)^2 - wealth^2] = \beta_4 \times [(2 \times wealth - 1])$。因此，家庭资产增加1000元的总效应为$[\beta_3 + \beta_4 \times (2 \times wealth - 1)]$。家庭资产($wealth$)在1%的显著性水平上对家庭风险性金融资产占比、股票占比和储蓄存款占比有正向影响。尽管家庭资产的平方项($wealth^2$)在统计上显著，但回归系数基本为0，经济意义不显著。具体来看，家庭财产每增长1000元，会使家庭风险性金融资产占比1%的显著水平上增加0.026%，使股票占比在1%的显著水平上增加0.031%，使储蓄存款占比在1%的显著水平上增加0.6%。

3. 房产占比对家庭金融资产结构的影响

房产比重(*house*)在1%的显著性水平上对家庭风险性金融资产占比、股票占比和储蓄存款占比有负向作用。具体来看，家庭房产价值占家庭总资产的比重每提高1个百分点，会使家庭风险性金融资产占比减少0.3%，使股票占比减少0.32%，使储蓄存款占比减少0.17%。过度的房产投资将抑制家庭对股票等风险性金融资产的配置比重。

4. 工商业经营对家庭金融资产结构的影响

工商业生产经营(*business*)对家庭风险性金融资产占比和股票占比有显著的负向影响，但是对储蓄存款占比的影响不大。从事工商业生产经营的家庭在1%的水平上比没有从事工商业生产经营的家庭在风险性金融资产的占比上少10%，在股票占比上少34%。工商业经营在很大程度上挤占了家庭对股票等风险性金融资产的比重。

5. 商业保险对家庭金融资产结构的影响

商业保险(*insurance*)在1%的显著性水平上对风险性金融资产总量占比、股票和储蓄存款占比具有正向影响，与没有购买商业保险的家庭相比，购买商业保险将使城镇居民家庭风险性金融资产占比提高23.5%，股票占比提高24%，储蓄存款占比提高5.6%。商业保险能够极大地促进家庭对股票和风险性金融资产的配置比重。

6. 家庭规模对金融资产结构的影响

家庭规模(*fscale*)对家庭风险性金融资产占比和股票占比没有影响。但是在10%的水平上降低了家庭储蓄存款占比。家庭规模每增加1人，家庭储蓄存款占比将下降1.16%。

7. 户主年龄对家庭金融资产结构的影响

户主年龄(*age*)对风险金融资产占比、股票和储蓄存款占比有不同的影响。具体来看：与60岁以上的老年户主家庭相比(age_3)，45岁以下(age_1)的青年户主家庭会在1%的水平上增加风险金融资产占比12.7%，在1%的水平上减少储蓄存款占比6.4%。但是青年户主家庭与老年户主家庭在股票占比上没有差异。相比于60岁以上的老年户主家庭(age_3)，45～60岁(age_2)的中年户主家庭在1%的水平上减少8.8%的储蓄存款比重，但是中年户主家庭与老年户主家庭在风险性金融资产占比和股票占比上没有差异。

8. 户主受教育程度对家庭金融资产结构的影响

户主受教育程度($education$)对风险金融资产总量占比、股票和储蓄存款占比有显著的正向影响。具体来看，相比于初中及以下($education_4$)户主家庭，本科及其以上($education_1$)户主家庭在1%的水平上增加风险金融资产占比6.9%，增加股票占比17.5%，增加储蓄存款占比8.1%。相比于初中及以下($education_4$)户主家庭，专科或高职($education_2$)的户主家庭在1%的水平上增加风险金融资产占比17.5%，增加股票占比25.7%，增加储蓄存款占比7.3%。

相比于初中及以下($education_4$)户主家庭，高中、职高或中专($education_3$)的户主家庭在1%的水平上增加风险金融资产占比7.9%，增加股票占比19.4%，增加储蓄存款占比6.9%。

9. 户主健康状况对家庭金融资产结构的影响

户主健康状况($health$)在1%的显著性水平上对风险金融资产占比和储蓄存款占比有正面影响，对股票占比没有影响。具体来看：与健康状况不好的户主家庭($health_3$)相比，健康状况良好的户主家庭($health_1$)会增加持有风险金融资产占比9.3%，增加储蓄存款占比9.4%。相比于与健康状况不好的户主家庭($health_3$)，健康状况一般的户主家庭($health_2$)会增加风险金融资产占比8%，增加储蓄存款占比7.5%。

10. 户主风险态度对家庭金融资产结构的影响

户主风险态度($riskatt$)对城镇居民风险性金融资产占比、股票和储蓄存款占比有不同的影响。具体来看：相比于风险厌恶的户主家庭($riskatt_3$)，风险偏好的户主家庭($riskatt_1$)在1%的显著性水平上增加家庭风险金融资产占比25%，增加股票占比31%，在10%的水平上减少4.2%的储蓄存款占比。由此可见，风险偏好的家庭将极大地促进其风险性资产和股票的比重，影响家庭主观风险态度的因素将在很大程度上改变家庭金融资产配置的决策。相比于风险厌恶的户主家庭（$riskatt_3$），风险中性的户主家庭（$riskatt_2$）在1%的显著性水平上增加风险金融资产占比13.5%，增加股票占比11%。风险厌恶和风险中性的家庭在增加储蓄存款占比上没有太大的差别。

11. 户主性别对家庭金融资产结构的影响

相比于女性户主，男性户主家庭在10%的显著性水平上增加家庭风险金融资产比重4.7%；户主性别对股票和储蓄存款比重没有影响。

12. 户主婚姻状况对家庭金融资产结构的影响

户主婚姻状况对城镇居民家庭金融资产总量、储蓄存款量和股票持有量有不同程度的正向影响。相比于未婚家庭，已婚家庭在5%的显著性水平上增加股票占比10.8%。户主婚姻状况对风险金融资产占比和储蓄存款占比没有影响。

13. 户主政治面貌对家庭金融资产结构的影响

相比于非党员的户主家庭，户主为党员的家庭在1%的显著性水平上增加储蓄存款的比重6.2%，是否党员对家庭风险金融资产比重和股票比重没有影响。

14. 不同地域对家庭金融资产结构的影响

区域变量（*region*）对风险金融资产占比和储蓄存款占比有显著影响，但对家庭股票占比没有影响。具体来看：相比于西部地区的家庭（$region_3$），东部地区的城镇居民家庭（$region_1$）在5%的显著性水平上增加风险金融资产占比8%；在1%的显著性水平上增加储蓄存款占比8.4%。相比于西部地区的家庭（$region_3$），中部地区的城镇居民家庭（$region_2$）在5%的显著水平上增加9%的风险性金融资产占比；在1%的显著性水平上增加17%的储蓄存款占比。

6.3.2 估计结果的稳健性检验

为了检验家庭金融资产配置结构模型的估计结果是否稳健，我们用CHFS在2013年的调查数据重新对配置结构模型进行了估计，估计结果见表6-13。表6-13显示，家庭风险性金融资产占比、股票占比和储蓄存款占比的估计结果与表 6-12 基本一致，即家庭特征变量、户主特征变量和区域变量对家庭金融资产配置结构有稳定的影响，研究结论具有稳健性。

表 6-13 城镇居民家庭金融资产结构模型估计结果的稳健性检验

解释变量	Tobit 模型		Tobit 模型		Tobit 模型	
	风险性金融资产占比		股票占比		储蓄存款占比	
	(1)		(2)		(3)	
	系数	标准差	系数	标准差	系数	标准差
收入	0.086***	0.008	0.044***	0.010	0.053***	0.006
收入平方	-0.000***	0.000	-0.000***	0.000	-0.000***	0.000
总资产	0.015***	0.001	0.012***	0.001	0.004***	0.001
总资产平方	-0.000***	0.000	-0.000***	0.000	-0.000***	0.000
房产占比	-0.168***	0.018	-0.093***	0.022	-0.110***	0.012
从事工商业	-2.200	1.987	-16.560***	2.685	1.609	1.271
商业保险	26.737***	1.525	22.061***	1.845	8.573***	1.016
家庭规模	-4.577***	0.588	-3.957***	0.720	-1.958***	0.362
45 岁以下	6.241***	2.122	-13.792***	2.616	0.458	1.318
45~60 岁	1.806	1.975	-3.607	2.349	-5.924***	1.252
本科及以上	24.289***	2.390	34.895***	2.915	12.945***	1.503
专科	29.077***	2.297	37.637***	2.828	13.041***	1.469
高中	20.417***	1.798	29.232***	2.255	12.432***	1.141
身体健康	2.567	1.655	-3.338	2.034	4.074***	1.067
一般健康	3.518*	1.876	0.292	2.270	3.036**	1.231
风险偏好	29.682***	2.020	38.034***	2.459	-5.311***	1.417
风险中性	15.011***	1.701	16.749***	2.080	5.612***	1.084
户主性别	-2.850*	1.566	-5.166***	1.881	2.198**	1.027
户主婚姻	7.802***	2.166	14.256***	2.815	7.348***	1.380
是否党员	6.006***	1.798	0.290	2.135	8.070***	1.147
东部	8.026***	1.956	12.446***	2.435	5.962***	1.235
中部	0.175	2.192	-1.121	2.832	-2.428*	1.381
N	18530		18530		18530	
N_ lc	14599		16720		6498	
N_ unc	3931		1810		12032	
Pseudo R^2	0.058		0.072		0.009	

注：*、**、***分别表示在 10%、5%、1%的统计水平上显著。系数为边际效应，在 Tobit 模型中自变量对应变量的边际影响应当为边际系数乘以观测样本未被截取的概率。例如，某变量的估计系数为β，那么该变量的边际影响应当为$\beta \times P(Z)$；其中，$P(Z)$表示观测样本未被截取的概率，即未被截取的样本数除以全部样本数，本表中的估计系数已经进行了这种处理。

6.4 小　　结

本章对家庭金融资产配置结构情况进行了描述性统计，并实证检验哪些因素影响居民家庭金融资产配置结构，主要包括 4 个部分的内容：①利用 CHFS 在 2011 年和 2013 年两轮的家庭金融调查数据，对城镇居民家庭各类金融资产占家庭金融资产的比重、不同因素与金融资产结构的关系进行探索性描述统计分析，在初步识别不同因素对家庭金融资产结构影响的基础上，结合已有的理论分析，选择影响城镇居民金融资产配置结构的因素；②在第 1 部分分析的基础上，选取具体的变量衡量指标，构建影响城镇居民家庭金融资产配置结构的 Tobit 模型；③对家庭金融资产结构模型进行估计，对参数估计结果进行计量经济学检验，对模型估计结果进行稳健性检验，最后结合相关理论对实证结果进行解释和分析；④对本章内容进行小结。本章主要得到以下结论：

1. 家庭特征变量对家庭金融资产配置结构的影响

(1)收入的影响。

家庭收入对家庭风险性金融资产占比和储蓄存款占比有显著的正向影响，对股票占比没有显著影响。家庭收入每增加 1000 元，会使家庭风险性金融资产占比增加 0.03%，储蓄存款占比增加 0.02%。

(2)资产数量的影响。

资产数量对家庭风险性金融资产占比、股票占比和储蓄存款占比有正向影响。家庭财产每增长 1000 元，会使家庭风险性金融资产占比在 1%的水平上增加 0.026%，使股票占比在 1%的水平上增加 0.031%，使储蓄存款占比在 1%的水平上增加 0.6%。

(3)房产占比的影响。

房产比重对家庭风险性金融资产占比、股票占比和储蓄存款占比有显著的负向作用。家庭房产价值占家庭总资产的比重每提高 1 个百分点，会使家庭风险性金融资产占比减少 0.3%，使股票占比减少 0.32%，使储蓄存款占比减少 0.17%。过度的房产投资将抑制家庭对股票等风险性金融资产的配置比重。

(4)工商业经营的影响。

工商业生产经营对家庭风险性金融资产占比和股票占比有显著的负向影响，但对储蓄存款占比的影响不大。从事工商业生产经营的家庭比没有从事工商业生产经营的家庭在风险性金融资产的占比上少10%，在股票占比上少34%。工商业经营在很大程度上挤占了家庭对股票等风险性金融资产的比重。

(5)商业保险的影响。

商业保险对风险性金融资产总量占比、股票和储蓄存款占比具有显著的正向影响，与没有购买商业保险的家庭相比，购买商业保险将使城镇居民家庭风险性金融资产占比提高23.5%，股票占比提高24%，储蓄存款占比提高5.6%。商业保险能够极大地促进家庭对股票和风险性金融资产的配置比重。

(6)家庭规模的影响。

家庭规模对家庭风险性金融资产占比和股票占比没有显著影响，但是显著降低了家庭储蓄存款占比。家庭规模每增加1人，家庭储蓄存款占比将下降1.16%。

2. 户主特征变量对家庭金融资产配置结构的影响

(1)户主年龄的影响。

户主年龄对风险金融资产占比、股票和储蓄存款占比有不同的影响。老年户主家庭相比青年户主家庭会增加风险金融资产占比12.7%，减少储蓄存款占比6.4%，但两者在股票占比上没有差异。相比于老年户主家庭，中年户主家庭减少8.8%的储蓄存款比重，但是两者在风险性金融资产占比和股票占比上没有差异。

(2)户主受教育程度的影响。

户主受教育程度对风险金融资产总量占比、股票和储蓄存款占比有显著的正向影响。相比于初中及以下户主家庭，本科及以上户主家庭增加风险金融资产占比6.9%，增加股票占比17.5%，增加储蓄存款占比8.1%。相比于初中及以下户主家庭，专科或高职的户主家庭增加风险金融资产占比17.5%，增加股票占比25.7%，增加储蓄存款占比7.3%。相比于初中及以下户主家庭，高中、职高或中专的户主家庭增加风险金融资产占比7.9%，增加股票占比19.4%，增加储蓄存款占比6.9%。

(3)户主健康状况的影响。

户主健康状况对风险金融资产占比和储蓄存款占比有显著的正向影响，对股票占比没有影响。与健康状况不好的户主家庭相比，健康状况良好的户主家庭会增加持有风险金融资产占比9.3%，增加储蓄存款占比9.4%。相比于健康状况不好的户主家庭，健康状况一般的户主家庭会增加风险金融资产占比8%，增加储蓄存款占比7.5%。

(4)户主风险态度的影响。

户主风险态度对城镇居民风险性金融资产占比、股票和储蓄存款量占比有不同的影响。相比于风险厌恶的户主家庭，风险偏好的户主家庭增加家庭风险金融资产占比25%，增加股票占比31%，减少储蓄存款占比4.2%。由此可见，风险偏好的家庭将极大地促进其风险性资产和股票的比重，影响家庭主观风险态度的因素将在很大程度上改变家庭金融资产配置的决策。相比于风险厌恶的户主家庭，风险中性的户主家庭会增加风险金融资产占比13.5%，增加股票占比11%。两者在增加储蓄存款占比上没有太大的差别。

(5)户主性别的影响。

相比于女性户主，男性户主家庭显著增加家庭风险金融资产比重4.7%；户主性别对股票和储蓄存款比重没有影响。

(6)户主婚姻状况的影响。

户主婚姻状况对股票占比有显著的正向影响，相比于未婚家庭，已婚家庭增加股票占比10.8%。户主婚姻状况对风险金融资产占比和储蓄存款占比没有影响。

(7)户主政治面貌的影响。

相比于非党员的户主家庭，户主为党员的家庭增加6.2%的储蓄存款比重，是否党员对家庭风险金融资产比重和股票比重没有影响。

3. 区域差异对家庭金融资产配置结构的影响

东部、中部和西部区域变量对风险金融资产占比和储蓄存款占比有显著影响，但对家庭股票占比没有影响。具体来看：相比于西部地区的家庭，东部地区的城镇居民家庭增加风险金融资产占比 8%，增加储蓄存款占比 8.4%。相比于西部地区的家庭，中部地区的城镇居民家庭增加 9%的风险性金融资产占比，增加 17%的储蓄存款占比。

最后，使用 CHFS 在 2013 年的调查数据对家庭金融资产配置结构模型重新进行回归，对以上研究结论的稳健性进行检验。结果发现，以上因素对家庭金融资产配置结构的影响方向和幅度没有太大的变化，本章的实证结论是稳健的。

7 社会网络与城镇居民家庭金融资产配置

家庭金融的重要目标是研究影响家庭将资产配置于货币市场、债券、股票以及不动产的因素。经典投资理论认为，投资者为了实现资产收益的最大化，会将一定比例的财富投资于风险资产，而最优风险资产持有比例由投资者的风险厌恶系数决定(Dow，1992)。现实中，资本市场存在“有限参与之谜”现象，大量家庭不购买股票，即使投资股票也并非持有股市中所有类型的股票，现实数据与理论预期相差甚远。此后，解释“有限参与之谜”就成为学者们的研究热点，投资者特征、家庭特征变量、宏观经济变量、社会网络和社会资本等因素都被证明与家庭金融资产选择有关。在投资者特征变量上，投资者的年龄、受教育程度、婚姻状况、金融知识、风险态度等都是家庭资产配置的决定因素(Bertocchi et al.，2011；尹志超等，2014)。在家庭特征变量上，家庭结构、房产投资、收入风险、健康风险、保险保障会影响家庭金融资产选择(Cardak and Wilkins，2009；周钦等，2015)。在宏观经济变量上，经济环境等因素会通过投资环境来影响家庭金融资产选择(Christelie et al.，2008)。此外，随着“社会网络”概念的提出，家庭金融研究也开始关注社会网络对家庭金融资产选择的影响。国外学者发现，社会网络可以充当家庭金融资产投资的“缓冲器”；社会网络可以通过网络内成员的互动、增加信任、“示范群体效应”来影响家庭金融资产选择(Weber and Hsee，1999；Brown et al.，2008)。国内研究同样发现，“关系”(朱光伟等，2014）、社会网络（李涛，2006）对我国家庭金融资产选择有重要影响。

根据2013年中国家庭金融调查数据，我国东部、中部、西部家庭参与正规金融市场的比例分别为31%、26%、7%，参与股票市场的比例分别为17%、16%、4%，风险资产持有量的均值分别为12%、9%、3%，股票资产持有量的均值分别为4%、4%、1%。投资风险性金融市场尤其是股票市场，已经逐渐成为中国家庭参与金融活动、跨期配置家庭资产的一个重要途径（郭士祺、梁平汉，2014），家庭对风险性金融市场，特别是股票市场的参与广度和深度，能够从家庭微观层面反映金融市场的发展状况。与此同时，已有研究证实，社会网络可以通过降低交易成本、信息成本、缓解流动性约束来促进家庭参与金融市场（Guiso et al.，1996）。值得注意的是，尽管已有研究对社会网络、家庭金融市场参与和金融资产配置方面的文献较多，但是针对社会网络与家庭参与正规金融市场广度和深度的关系，及其影响机制的文献还不多，少量研究也主要是从信任、信息、社区互动角度来展开，且很少考虑社会网络的内生性问题。因而，本章将考虑我国经济、社会和文化的特点，利用中国家庭金融调查2011年和2013年的调查数据，探究社会网络与家庭参与正规金融市场尤其是股票市场的关系。一方面可以从家庭微观层面检验金融市场的发展状况，另一方面，在中国国情下，考虑社会网络这一特殊因素对家庭参与金融市场广度和深度的影响是对已有文献的重要补充和完善，具有重要的现实意义和政策意涵。

本章主要包括4个部分的内容：①首先对社会网络的度量进行说明，并定义正规风险性金融资产的含义，在此基础上，对社会网络和家庭风险性资产进行描述性统计。②构建社会网络与家庭金融资产选择的关系。③实证分析社会网络对家庭金融资产选择的影响，并对估计结果进行稳健性检验；构建影响机制模型，检验社会网络影响家庭金融资产配置的可能渠道。④对本章内容进行小结。

7.1 社会网络与城镇居民家庭风险性金融资产的统计描述

7.1.1 社会网络与风险性金融资产的度量

1. 社会网络的度量

社会资本是基于社会关系、网络和社团的制度和组织，这些社会关系、网络和社团可以产生出共享知识、相互信任、社会规范以及不成文规则。Putnam等认为，根据社会资本包含的核心内容，它还可以被定义为“社会组织的特征，诸如信任、规范以及网络，它们能够通过促进合作来提高社会的效率”。社会资本已经成为自然资本、物质资本和人力资本的必要补充，是家庭不可缺少的资源。美国社会学家 Lin(1999)则将其定义为社会结构中通过行动而获取的一种资源。

在国内，一些学者将社会资本定义为两个以上个体或组织在相互作用中建立社会网络关系以获得稀缺的资源(顾新等，2003)，一些学者则认为社会资本涵盖了社会网络、社会关系、隐藏于社会结构中的资源、信用、规范、制度、道德等大的范畴(陈柳钦，2007)。借鉴赵剑治、陆铭(2009)的做法，本章重点研究社会资本中最重要的表现形式——社会网络。

社会网络难以直接观察和测量，因此必须选取合适的代理变量进行实证研究。目前，社会网络的测度指标主要有：社区层面的，如社团活动参与度及社团威望，与邻居互动(熟识、拜访邻居)、去教堂的频率等。家庭层面的，如礼金支出、礼金收入、礼金往来和通信费用(黄倩，2014)，节假日和红白喜事方面的现金或非现金收支总和(张博等，2015)，家庭春节和婚丧嫁娶支出占日常支出比重的人情支出比(赵剑治、陆铭，2009)，节庆日家庭礼金支出占收入的比重(曹扬，2015)。亲朋好友数量，如春节期间拜年总人数(李涛，2006)、家庭在政府和城里工作的关系密切的亲友数(赵剑治、陆铭，2009)、户主的兄弟姐妹的数量(曹扬，2015)。

其他测度指标，如通过“面子机制”原理成为宴席主人、客人或陪吃的频率(边燕杰，2004)，是否本市户口(曹扬，2015)。农民工找工作的方式(政府组织、民间团体、亲友介绍、自发寻找)来分别度量社区网络和家庭网络(章元等，2008)，张爽等(2007)用每个家庭在医院、学校、政府三部门加总的亲友数量来度量家庭层面的社会网络，用每个村在排除了本家庭之外的其他样本家庭的平均亲友数量来度量社区层面的社会网络。

这些测量社会网络的方法角度新颖，很好地考虑了可能存在的内生性问题，但有些方法计算量大且复杂，有些用单纯的数量型指标表示，有些用单纯的比率表示，尚欠妥当。中国家庭的社会网络主要是基于亲友邻里关系，而亲友邻里之间互动的重要方式是节假日、红白喜事的礼金往来。

因此，基于所获得的调查数据和对已有相关文献的梳理，本章借鉴马光荣和杨恩燕(2011)、杨汝岱(2011)、黄倩(2014)的方法，选取家庭礼金支出作为社会网络的代理变量。一方面，礼金支出的多少能够体现家庭社会网络的规模、社会网络的紧密程度及社会网络的支持能力。另一方面，家庭的礼金支出可以看作是家庭对社会网络的投资和维持。另外，礼金支出包括节假日礼金支出和红白喜事礼金支出的综合，较好地覆盖了人情社会下家庭构建关系网络的主要途径。因此，我们将使用家庭礼金支出的总额作为社会网络的代理变量。关于社会网络的具体度量，在调查问卷中，会询问“去年给非家庭成员的现金或非现金中，下列各项各有多少钱，如果是非现金支出，请换算成现金”，其中共有4项需要回答：①春节、中秋节等节假日支出(包括压岁钱)；②红白喜事(包括做寿、庆生等)生日；③教育、医疗、生活费支出；④除上述各项外，其他支出。我们选择的礼金支出总和为①和②的相加。

2. 风险性金融资产的度量

根据CHFS的问卷设计，家庭金融资产被分为无风险金融资产和风险金融资产两部分，前者包括现金、活期存款、定期存款以及各类账户(社保账户、年金账户、医保账户和公积金账户)余额，后者包括理财产品(银行理财产品和其他理财产品)、股票、基金、债券、金融衍生品、贵金属、非人民币资产、借出款。

本章进一步将家庭风险性金融资产区分为非正规风险性金融资产和正规风险性金融资产。其中，非正规风险资产主要是指民间借出款；正规风险性金融资产是指股票、金融债券、企业债券、基金、金融衍生品、金融理财品、外汇和黄金。基于以上定义，从参与广度和参与深度两个方面分析家庭对风险性金融资产的配置状况，具体来看，参与广度是指家庭是否参与风险性金融市场，参与深度是指家庭对风险性金融资产的持有数量。解释变量的具体赋值见表 7-1。其他控制变量的赋值与第 4 章中的变量一致，在此没有列出。

表 7-1 变量定义

变量类型	变量名称	变量含义	变量赋值说明
被解释变量	p^{frisk}	是否参与正规风险金融市场	参与赋值为 1；不参与赋值为 0
	p^{stock}	是否参与股票市场	参与赋值为 1；不参与赋值为 0
	$fassets^{frisk}$	正规风险金融资产数量	正规风险性金融资产市值
	$fassets^{stock}$	股票数量	股票总市值
解释变量	*social*	社会网络	节假日礼金支出与红白喜事礼金支出总和
	同表 4-10		

7.1.2 社会网络与风险性金融资产的描述性统计

表 7-2 详细给出了因变量和核心变量的描述性统计结果。根据表 7-2 可知，2011 年和 2013 年分别有 19%和 18%的家庭参与了正规风险性金融市场，其中 14%和 12%的家庭进行了股票投资，而且家庭在股票和正规风险性金融资产上的资金配置不高，家庭参与风险性金融市场的广度和深度不够。

表 7-2 变量的描述性统计

变量	2011 年调查数据		2013 年调查数据	
	均值	标准差	均值	标准差
参与正规风险金融市场	0. 193	0. 394	0. 175	0. 38
参与股票市场	0. 136	0. 342	0. 116	0. 321
正规风险金融资产数量（千元）	17. 696	96. 493	19. 573	120. 858
股票持有量（千元）	11. 464	83. 49	9. 071	70. 662
礼金支出数量（千元）	3. 662	8. 400	3. 451	7. 703
其他解释变量	同表 4-11		同表 4-11	
总样本量	4942		18532	

表7-3以样本家庭礼金支出的均值为门槛值，把城镇居民家庭分为两组，分别定义为低于样本均值组和高于样本均值组，利用家庭金融调查2011年和2013年数据对风险性金融市场参与状况进行了分组统计。表7-3显示，礼金支出高的家庭无论在风险金融市场的参与深度还是参与广度上都高于礼金支出少的家庭。2011年的调查数据显示，礼金支出高于平均值的样本中有30%的家庭参与正规金融市场，平均持有3.5万元正规金融资产，21%的家庭参与了股票投资，平均持有2.3万元的股票。礼金支出低于均值的家庭中，15%的家庭参与正规金融市场，平均持有1万元的正规金融资产，10%的家庭参与股票市场，平均持有0.7万元的股票。2013年的调查数据同样显示，社会资本多的家庭无论在风险市场的参与率还是在风险金融资产的持有量上都高于社会资本少的家庭。

表7-3 社会资本与风险性资产的分布

变量	2011年调查数据			2013年调查数据		
	礼金支出低于均值	礼金支出高于均值	总体	礼金支出低于均值	礼金支出高于均值	总体
参与风险金融市场	0.223	0.435	0.286	0.221	0.403	0.274
参与正规金融市场	0.147	0.300	0.193	0.139	0.261	0.175
参与非正规金融市场	0.105	0.208	0.136	0.107	0.220	0.140
参与股票市场	0.101	0.215	0.136	0.092	0.174	0.116
风险金融资产数量	14.528	44.762	23.589	15.027	51.202	25.677
正规金融资产数量	10.408	34.728	17.696	12.146	37.374	19.573
非正规金融资产数量	4.121	10.034	5.893	2.881	13.828	6.104
股票数量	6.612	22.803	11.464	5.729	17.082	9.071
总样本量	1481	3461	4942	5456	13076	18532

注：表中数据全部为对应变量的均值。

7.2 社会网络与城镇居民家庭金融资产选择关系的模型构建

为了考察社会网络对家庭金融市场参与的影响及影响机制，本章借鉴Cocco（2004）、Guiso和Paiella（2004）、Shum and Faig（2006）、Gusio

(2008)、Cardik and Wilkins(2009)、吴卫星(2006、2007)、何兴强等(2009)、李涛(2006、2009等)的做法，首先采用离散选择Probit模型来分析社会网络对家庭正规金融市场和股票参与的影响，然后用Tobit模型分析社会网络对家庭风险资产和股票持有数量的影响。为了识别社会资本影响家庭金融资产选择的渠道，我们还构建了影响机制模型进行相应的检验。

7.2.1 社会网络与家庭金融市场参与率的模型

由于因变量正规风险金融市场和股票市场的参与变量都为二分类变量，因此建立Probit模型，采用的计量分析模型如下：

$$Pro(p_i^f = 1) = \beta_0 + \beta_1 \ln social_i + \beta_2 \ln income_i + \beta_3 \ln wealth_i + \beta_4 house_i + \beta_5 business_i + \beta_6 insurance_i + \beta_7 fscale_i + \sum_{j=1}^{2}\beta_{8j} age_{ji} + \sum_{j=1}^{3}\beta_{9j} education_{ji} + \sum_{j=1}^{2}\beta_{10j} health_{ji} + \sum_{j=1}^{2}\beta_{11j} riskatt_{ji} + \beta_{12} gender_i + \beta_{13} married_i + \beta_{14} party_i + \sum_{j=1}^{2}\beta_{15j} region_{ji} + \varepsilon_i$$

其中，p_i^f 表示家庭是否持有f类金融资产，以此来衡量家庭参与f类金融市场的意愿，f=*frisk*，*stock*，p_i^{frisk} 和 p_i^{stock} 分别表示家庭是否参与正规风险性金融市场和股票市场的虚拟变量。$social_i$ 为衡量家庭社会资本的变量。β_0 是常数项，β_1、β_2、β_3、β_4、β_5、β_6、β_7、β_{8j}、β_{9j}、β_{10j}、β_{11j}、β_{12}、β_{13}、β_{14}、β_{15j}分别为对应解释变量的系数，ε_i 是随机误差项。

7.2.2 社会网络与家庭金融资产持有量关系的模型

社会网络不但会对家庭是否参与金融市场产生影响，还可能会影响家庭参与金融市场的深度，即对家庭在风险资产上的配置比例产生影响(尹志超等，2015)。接下来构建模型研究社会网络对家庭金融资产配置的影响。

家庭风险性金融资产持有量和股票持有量均为“截断数据”，因此借鉴第5章的方法，构建Tobit模型进行实证分析，对该模型估计方法的介绍参见第5章论述。本章在前文分析的基础上，建立社会资本与家庭金融资产选择关系的模型。

$$\begin{cases} \ln fassets_i^m = \beta_0 + \beta_1 \ln social_i + \beta_2 \ln income + \beta_3 \ln wealth_i + \\ \beta_4 house_i + \beta_5 business_i + \beta_6 insurance_i + \beta_7 fscale_i + \\ \sum_{j=1}^{2} \beta_{8j} age_{ji} + \sum_{j=1}^{3} \beta_{9j} education_{ji} + \sum_{j=1}^{2} \beta_{10j} health_{ji} + \sum_{j=1}^{2} \beta_{11j} riskatt_{ji} + \\ \beta_{12} gender_i + \beta_{13} married_i + \beta_{14} party_i + \sum_{j=1}^{2} \beta_{15j} region_{ji} + \varepsilon_i \quad 若 RHS > 0 \\ fassets_i^m = 0 \quad 若 RHS < 0 \end{cases}$$

其中，被解释变量 $fassets_i^m$ 分别表示家庭拥有第 m 类金融资产的数量，其中 $m=frisk$，$stock$，$fassets_i^{frisk}$ 表示家庭正规金融资产的持有量，$fassets_i^{stock}$ 表示家庭持有股票的数量，$social_i$ 为衡量家庭社会资本的变量。β_0 是常数项，β_1、β_2、β_3、β_4、β_5、β_6、β_7、β_{8j}、β_{9j}、β_{10j}、β_{11j}、β_{12}、β_{13}、β_{14}、β_{15j} 分别为对应解释变量的系数，ε_i 是随机误差项。

7.2.3 内生性讨论

本章关注的核心变量“社会网络”可能是内生的，内生性来自两个方面：一方面，社会网络与家庭金融资产选择可能存在双向因果关系，购买金融资产家庭为了获取更多的市场信息，可能会扩大社会网络获得更多的信息来源，参与更多的社会交际活动，导致家庭的礼金往来较大；另一种可能是由遗漏变量引起的，社会网络和家庭金融市场参与、家庭风险资产选择可能会同时受到其他因素的影响，如当地的文化背景、风俗习惯、家庭自身的传统和偏好等，而这些变量又是不可观测的，最终成为遗漏变量进入随机误差项目。如果内生性问题存在，那么直接进行估计的结果将导致参数估计量的不一致和有偏，实证结果的可信性将受到质疑。为了解决可能存在的内生性问题，我们选取工具变量进行两阶段最小二乘估计（2SLS）。

借鉴陆铭等(2007)、杨汝岱等(2011)和曹倩(2014)等的研究，采用社区层面的加总变量作为家庭层面的工具变量，并在已有研究基础上做了改进。具体来看，我们采用除自己家庭以外的社区内其他样本家庭的平均礼金支出作为家庭礼金支出的工具变量。这种处理方法，避免了家庭礼金支出对社区平均礼金支出的影响(杨汝岱等，2011)，使得工具变量的外生性更加可靠。本章使用社区内除本家庭以外其他家庭礼金支出的平均数作为社会网络的工具变量。由于“物以类聚”的特点，该工具变量在一定程度上反映了社区的礼金支出习惯，将影响到家庭的礼金支出，但并不直接对家庭是否参与风险性金融市场和股票市场产生影响，由于该工具变量扣除了自己家庭的礼金支出，反映的是除本家庭以外的社区户平均礼金支出，因此与不可观测的家庭自身传统、偏好、财富等遗漏变量无关。

7.3 社会网络影响家庭金融资产选择的机制分析

已有研究发现，社会资本可以缓解家庭受到的正规信贷约束与非正规信贷约束(徐丽鹤等，2017；孙永苑等，2016)，并能通过信贷渠道影响家庭对金融资产的选择(黄倩，2014)。本书认为，除了信贷渠道，社会资本至少还可以通过信息渠道和影响主观风险态度这两种机制对正规金融资产市场和股市的参与广度和深度产生影响。下面将建立影响机制模型，检验社会资本能否通过这两个渠道影响家庭参与正规风险性金融资产和股票市场的决策。

7.3.1 金融信息获取渠道

获取经济金融信息的能力对家庭参与金融市场有十分重要的影响，对经济金融信息的关注度提高有助于家庭参与金融市场(Rooij et al.，2011；尹志超等，2014)，代表了一种信息渠道和获取信息的能力(朱光伟等，2014)。本部分内容将验证社会网络能否通过金融信息获取渠道对正规风险金融市场和股市参与产生影响。

金融和经济信息包括公共信息和内部信息两类，前者是已经向社会公布，任何人都可以获得的信息，后者是公司或团体内部还没有公开的信息。一方面，社会网络是一种信息渠道，社会网络好的家庭获得信息更加容易，信息成本的降低使家庭倾向于参与股市等正规风险性金融市场。另一方面，社会网络资源反映了家庭的社会活跃程度。社会网络越广，社会活跃程度越高，社会交往面越广，那么接触到参与风险性金融市场和股市投资者的概率就会越大，受到影响的可能性也就越大。社会网络内的口耳相传、口头交流、观测性学习、公共信息的交换等方式促进家庭参与股票市场。社会网络内其他人的参与度所带来的“示范群体效应”（Durlauf，2004）和外部性也会促使家庭更多持有股票资产（Hong et al.，2001）。李涛（2006）基于“社会互动论”和“信任论”研究了社会互动、信任与股市参与的关系。

因此，我们的一个推论是，社会网络可以降低由于缺乏经济金融信息而未参与股市的可能性。这是影响机制分析要印证的结论，印证了这一结论也就验证了社会网络的信息渠道作用。

中国家庭金融调查2013年的问卷在金融知识模块会询问受访者，“您平时对经济、金融方面的信息关注度如何?”待选项有5个：①非常关注；②很关注；③一般；④很少关注；⑤从不关注。根据户主对这一问题的回答，构建金融信息变量，如果选择⑤从不关注，则（$p_i^{infomation}$）取值为1，否则为0。建立以下模型，验证社会资本能否显著影响家庭对经济金融信息的忽略程度。

$$Pro(p_i^{infomation}=1)=\beta_0+\sum_{k=2}^{3}\beta_{1k}social_i^k+\beta_2\ln income_i+\beta_3\ln wealth_i+$$
$$\beta_4 house_i+\beta_5 business_i+\beta_6 insurance_i+\beta_7 fscale_i+$$
$$\sum_{j=1}^{2}\beta_{8j}age_{ji}+\sum_{j=1}^{3}\beta_{9j}education_{ji}+\sum_{j=1}^{2}\beta_{10j}health_{ji}+\sum_{j=1}^{2}\beta_{11j}riskatt_{ji}+$$
$$\beta_{12}gender_i+\beta_{13}married_i+\beta_{14}party_i+\sum_{j=1}^{2}\beta_{15j}region_{ji}+\varepsilon_i$$

其中，$p_i^{infomation}$表示家庭是否从不关注经济金融信息的虚拟变量，如果从不关注取值为1，否则为0。$social_i^k$为衡量社会资本分层的变量，根据家庭社会资本的分位数来定义不同层次，分别选取25%和75%分位数作为门槛值，把样本家庭分为3层：第1层为处于25%分位数以下的家庭，这些家庭的社会网络处于相对贫乏的状态；第2层为25%分位数以上和75%分位数以下的家庭；第3层为75%分位数以上的家庭，如果家庭 i 的社会网络水平处于第 k 层，$social_i^k$ 定义为1，否则为0。n 为分层个数，$n=1$，2，3。在实证分析部分，把处于第1层的家庭 $social_i^k$ 作为参照系，检验社会网络对家庭金融资产选择的作用机制。β_0 是常数项，β_{1k}、β_2、β_3、β_4、β_5、β_6、β_7、β_{8j}、β_{9j}、β_{10j}、β_{11j}、β_{12}、β_{13}、β_{14}、β_{15j}分别为对应解释变量的系数，ε_i 是随机误差项。

7.3.2　主观风险态度渠道

长期以来，经济学家和社会学家一直关注发展中国家的家庭是如何应对负向风险冲击的。但是，在发展中国家，现代社会保障体系、正式信贷市场以及保险市场严重缺失或不完善的现象普遍存在，导致正规风险应对机制的作用十分有限，家庭在遭遇不利冲击后的风险应对能力，在很大程度上依赖于非正式的风险应对机制（Coate and Ravallion，1993；王阳、漆雁斌，2010），而非正式保险机制又取决于受到冲击的家庭所在的家族与社区的社会资本（Fafchamps，2006）。Lin（1999）认为，社会资本不同于传统的资本概念，最显著的差别在于它是一种非正式制度，是行动者在行动中获取和使用的嵌入在社会网络中的资源。Durlauf and Fafchamps（2005）等的研究发现，在正式制度（最优解）缺失时，社会资本就会成为替代性的次优，但随着正式制度的完善，对社会资本的依赖就会减少（Kranton，1996）。

处于转型期的中国家庭面临多个领域的不确定性，为应对各种风险冲击的不利影响，家庭可以借助正规风险机制和非正规风险机制缓冲负向的风险冲击。在正式信贷市场和保险市场等正规风险应对机制无法有效发挥作用的背景下，各种基于社会资本特别是社会网络的非正式风险分担安排相当普遍，并成为家庭应对风险冲击的重要工具。王铭铭与Yan对中国农村的田野调查表明，农户社会资本是重要的非正式保险机制，具有重要的风险分担作用。张爽等学者利用来自中国农村数据的经验研究同样发现，农户社会资本能够通过抵消家庭成员所承受的负向冲击，间接降低贫困脆弱性。

因此，可以提出以下假设，社会资本可以为投资金融资产提供缓冲机制，在家庭金融资产决策过程中扮演了“风险缓冲器”的角色。拥有丰富社会资本和广泛社会网络的家庭，即使遭遇了金融投资损失，也可以求助于社会网络里的其他成员获得帮助(Weber and Hsee，1999)，社会资本的兜底作用，可以使家庭在选择风险性金融资产时更加开放，对提高家庭参与风险性金融市场的广度和深度有积极作用。

CHFS 调查问卷在受访者的主观态度模块会询问被访者如下问题，“如果您有一笔钱，您愿意选择哪种投资项目?”对这一问题的回答共有 5 个选项：①高风险，高回报项目；②略高风险，略高回报的项目；③平均风险，平均回报的项目；④略低风险，略低回报的项目；⑤不愿意承担任何风险。根据户主对这一问题的回答，构建主观风险厌恶变量，如果选择⑤不愿意承担任何风险，则取值为 1，否则为 0。以下模型 2 将验证社会资本的提高是否会显著降低不愿承担任何风险的可能性。建立以下模型，验证社会资本能否显著影响主观风险态度。

$$Pro(p_i^{attitude}=1)=\beta_0+\sum_{k=2}^{3}\beta_{1k}social_i^k+\beta_2\ln income_i+\beta_3\ln wealth_i+$$

$$\beta_4 house_i+\beta_5 business_i+\beta_6 insurance_i+\beta_7 fscale_i+$$

$$\sum_{j=1}^{2}\beta_{8j}age_{ji}+\sum_{j=1}^{3}\beta_{9j}education_{ji}+\sum_{j=1}^{2}\beta_{10j}health_{ji}+\sum_{j=1}^{2}\beta_{11j}riskatt_{ji}+$$

$$\beta_{12}gender_i+\beta_{13}married_i+\beta_{14}party_i+\sum_{j=1}^{2}\beta_{15j}region_{ji}+\varepsilon_i$$

其中，$p_i^{attitude}$ 表示户主主观风险态度的虚拟变量，如果户主从不投资风险资产则取值为 1，否则为 0。其他变量和系数的定义与上文相同。

7.4 实证结果

7.4.1 模型估计结果与分析

表 7-4 给出了社会网络对家庭参与风险性金融市场影响的估计结果。第(1)列和第(2)列在没有考虑内生性的情况下，基于 Probit 模型的估计结

果，第(3)列和第(4)列是在考虑社会资本的内生性的情况下，引入工具变量(IV)进行两阶段最小二乘法(2SLS)的估计结果（IVProbit 模型)。

表 7-4 家庭风险性金融市场参与广度模型的估计结果

解释变量	Probit		IVProbit	
	(1)	(2)	(3)	(4)
	正规风险金融市场	股票市场	正规风险金融市场	股票市场
礼金支出的对数	0.001*** (0.000)	0.001** (0.000)	0.058*** (0.020)	0.058** (0.023)
收入的对数	0.025*** (0.003)	0.016*** (0.002)	0.101*** (0.017)	0.078*** (0.019)
资产的对数	0.060*** (0.002)	0.043*** (0.002)	0.278*** (0.017)	0.248*** (0.019)
房产占比	-0.001*** (0.000)	-0.001*** (0.000)	-0.004*** (0.000)	-0.003*** (0.000)
从事工商业	-0.078*** (0.008)	-0.063*** (0.007)	-0.412*** (0.039)	-0.425*** (0.044)
购买商业保险	0.089*** (0.005)	0.061*** (0.005)	0.394*** (0.036)	0.339*** (0.040)
家庭规模	-0.018*** (0.002)	-0.013*** (0.002)	-0.079*** (0.012)	-0.073*** (0.014)
45 岁以下	-0.016** (0.007)	-0.021*** (0.006)	-0.133*** (0.043)	-0.190*** (0.048)
45~60 岁	-0.001 (0.007)	-0.005 (0.006)	-0.030 (0.037)	-0.061 (0.041)
本科及以上	0.109*** (0.008)	0.078*** (0.007)	0.561*** (0.043)	0.515*** (0.048)
专科(高职)	0.109*** (0.008)	0.089*** (0.007)	0.537*** (0.042)	0.563*** (0.046)
高中(职高或中专)	0.078*** (0.006)	0.069*** (0.006)	0.395*** (0.033)	0.445*** (0.037)
身体健康	-0.022*** (0.006)	-0.017*** (0.005)	-0.123*** (0.031)	-0.119*** (0.034)

续表

解释变量	Probit		IVProbit	
	(1)	(2)	(3)	(4)
	正规风险金融市场	股票市场	正规风险金融市场	股票市场
一般健康	-0.003 (0.007)	-0.003 (0.006)	-0.032 (0.035)	-0.033 (0.039)
风险偏好	0.048*** (0.008)	0.048*** (0.006)	0.246*** (0.040)	0.316*** (0.043)
风险厌恶	-0.049*** (0.006)	-0.046*** (0.005)	-0.241*** (0.031)	-0.289*** (0.034)
户主性别	-0.020*** (0.006)	-0.007 (0.005)	-0.117*** (0.029)	-0.063* (0.032)
户主婚姻	0.022*** (0.008)	0.023*** (0.007)	0.014 (0.055)	0.053 (0.062)
是否党员	0.007 (0.006)	-0.001 (0.005)	0.006 (0.034)	-0.036 (0.037)
东部	0.033*** (0.007)	0.027*** (0.006)	0.214*** (0.040)	0.221*** (0.045)
中部	0.002 (0.008)	-0.000 (0.007)	0.005 (0.040)	-0.009 (0.046)
N	18530	18530	18530	18530
Pseudo R^2	0.234	0.219	—	—
内生性检验	—	—	6.521 (0.011)	5.507 (0.019)
弱工具变量检验	—	—	8.06 (0.0045)	6.42 (0.0113)
第一阶段 F 统计量	—	—	83.03***	83.03***

注：括号报告的是稳健标准误，系数为边际效应。*、**、***分别表示在10%、5%、1%的统计水平上显著。IVProbit第1阶段的估计结果因篇幅原因未做报告，第1阶段估计结果显示工具变量与内生变量显著相关。

表7-4中第(1)列和第(2)列的估计结果显示，礼金支出对家庭参与正

规风险性金融市场和股票的边际效应(marginal effect)为0.001，即礼金支出每增加1%，家庭参与正规风险性金融市场和股票市场的概率会增加0.1%。家庭礼金支出越多，家庭参与风险性金融市场的概率也就越高。

表7-4中第(3)列和第(4)考虑了礼金支出可能存在的内生性问题，用社区家庭平均的礼金支出(不包括自己家)作为家庭礼金支出的工具变量，基于IVProbit模型对社会网络与家庭参与正规风险性金融市场和股票市场的关系进行了两阶段最小二乘(TSLS)的估计结果。表中第(3)和第(4)列的倒数第3行报告了内生性检验的结果，Wald检验的值分别为6.521和5.507，*P*值分别为0.011和0.019，都在5%的水平拒绝了礼金支出变量为外生变量的原假设，因此礼金支出是内生。倒数第2行是对弱工具变量的检验结果，我们采用Finlay & Magnusson(2009)提供的检验方法，卡方值分别为8.06和6.42，*P*值分别为0.0045和0.011分别在1%和5%的显著性水平上拒绝了社区平均礼金支出是弱工具变量的原假设。此外，倒数第一行列出了在两阶段估计中第一阶段估计结果的*F*值，根据Stock & Yogo(2005)提供的检验标准，*F*值为83.03，大于10%的偏误下的临界值10，再次表明不存在弱工具变量问题。基于以上分析，我们认为用社区平均礼金支出作为工具变量是合适的。

由于内生性问题的存在，主要基于第(3)与第(4)列IVProbit的估计结果进行分析，礼金支出对家庭参与正规风险性金融市场和股票市场的边际效应均为0.058，礼金支出每增加1%，家庭参与正规风险性金融市场和股票市场的概率提高5.8%，家庭礼金支出对家庭参与正规风险性金融市场和股票市场具有显著的促进作用。值得注意的是，通过对比第(1)、(2)列的估计结果可以发现，如果不考虑社会网络的内生性，直接采用Probit模型估计社会网络与金融市场参与的关系，将低估社会网络对家庭参与正规金融市场和股票市场的作用，结果也是有偏的(黄倩，2014；尹志超等，2015)。因此，选取工具变量进行两阶段IVProbit估计十分必要，估计结果也更可信。

表7-4中第(3)和(4)列中其他控制变量的估计结果与第4章基本一致，具体参考第4章4.4节实证结果部分，此处不再赘述。

表 7-5 家庭风险性金融市场参与深度的估计结果

解释变量	Tobit		IVTobit	
	正规风险金融资产	股票	正规风险金融资产	股票
	(1)	(2)	(3)	(4)
礼金支出的对数	0.031*** (0.009)	0.034*** (0.012)	0.277*** (0.089)	0.323*** (0.118)
收入的对数	0.550*** (0.069)	0.430*** (0.081)	0.431*** (0.073)	0.291*** (0.097)
资产的对数	1.593*** (0.053)	1.585*** (0.069)	1.453*** (0.076)	1.419*** (0.102)
房产占比	-0.024*** (0.001)	-0.022*** (0.002)	-0.021*** (0.002)	-0.019*** (0.003)
从事工商业	-1.767*** (0.171)	-2.065*** (0.230)	-1.852*** (0.171)	-2.163*** (0.230)
购买商业保险	1.698*** (0.116)	1.552*** (0.154)	1.417*** (0.159)	1.220*** (0.210)
家庭规模	-0.420*** (0.048)	-0.419*** (0.061)	-0.355*** (0.054)	-0.343*** (0.072)
45 岁以下	-0.770*** (0.166)	-1.096*** (0.221)	-1.011*** (0.187)	-1.375*** (0.248)
45~60 岁	-0.235 (0.151)	-0.345* (0.199)	-0.368** (0.160)	-0.500** (0.211)
本科及以上	2.408*** (0.182)	2.529*** (0.244)	2.453*** (0.188)	2.583*** (0.250)
专科(高职)	2.278*** (0.178)	2.562*** (0.236)	2.198*** (0.186)	2.467*** (0.247)
高中(职高或中专)	1.702*** (0.145)	2.179*** (0.191)	1.691*** (0.147)	2.164*** (0.198)
身体健康	-0.320** (0.129)	-0.420** (0.171)	-0.366*** (0.133)	-0.475*** (0.175)
一般健康	-0.112 (0.146)	-0.133 (0.193)	-0.182 (0.152)	-0.217 (0.200)

续表

解释变量	Tobit		IVTobit	
	正规风险金融资产	股票	正规风险金融资产	股票
	(1)	(2)	(3)	(4)
风险偏好	1.004*** (0.161)	1.655*** (0.204)	1.026*** (0.172)	1.680*** (0.216)
风险厌恶	-1.114*** (0.132)	-1.472*** (0.175)	-1.072*** (0.136)	-1.421*** (0.180)
户主性别	-0.654*** (0.120)	-0.523*** (0.159)	-0.725*** (0.126)	-0.606*** (0.165)
户主婚姻	0.548*** (0.174)	0.791*** (0.235)	0.082 (0.242)	0.244 (0.322)
是否党员	0.110 (0.134)	-0.173 (0.178)	-0.023 (0.146)	-0.328* (0.191)
东部	0.684*** (0.155)	0.870*** (0.207)	0.903*** (0.176)	1.129*** (0.235)
中部	-0.117 (0.179)	-0.105 (0.241)	-0.149 (0.181)	-0.141 (0.244)
N	18530	18530	18530	18530
N_ lc	15630	16762	15630	16762
N_ unc	2900	1768	2900	1768
Pseudo R^2	0.149	0.138	—	—
内生性检验	—	—	8.025 (0.005)	6.266 (0.012)
弱工具变量检验	—	—	9.62 (0.0019)	7.47 (0.0063)
第一阶段 *F* 统计量	—	—	83.03***	83.03***

注：括号报告的是稳健标准误，系数为边际效应。*、**、***分别表示在10%、5%、1%的统计水平上显著。IVProbit第1阶段的估计结果因篇幅原因未做报告，第1阶段估计结果显示工具变量与内生变量显著相关。

表7-5给出了社会网络与家庭持有正规风险性金融资产和股票数量关

系的估计结果。第(1)列和第(2)列没有考虑内生性问题，基于 Tobit 模型的回归结果。第(3)列和第(4)列是在考虑了内生性的情况下，引入工具变量进行两阶段二阶段最小二乘(2SLS)的估计结果(IVTobit 模型)。

表 7-5 中第(1)、(2)列的估计结果显示，礼金支出对家庭持有正规风险性金融资产和股票具有显著的正向影响，边际效应分别为 0.031×(2900/18530)= 0.4%和 0.034×(1768/18530)= 0.3%，礼金支出每增加 1%，家庭持有正规风险性金融资产和股票的数量将分别提高 0.4%和 0.3%。这表明，家庭礼金支出越多，配置正规风险性金融资产和股票上的数量也会越高。

第(3)列和第(4)列是在考虑了社会资本可能存在的内生性问题后，利用 IVTobit 模型进行两阶段最小二乘的估计结果。表中第(3)列和第(4)列的倒数第 3 行报告了内生性检验的结果，Wald 检验的值分别为 8.025 和 6.266，P 值分别为 0.005 和 0.012，分别在 1%和 5%的水平上拒绝了礼金支出变量为外生变量的假设，因此礼金支出是内生。倒数第 2 行是对弱工具变量的检验结果，同样采用 Finlay & Magnusson(2009)提供的检验方法①，卡方值分别为 9.62 和 7.47，P 值分别为 0.0019 和 0.0063，都在 1%的显著性水平上拒绝了弱工具变量的原假设。此外，倒数第 1 行列出了在两阶段估计中第一阶段估计结果的 F 值，根据 Stock & Yogo(2005)提供的检验标准，F 值为 83.03，大于 10%的偏误下的临界值 10，也表明不存在弱工具变量问题。基于以上分析，我们认为用社区平均礼金支出作为模型的工具变量是合适的。

由于内生性问题的存在，主要基于第(3)列和第(4)列 IVTobit 模型的估计结果进行分析，礼金支出对家庭持有正规风险性金融资产和股票的边际效应分别为 0.277×(2900/18530) = 4.3%和 0.323×(1768/18530) = 3.1%，即礼金支出每增加 1%，家庭持有正规风险性金融资产和股票的比重分别会增加 4.3%和 3.1%，礼金支出对家庭投资正规风险性金融资产和股票有显著的促进作用。通过对比表 7-4 中第(1)、(2)列与第(3)、(4)

① 该检验方法在 Stata 中的命令为 rivtest,可以在进行 IVProbit 和 IVTobit 模型回归后,进行弱工具变量检验。

列的估计结果可以发现，如果不考虑社会网络的内生性，直接采用 Tobit 模型进行实证分析，将极大地低估社会网络对正规金融资产和股票的作用。因此，选取工具变量进行两阶段 IVTobit 估计十分必要，估计结果也更可信。

表 7-5 中第(3)和(4)列中其他控制变量的估计结果与第 5 章基本一致，参见第 5 章 5.4 节实证结果部分，此处省略。

7.4.2　影响机制的估计结果与分析

表 7-6 是主观风险态度变量和家庭金融信息关注度变量在家庭不同社会资本区间上的描述性统计。首先根据礼金支出的数量把样本家庭由低到高进行排序，分别根据 25%分位数和 75%分位数把样本分为 3 组，进而统计风险态度和金融信息关注度在 3 组样本中的差别。表 7-6 显示，随着家庭礼金支出的增加，不愿承担任何风险的家庭比重明显下降，从不关注经济和金融信息的家庭占比也逐渐减少。我们可以初步认为，社会资本对家庭主观态度和金融信息关注度有显著的影响。

表 7-6　影响机制的描述性统计

礼金支出分位数	样本量	不愿承担任何风险	从不关注经济和金融信息
0~25%	4651	0. 570	0. 423
25%~75%	9285	0. 494	0. 302
75%~100%	4596	0. 399	0. 217
总体	18532	0. 490	0. 311

表 7-7 给出了两种影响机制的估计结果，第(1)列是对风险主观态度渠道进行估计的结果。具体来看，与礼金支出处于 0~25%的居民家庭相比，家庭礼金支出处于 25%~75%的家庭在 1%的水平更愿意承担风险，边际效应为-0. 015，也就是说，礼金支出位于 25%~75%阶层的家庭比 0~25%阶层的家庭在不愿意承担任何风险上的概率低 1. 5%。同样，与礼金支出处于 0~25%的居民家庭相比，家庭礼金支出处于 75%~100%的家庭在 1%的水平上更愿意承担风险，边际效应为-0. 035，也就是说，礼金支出位于 75%~100%阶层的家庭比 0~25%阶层的家庭在不愿意承担任何风险

上的概率低3.5%。综合来看，随着家庭礼金支出的增加，家庭更愿意承担风险。

本章7.4.1节的实证结果表明，投资风险态度对家庭参与金融市场有重要影响，风险态度由厌恶型向偏好型转变的过程中，能够在很大程度上促进家庭对股票和正规风险性金融资产的配置。结合本部分的分析，可以认为，社会资本作为一种非正式保险（Fafchamps & Gubert，2007；Munshi & Rosenzweig，2009），社会资本越多的家庭，分担风险的渠道越多，缓冲风险冲击的能力也越强，他们在金融资产投资上持有的谨慎态度就越小，本部分的实证分析验证了主观风险态度机制的存在，即社会网络可以通过影响主观风险态度的渠道对家庭参与股票和正规风险性金融市场产生影响。

表7-7中第(2)列是对信息渠道进行估计的结果。具体来看，与礼金支出处于0~25%的居民家庭相比，家庭礼金支出处于25%~75%的家庭在1%的水平上更关注经济和金融信息，边际效应为-0.052，也就是说，礼金支出位于25%~75%阶层的家庭比0~25%阶层的家庭在从不关注经济和金融信息上的概率低5.2%。同样，与礼金支出处于0~25%的居民家庭相比，家庭礼金支出处于75%~100%的家庭也在1%的水平上更愿意关注经济和金融信息，边际效应为-0.06，也就是说，礼金支出位于75%~100%阶层的家庭比0~25%阶层的家庭在从不关注经济和金融信息上的概率低6%。从总体上看，随着家庭礼金支出的增加，家庭更愿意关注经济和金融信息。

获取经济金融信息的能力对家庭参与金融市场有十分重要的影响，对经济金融信息的关注度提高有助于家庭参与金融市场，社会网络代表了一种信息渠道和获取信息的能力（朱光伟等，2014），社会网络好的家庭获得信息更加容易，信息获取成本的降低会促进家庭更容易接触和关注金融信息。本部分的实证分析验证了信息机制的存在，即社会网络可以通过影响经济金融信息获取的渠道对家庭参与股票和正规风险性金融市场产生影响，社会网络可以降低由于缺乏经济金融信息而未参与股市的可能性。

表 7-7 影响机制的估计结果

解释变量	Probit		Probit	
	不愿承担任何风险		从不关注经济和金融信息	
	(1)		(2)	
	边际效应	标准误	边际效应	标准误
25%~75%	-0.015*	0.008	-0.052***	0.008
75%以上	-0.035***	0.010	-0.060***	0.010
其他解释变量	控制		控制	
N	18530		18530	
Pseudo R^2	0.128		0.120	

注：括号报告的是稳健标准误，系数为边际效应。*、**、*** 分别表示在 10%、5%、1%的统计水平上显著。

7.4.3 估计结果的稳健性检验

为了检验社会资本与正规风险性金融市场参与的关系是否稳健，用 CHFS 在 2011 年的调查数据进行稳健性检验，估计结果见表 7-8。表 7-8 显示，在考虑内生性的情况下，家庭礼金支出对风险性金融市场和股票市场的参与有显著的正向影响。在参与深度上，礼金支出提高 1%，家庭参与正规风险金融市场的概率将增加 0.19，参与股票市场的概率将提高 0.2。在参与广度上，礼金支出提高 1%，家庭持有正规风险金融市场的数量将增加 0.549×(827/4942)= 9%，参与股票市场的概率将提高 0.606×(542/4942)= 6.6%。因此，社会网络对家庭参与风险性金融市场广度和深度都有显著的影响，不但会促进家庭参与正规金融市场的意愿，还会提高家庭在风险资产上的配置数量，研究结论具有稳健性。

表 7-8 估计结果的稳健性检验

解释变量	IVProbit		IVTobit	
	(1)	(2)	(3)	(4)
	正规风险金融市场	股票市场	正规风险金融资产	股票
礼金支出的对数	0.185*** (0.068)	0.227*** (0.078)	0.549** (0.240)	0.606* (0.316)
其他解释变量	控制	控制	控制	控制

续表

解释变量	IVProbit		IVTobit	
	(1)	(2)	(3)	(4)
	正规风险金融市场	股票市场	正规风险金融资产	股票
N	4942	4942	4942	4942
N_lc	—	—	4115	4400
N_unc	—	—	827	542
内生性检验	10.613 (0.001)	13.086 (0.000)	6.159 (0.013)	3.975 (0.046)
弱工具变量检验	7.47 (0.0063)	8.46 (0.0036)	5.23 (0.0222)	3.68 (0.0552)
第一阶段 F 统计量	29.22***	29.22***	29.22***	29.22***

注：括号内报告的是稳健标准误，系数为边际效应。*、**、***分别表示在10%、5%、1%的统计水平上显著。

7.5 小　结

本章利用中国家庭金融调查2011年和2013年的数据，实证分析了社会资本对家庭风险性性金融市场参与广度与参与深度的影响。研究发现，社会资本不仅显著提高了家庭参与风险性金融市场的概率，还增加了家庭持有风险性金融资产，尤其是对股票的持有数量。进一步的机制分析表明，社会资本可以通过降低风险规避态度和提升金融信息关注度的渠道来影响家庭对风险性金融资产的配置。研究结论在使用工具变量解决内生性问题，使用不同年份调查数据进行检验后仍然稳健。

1. 社会网络对家庭金融市场参与的影响

在不考虑内生性的情况下，礼金支出对家庭参与正规风险性金融市场和股票的边际效应为0.001，即礼金支出每增加1%，家庭参与正规风险性金融市场和股票市场的概率会增加0.1%。家庭礼金支出越多，家庭参与风险性金融市场的概率也就越高。

在考虑内生性问题的情况下，用社区家庭平均的礼金支出(不包括自己家)作为家庭礼金支出的工具变量，基于IVProbit模型对社会网络与家庭参与正规风险性金融市场和股票市场的关系进行了两阶段最小二乘(TSLS)的估计，礼金支出对家庭参与正规风险性金融市场和股票市场的边际效应均为0.058，礼金支出每增加1%，家庭参与正规风险性金融市场和股票市场的概率提高5.8%。

综合来看，家庭礼金支出对家庭参与正规风险性金融市场和股票市场具有显著的促进作用。值得注意的是，如果不考虑社会网络的内生性，直接采用Probit模型估计社会网络与金融市场参与的关系，会低估社会网络对金融市场参与的影响作用，使得估计结果有偏，本章选取工具变量进行两阶段IVProbit估计十分必要，估计结果也更可信。

2. 社会网络对家庭金融资产持有量的影响

在不考虑内生性的情况下，礼金支出对家庭持有正规风险性金融资产和股票具有显著的正向影响，边际效应分别为0.4%和0.3%，礼金支出每增加1%，家庭持有正规风险性金融资产和股票的数量将分别提高0.4%和0.3%。

在考虑内生性问题后，利用IVTobit模型进行两阶段最小二乘的估计，结果表明礼金支出对家庭持有正规风险性金融资产和股票的边际效应分别为4.3%和3.1%，即礼金支出每增加1%，家庭持有正规风险性金融资产和股票的比重会分别增加4.3%和3.1%，礼金支出对家庭投资正规风险性金融资产和股票有显著的促进作用。

综合来看，如果不考虑社会网络的内生性，直接采用Tobit模型进行实证分析，将极大地低估社会网络对正规金融资产和股票的作用。因此，选取工具变量进行两阶段IVTobit估计十分必要，估计结果也更可信。

3. 社会网络影响家庭金融资产选择的渠道

机制分析表明，社会资本对家庭主观态度和金融信息关注度有显著的影响，进而通过这两个渠道间接影响家庭金融资产选择，这一结论深化了我们对社会网络与家庭金融资产选择之间关系的认识。具体来看：

(1)社会网络可以通过主观风险态度的渠道影响家庭金融资产选择。

与礼金支出处于0~25%的居民家庭相比，家庭礼金支出处于25%~75%的家庭在1%的水平上更愿意承担风险；与礼金支出处于0~25%的居民家庭相比，家庭礼金支出处于75%~100%的家庭也在1%的水平上更愿意承担风险，综合来看，随着家庭礼金支出的增加，家庭更愿意承担风险。

本章的机制分析表明，投资风险态度对家庭参与金融市场有重要影响，风险态度由厌恶型向偏好型转变，能够在很大程度上促进家庭对股票和正规风险性金融资产的配置。结合本部分的分析，可以认为，社会资本作为一种非正式保险，社会资本越多的家庭，分担风险的渠道越多，缓冲风险冲击的能力也越强，他们在金融资产投资上持有的谨慎态度就越小，实证分析验证了主观风险态度机制的存在，即社会网络可以通过影响主观风险态度的渠道对家庭参与股票和正规风险性金融市场产生影响。

(2)社会网络可以通过经济金融信息的渠道影响家庭金融资产选择。

与礼金支出处于0~25%的居民家庭相比，家庭礼金支出处于25%~75%的家庭在1%的水平上更关注经济和金融信息；与礼金支出处于0~25%的居民家庭相比，家庭礼金支出处于75%~100%的家庭也在1%的水平上更愿意更关注经济和金融信息。从总体上看，随着家庭礼金支出的增加，家庭更愿意关注经济和金融信息。

机制分析表明，获取经济金融信息的能力对家庭参与金融市场有十分重要的影响，对经济金融信息的关注度提高有助于家庭参与金融市场，社会网络代表了一种信息渠道和获取信息的能力，社会网络好的家庭获得信息更加容易，信息获取成本的降低会促进家庭更容易接触和关注金融信息。本部分的实证分析验证了信息机制的存在，即社会网络可以通过影响经济金融信息获取的渠道对家庭参与股票和正规风险性金融市场产生影响，社会网络可以降低由于缺乏经济金融信息而未参与股市的可能性。

8 财富分层与城镇居民家庭金融资产选择

家庭有效地参与和利用金融市场上的投资机会，可以促进资本市场的发展和家庭财产性收入的增长，对宏观经济的发展也有重要的促进作用。家庭在金融市场上的参与约束，制约家庭收入和福祉水平的提高(李锐、朱喜，2007；王书华等，2014；李长生、张文棋，2015)。中国作为最大的发展中国家，城市相对贫困人口规模较大，Santos and Barrett(2011)认为家庭财富处于不同阶层对于家庭参与金融市场的影响趋于不同。这主要表现在两个方面：一方面，由于我国金融体系仍然存在很多不完善之处，投资金融市场面临较大风险，贫困者受到收入和风险应对能力的限制，无法有效利用金融市场配置资金；另一方面，贫困者往往缺乏资金进行社会资本投资来扩大社会网络，无法获得足够的金融经济信息，相比于富有者，他们更容易在参与金融市场时受到限制。

本书第7章的研究同样表明，中国是一个传统的关系型社会，人们在节假日和有重要事件时通过互相赠送礼金或礼物来维系和发展社会网络，“礼尚往来”早已是人尽皆知且谙熟于心的互动法则。社会网络能影响主观风险态度和扩展家庭的信息渠道，进而提高家庭参与金融市场的概率和持有金融资产的数量。但是，贫困者除满足自身的基本需求以外，并没有额外的资本用于社会网络投资(Shoji et al.，2012)。周广肃(2015)的研究同样发现，贫困者的人情支出已占家庭收入的很大比重，过高的人情支出负担甚至对正常消费产生了挤出作用，影响家庭的福利水平，贫困者除满足基本需求外，并没有额外的资金投资在其他用途上，这极大地限制了贫困者的社会资本投资能力。由此推测，较贫困的家庭很有可能更难参与金融市场。长期而言，这一结果很可能会产生一个恶性循环，如果贫困者无法有效利用金融市场，将导致家庭收入增长和财富积累更加困难，相对就越贫困，最后导致贫困的恶性循环。

尽管从理论上看，贫富差距对家庭金融资产配置有重要影响，但由于数据的匮乏，对这一假设一直缺乏规范的实证检验，利用微观数据对此问题进行直接验证的文献十分鲜见。本章试图弥补已有研究的不足，结合理论推断，提出贫富差距影响家庭金融资产选择的假说。利用中国家庭金融调查(CHFS)2013 年的调查数据对该问题进行实证检验，并从社会资本投资能力的视角进一步分析影响机制。

本章主要包括 4 个部分的内容：①首先对财富分层的度量进行说明，在此基础上，对社会网络和家庭风险性资产进行描述性统计。②构建财富分层与家庭金融资产选择的关系模型。③实证分析财富分层对家庭金融资产选择的影响，并对估计结果进行稳健性检验；构建影响机制模型，检验社会网络影响家庭金融资产配置的可能渠道。④对本章内容进行小结。

8.1 财富分层与城镇居民家庭金融资产选择的度量

8.1.1 财富分层指标的度量与描述性统计

由于家庭财富处于不同阶层对家庭参与金融市场的影响存在差异，所以，单纯地使用连续的财富变量并不能精确刻画出农户因财富的异质性所导致的金融资产配置上的差别。我们在第 4 章至第 7 章实证研究的基础上，将家庭财富变量替换为财富分层变量（$poverty_i^k$），考察财富分层对家庭金融市场参与广度和参与深度的影响。从理论上讲，对贫困的定义有绝对贫困和相对贫困两种方法。绝对贫困是指按照国际或国家公布的贫困线标准来划分人群，这种方法没有考虑区域经济和社会的发展水平，忽视了地区间的差异性。相对贫困则是考虑地方经济社会发展的差别，依据更加具体的省、市、县、村等标准进行分位数划分。我国区域经济发展不平衡，尤其是东部、中部和西部的农村地区差异悬殊，使用“一刀切”的绝对贫困标准来划分人群，不可避免地会由于区域差异而导致衡量误差。本章借鉴 Jalan et al.（1999）和徐丽鹤等（2017）对相对贫困的划分办法，首先按照分位数在全国范围内定义财富阶层，并基于财富分层结果进行实证分析。在稳健性检验部分，以省级范围来定义贫富差距，以检验实证分析结果的稳健性。

具体来看，根据家庭财产的分位数来定义相对财富分层变量，首先根据家庭财产把样本从低到高进行排序，分别选取 25%和 75%分位数作为门槛值，把样本分为 3 层：第 1 层为处于 25%分位数以下的家庭，这些家庭处于相对贫困状态；第 2 层为 25%分位数以上和 75%分位数以下的家庭，属于中产阶层；第 3 层为 75%分位数以上的家庭，属于富裕阶层。如果家庭 i 的财产水平处于第 k 层，$poverty_i^k$ 定义为 1，否则为 0。n 为分层个数，$n=1$，2，3。在实证分析部分，把处于第 1 层相对贫困的家庭（$poverty_i^1$）作为参照组，考察财富分层对家庭金融资产选择的直接影响和可能的作用机制。被解释变量的定义与赋值和第 7 章相同，其他解释变量的定义与赋值和第 4 章表 4-10 相同。

表 8-1　财富分层变量的定义

变量类型	变量名称	变量含义	变量赋值说明
被解释变量	p^{frisk}	是否参与正规风险金融市场	参与赋值为 1；不参与赋值为 0
	p^{stock}	是否参与股票市场	参与赋值为 1；不参与赋值为 0
	$fassets^{frisk}$	正规风险金融资产数量	正规风险性金融资产市值
	$fassets^{stock}$	股票数量	股票总市值
财富分层变量	$poverty_i^1$	相对贫困	家庭财产处于 0~25%赋值为 1；否则为 0
	$poverty_i^2$	中产阶层	家庭财产处于 25%~75%赋值为 1；否则为 0
	$poverty_i^3$	富裕阶层	家庭财产处于 75%~100%赋值为 1；否则为 0
其他解释变量	同表 4-10	同表 4-10	同表 4-10

8.1.2 财富分层与家庭金融资产选择的探索性分析

表 8-2 根据 CHFS 2013 年的调查数据，在全国和省两个范围定义财富阶层，对因变量在不同财富水平上分别进行描述性统计。表 8-2 显示，因变量在两种定义标准下的统计结果基本一致。在风险性金融市场的参与率上，国家层面和省级层面的统计结果基本一致，相对贫困家庭分别有 4.7%和 6%的家庭参与了正规风险性金融市场，其中 3%和 3.8%的家庭进行了股票投资；中产阶级家庭分别有 13.8%和 15%的家庭参与了正规风险性金融市场，其中 8.6%和 9.4%的家庭进行了股票投资；富裕阶层家庭分别有 37.7%和 34.2%的家庭参与了正规风险性金融市场，其中 26.3%和 24%的家庭进行了股票投资。在风险性金融资产的持有量上，国家层面和省级层面的统计结果存在一定差异，相对贫困家庭分别平均持有 0.8 千元和 2.16 千元的正规风险性金融资产，其中 0.47 千元和 1.2 千元为股票投资；中产阶层的家庭分别平均持有 6 千元和 7.3 千元的正规风险性金融资产，其中 2.85 千元和 3.4 千元为股票投资；富裕阶层的家庭分别平均持有 65.5 千元和 61.6 千元的正规风险性金融资产，其中 30 千元和 38.4 千元为股票投资。

从总体上看，不同财富阶层在正规风险性金融市场和股票市场的参与率与参与深度上存在很大差异，随着家庭财富阶层的上升，家庭参与正规风险性金融市场和股票市场的比率提高，持有量也在增加。尤其值得注意的是，富裕阶层是投资于正规风险性金融市场和股票市场的主力军，而贫困阶层家庭在股票和正规风险性金融资产上的意愿和资金配置都很低。

表 8-2 财富分层与家庭风险性资产描述性统计

金融资产类别	家庭财富的分位数			家庭财富的分位数			总体
	全国范围			省范围			
	0~25%	25%~75%	75%~100%	0~25%	25%~75%	75%~100%	
参与风险金融市场(%)	11.6	24.6	48.9	13.4	24.4	47.6	27.4
参与正规金融市场(%)	4.7	13.8	37.7	6.0	15.0	34.2	17.5
参与非正规金融市场(%)	7.7	13.8	20.7	8.5	12.2	23.1	14.0

续表

金融资产类别	家庭财富的分位数 全国范围			家庭财富的分位数 省范围			总体
	0~25%	25%~75%	75%~100%	0~25%	25%~75%	75%~100%	
参与股票市场(%)	3.0	8.6	26.3	3.8	9.4	24.0	11.6
风险金融资产(千元)	1.338	8.507	84.357	2.909	9.797	80.451	25.677
正规金融资产(千元)	0.836	5.953	65.551	2.159	7.340	61.642	19.573
非正规金融资产(千元)	0.502	2.554	18.806	0.751	2.457	18.808	6.104
股票数量(千元)	0.467	2.854	30.111	1.200	3.389	28.394	9.071
样本量	4633	9266	4633	4645	9269	4618	18532

注：表中数据全部为对应变量的均值。

8.2 财富分层与城镇居民家庭金融资产选择模型的构建

本部分实证模型构建与第 7 章类似，首先采用 IVProbit 模型检验财富分层对家庭参与正规风险性金融市场和股票的影响，然后用 IVTobit 模型考察财富分层对家庭持有风险性金融资产和股票数量的影响。为了进一步考察财富分层影响家庭金融资产选择的可能渠道，本章还构建了影响机制模型进行相应的识别和检验。

8.2.1 财富分层与城镇居民家庭金融市场参与率关系模型

由于因变量正规风险金融市场和股票市场参与变量为虚拟变量，因此建立 Probit 模型。采用的计量分析模型如下：

$$
\begin{aligned}
Pro(p_i^f = 1) = {} & \beta_0 + \sum_{k=2}^{3} \beta_{1k} poverty_i^k + \beta_2 \ln social_i + \beta_3 \ln income_i + \\
& \beta_4 house_i + \beta_5 business_i + \beta_6 insurance_i + \beta_7 fscale_i + \\
& \sum_{j=1}^{2} \beta_{8j} age_{ji} + \sum_{j=1}^{3} \beta_{9j} education_{ji} + \sum_{j=1}^{2} \beta_{10j} health_{ji} + \sum_{j=1}^{2} \beta_{11j} riskatt_{ji} + \\
& \beta_{12} gender_i + \beta_{13} marreid_i + \beta_{14} party_i + \sum_{j=1}^{2} \beta_{15j} region_{ji} + \varepsilon_i
\end{aligned}
$$

其中，p_i^f 表示家庭是否持有 f 类金融资产，以此来衡量家庭参与 f 类金融市场的意愿，f=$frisk$，$stock$，p_i^{frisk} 和 p_i^{stock} 分别表示家庭是否参与正规风险性金融市场和股票市场的虚拟变量，$poverty_i^k$ 为衡量财富分层的变量。β_0 是常数项。β_{1k}、β_2、β_3、β_4、β_5、β_6、β_7、β_{8j}、β_{9j}、β_{10j}、β_{11j}、β_{12}、β_{13}、β_{14}、β_{15j}分别为对应解释变量的系数，ε_i 是随机误差项。

8.2.2 财富分层与城镇居民家庭金融资产持有量关系模型

由于家庭风险性金融资产持有量和股票持有量为“截断数据”，因此借鉴第 5 章的建模方法，采用 Tobit 模型进行实证分析，对该模型估计方法的介绍参见第 5 章论述。

$$\begin{cases} \ln fassets_i^m = \beta_0 + \sum_{k=2}^{3} \beta_{1k} poverty_i^k + \beta_2 \ln social_i + \beta_3 \ln income + \\ \beta_4 house_i + \beta_5 business_i + \beta_6 insurance_i + \beta_7 fscale_i + \\ \sum_{j=1}^{2} \beta_{8j} age_{ji} + \sum_{j=1}^{3} \beta_{9j} education_{ji} + \sum_{j=1}^{2} \beta_{10j} health_{ji} + \sum_{j=1}^{2} \beta_{11j} riskatt_{ji} + \\ \beta_{12} gender_i + \beta_{13} married_i + \beta_{14} party_i + \sum_{j=1}^{2} \beta_{15j} region_{ji} + \varepsilon_i \quad 若\ RHS>0 \\ fassets_i^m = 0 \quad 若\ RHS<0 \end{cases}$$

其中，被解释变量 $fassets_i^m$ 分别表示第 m 类金融资产的数量，m = $frisk$，$stock$，$fassets_i^{frisk}$ 表示家庭正规金融资产的持有量，$fassets_i^{stock}$ 表示家庭持有股票的数量。β_0 是常数项，β_{1k}、β_2、β_3、β_4、β_5、β_6、β_7、β_{8j}、β_{9j}、β_{10j}、β_{11j}、β_{12}、β_{13}、β_{14}、β_{15j}分别为对应解释变量的系数，ε_i 是随机误差项。

8.2.3 内生性讨论

本章主要研究财富分层对家庭金融资产选择的影响，尽管我们关注的核心变量财富分层为外生变量，但模型中其他解释变量如果是内生变量，也会对财富分层变量的准确估计产生影响。第 7 章的研究已经发现，家庭社会网络对家庭参与正规风险性金融市场和股票市场有重要影响，而且社会网络变量是内生的。为了解决社会网络变量的内生性对财富分层变量的干扰，在回归分析中，引入社会资本网络的工具变量，采用两阶段最小二乘法(2SLS)进行估计。工具变量的选择方法与第7章相同，即采用社区内除本家庭以外其他家庭礼金支出的平均数作为家庭社会网络的工具变量。对工具变量相关性和有效性的讨论参见第7章的内生性讨论部分，此处不再赘述。

8.3 财富分层影响城镇居民家庭金融资产配置的机制

如果不同财富阶层的家庭在金融资产选择上存在差异，则需要对导致这种差异的机制给出理论解释和经验识别。如第7章所言，社会网络对家庭金融资产选择行为有重要作用，可以通过信息渠道和影响主观风险态度两种机制对家庭参与正规金融资产市场和股市的广度与深度产生影响。由此推论，财富水平不同的家庭在金融资产选择上表现出的差异，可以从社会资本投资能力上的不同进行解释。

这是因为，贫困者收入低，缺乏社会资本投资能力，无法构建有效的社会网络。第7章已经证实，在缺乏社会网络的情况下，家庭很难在遭遇风险冲击后获得社会网络的支持，趋向于采用更加保守的风险投资策略；与此同时，贫困者也无法利用网络资源获取金融经济信息。因此，财富分层影响家庭金融资产选择的一个可能机制是，贫困者缺乏社会资本投入能力，利用金融市场配置资金更加困难。为此，构建财富分层与家庭社会资本投资关系的计量模型，以此检验财富分层影响金融资产选择的机制是否存在，实证模型如下：

$$
\begin{aligned}
\ln social_i^k = & \beta_0 + \sum_{k=2}^{3} \beta_{1k} poverty_i^k + \beta_2 \ln income + \\
& \beta_3 house_i + \beta_4 business_i + \beta_5 insurance_i + \beta_6 fscale_i + \\
& \sum_{j=1}^{2} \beta_{7j} age_{ji} + \sum_{j=1}^{3} \beta_{8j} education_{ji} + \sum_{j=1}^{2} \beta_{9j} health_{ji} + \sum_{j=1}^{2} \beta_{10j} riskatt_{ji} + \\
& \beta_{11} gender_i + \beta_{12} married_i + \beta_{13} party_i + \sum_{j=1}^{2} \beta_{14j} region_{ji} + \varepsilon_i
\end{aligned}
$$

因变量 $\ln social_i^k$ 是礼金支出的对数，$k=g$，$g1$，$g2$。其中：$\ln social_i^{g1}$ 表示家庭红白喜事礼金支出的对数，表示家庭节假日礼金支出的对数，$\ln social_i^g$ 表示家庭红白喜事礼金支出与节假日礼金支出总和的对数。β_0 是常数项，β_{1k}、β_2、β_3、β_4、β_5、β_6、β_{7j}、β_{8j}、β_{9j}、β_{10j}、β_{11}、β_{12}、β_{13}、β_{14j} 分别为对应解释变量的系数，ε_i 是随机误差项。

8.4 实证结果

8.4.1 模型估计结果与分析

表 8-3 给出了财富分层影响家庭参与风险性金融市场和股票市场的估计结果。第(1)列和第(2)列在没有考虑内生性的情况下，基于 Probit 模型的估计结果，第(3)列和第(4)列是在考虑社会资本的内生性的情况下，引入工具变量(IV)，用两阶段最小二乘法(2SLS)进行估计的结果(IVProbit 模型)。

表 8-3　财富分层与风险性金融市场参与模型的估计结果

解释变量	Probit		IVProbit	
	(1)	(2)	(3)	(4)
	正规风险金融市场	股票市场	正规风险金融市场	股票市场
国内最贫困的 25%为对比				
25%~75%	0.110*** (0.008)	0.073*** (0.008)	0.469*** (0.050)	0.385*** (0.057)
75%~100%	0.207*** (0.009)	0.143*** (0.008)	0.952*** (0.055)	0.835*** (0.063)
礼金支出的对数	0.002*** (0.000)	0.001*** (0.000)	0.069*** (0.019)	0.068*** (0.021)
收入的对数	0.032*** (0.003)	0.021*** (0.003)	0.123*** (0.017)	0.099*** (0.019)
房产占比	-0.001*** (0.000)	-0.000*** (0.000)	-0.003*** (0.000)	-0.002*** (0.000)
从事工商业	-0.065*** (0.008)	-0.053*** (0.007)	-0.358*** (0.039)	-0.373*** (0.044)

续表

解释变量	Probit		IVProbit	
	(1)	(2)	(3)	(4)
	正规风险金融市场	股票市场	正规风险金融市场	股票市场
购买商业保险	0.095*** (0.005)	0.065*** (0.005)	0.397*** (0.037)	0.343*** (0.041)
家庭规模	-0.017*** (0.002)	-0.013*** (0.002)	-0.072*** (0.012)	-0.067*** (0.013)
45岁以下	-0.019** (0.007)	-0.023*** (0.007)	-0.152*** (0.042)	-0.206*** (0.046)
45~60岁	-0.001 (0.007)	-0.005 (0.006)	-0.038 (0.036)	-0.067* (0.040)
本科及以上	0.116*** (0.008)	0.083*** (0.007)	0.581*** (0.043)	0.534*** (0.048)
专科(高职)	0.115*** (0.008)	0.093*** (0.007)	0.546*** (0.042)	0.570*** (0.047)
高中(职高或中专)	0.082*** (0.006)	0.071*** (0.006)	0.403*** (0.033)	0.451*** (0.037)
身体健康	-0.021*** (0.006)	-0.016*** (0.005)	-0.120*** (0.031)	-0.117*** (0.034)
一般健康	-0.002 (0.007)	-0.002 (0.006)	-0.030 (0.035)	-0.032 (0.039)
风险偏好	0.049*** (0.008)	0.049*** (0.006)	0.249*** (0.041)	0.321*** (0.043)
风险厌恶	-0.051*** (0.006)	-0.047*** (0.005)	-0.243*** (0.031)	-0.288*** (0.034)
户主性别	-0.021*** (0.006)	-0.008* (0.005)	-0.124*** (0.029)	-0.070** (0.032)
户主婚姻	0.027*** (0.008)	0.027*** (0.007)	0.013 (0.054)	0.054 (0.061)
是否党员	0.008 (0.006)	-0.000 (0.005)	0.007 (0.034)	-0.037 (0.037)
东部	0.040*** (0.007)	0.032*** (0.006)	0.245*** (0.038)	0.246*** (0.042)
中部	0.003 (0.008)	0.000 (0.007)	0.008 (0.040)	-0.006 (0.046)
N	18530	18530	18530	18530

续表

解释变量	Probit		IVProbit	
	(1)	(2)	(3)	(4)
	正规风险金融市场	股票市场	正规风险金融市场	股票市场
Pseudo R^2	0.224	0.210	—	—
内生性检验	—	—	11.250 (0.001)	9.123 (0.003)
弱工具变量检验	—	—	13.56 (0.0002)	10.49 (0.00012)
第一阶段 F 统计量	—	—	76.84***	76.84***

注：括号报告的是稳健标准误，系数为边际效应。*、**、***分别表示在10%、5%、1%的统计水平上显著。IVProbit第1阶段的估计结果因篇幅原因未做报告，第1阶段估计结果显示工具变量与内生变量显著相关。

表8-3中第(1)列和第(2)列的估计结果显示，财富分层对家庭参与正规风险性金融市场和股票市场有显著的正向影响。在正规风险性金融市场的参与上，相对于贫困家庭，中等阶层和富裕阶层的变量的边际效应分别为0.11和0.21，即礼金支出每增加1%，中等阶层和富裕阶层家庭参与正规风险性金融市场的概率比贫困家庭分别高11%和21%。在股市参与上，相对于贫困家庭，中等阶层和富裕阶层的变量的边际效应分别为0.07和0.14，即礼金支出每增加1%，中等阶层和富裕阶层家庭参与股票市场的概率比贫困家庭分别高7%和14%。从总体上看，越是富裕的家庭，参与正规风险性金融市场和股票市场的概率也就越高。

表8-3中第(3)列和第(4)考虑了礼金支出可能存在的内生性问题，用社区家庭平均的礼金支出(不包括自己家)作为家庭礼金支出的工具变量，基于IVProbit模型对财富分层与家庭参与正规风险性金融市场和股票市场的关系进行了两阶段最小二乘(TSLS)的估计结果。表中第(3)列和第(4)列的倒数第3行报告了内生性检验的结果，Wald检验值分别为11.250和9.123，P值分别为0.001和0.003，都在1%的水平上拒绝了礼金支出变量为外生变量的原假设，因此礼金支出是内生变量。倒数第2行是对是否为弱工具变量的检验结果，采用Finlay & Magnusson(2009)提供

的检验方法①，卡方值分别为 13.56 和 10.49，P 值分别为 0.0002 和 0.00012，都在 1%的显著性水平上拒绝了社区平均礼金支出是弱工具变量的原假设。此外，倒数第一行列出了在两阶段估计中第一阶段估计结果的 F 值，根据 Stock & Yogo(2005)提供的检验标准，F 值为 76.84，大于 10%的偏误下的临界值 10，再次表明不存在弱工具变量问题。基于以上分析，认为用社区平均礼金支出作为工具变量是合适的。

由于内生性问题的存在，主要基于第(3)列和第(4)列 IVProbit 的估计结果进行分析。在正规风险性金融市场的参与上，相对于贫困家庭，中等阶层和富裕阶层变量的边际效应分别为 0.47 和 0.95，即礼金支出每增加 1%，中等阶层和富裕阶层家庭参与正规风险性金融市场的概率比贫困家庭分别高 47%和 95%。在股市参与上，相对于贫困家庭，中等阶层和富裕阶层变量的边际效应分别为 0.385 和 0.84，即礼金支出每增加 1%，中等阶层和富裕阶层家庭参与股票市场的概率比贫困家庭分别高 38.5%和 84%。从总体上看，财富水平对家庭参与正规风险性金融市场和股票市场有稳健的正向影响。

值得注意的是，通过对比第(1)列和第(2)列的估计结果可以发现，如果不考虑社会网络的内生性，直接采用 Probit 模型估计财富分层与金融市场参与的关系，将低估财富水平对家庭参与正规金融市场和股票市场的作用，结果也是有偏的。因此，选取工具变量进行两阶段 IVProbit 估计十分必要，估计结果也更可信。表 8-3 中第(3)列和第(4)列中其他控制变量的估计结果与第 4 章基本一致，具体参考第 4 章 4.4 节实证结果部分，此处不再赘述。

表 8-4　财富分层与风险性金融资产持有量模型的估计结果

解释变量	Tobit		IVTobit	
	(1)	(2)	(3)	(4)
	正规风险金融资产	股票	正规风险金融资产	股票
国内最贫困的 25%为对比				
25%~75%	3.069*** (0.207)	2.947*** (0.275)	2.643*** (0.238)	2.469*** (0.319)

① 该检验方法在 Stata 中的命令为 rivtest，可以在进行 IVProbit 和 IVTobit 模型回归后，进行弱工具变量检验。

续表

解释变量	Tobit		IVTobit	
	(1)	(2)	(3)	(4)
	正规风险金融资产	股票	正规风险金融资产	股票
75%~100%	5.485*** (0.229)	5.423*** (0.302)	5.041*** (0.265)	4.918*** (0.352)
礼金支出的对数	0.036*** (0.009)	0.038*** (0.012)	0.359*** (0.085)	0.400*** (0.111)
收入的对数	0.768*** (0.073)	0.647*** (0.086)	0.575*** (0.079)	0.433*** (0.103)
房产占比	-0.022*** (0.001)	-0.020*** (0.002)	-0.018*** (0.002)	-0.017*** (0.002)
从事工商业	-1.411*** (0.170)	-1.692*** (0.227)	-1.591*** (0.177)	-1.892*** (0.235)
购买商业保险	1.860*** (0.118)	1.707*** (0.156)	1.450*** (0.166)	1.246*** (0.216)
家庭规模	-0.404*** (0.048)	-0.402*** (0.062)	-0.322*** (0.054)	-0.311*** (0.071)
45岁以下	-0.870*** (0.169)	-1.205*** (0.223)	-1.166*** (0.188)	-1.532*** (0.246)
45~60岁	-0.258* (0.153)	-0.368* (0.200)	-0.429*** (0.164)	-0.559*** (0.213)
本科及以上	2.653*** (0.185)	2.780*** (0.247)	2.641*** (0.194)	2.766*** (0.255)
专科(高职)	2.442*** (0.181)	2.712*** (0.239)	2.297*** (0.194)	2.548*** (0.254)
高中(职高或中专)	1.802*** (0.147)	2.273*** (0.192)	1.769*** (0.152)	2.234*** (0.202)
身体健康	-0.303** (0.132)	-0.402** (0.174)	-0.372*** (0.137)	-0.481*** (0.179)
一般健康	-0.101 (0.149)	-0.119 (0.196)	-0.196 (0.157)	-0.229 (0.205)
风险偏好	1.088*** (0.163)	1.745*** (0.206)	1.101*** (0.178)	1.757*** (0.222)

续表

解释变量	Tobit		IVTobit	
	(1)	(2)	(3)	(4)
	正规风险金融资产	股票	正规风险金融资产	股票
风险厌恶	-1.156*** (0.134)	-1.510*** (0.178)	-1.090*** (0.141)	-1.435*** (0.184)
户主性别	-0.683*** (0.122)	-0.552*** (0.160)	-0.778*** (0.130)	-0.656*** (0.169)
户主婚姻	0.642*** (0.178)	0.891*** (0.239)	0.003 (0.245)	0.176 (0.322)
是否党员	0.118 (0.136)	-0.181 (0.181)	-0.062 (0.150)	-0.380* (0.195)
东部	0.919*** (0.158)	1.086*** (0.210)	1.144*** (0.172)	1.339*** (0.229)
中部	-0.098 (0.183)	-0.094 (0.246)	-0.139 (0.186)	-0.138 (0.249)
N	18530	18530	18530	18530
N_lc	15630	16762	15630.	16762
N_unc	2900	1768	2900	1768
Pseudo R^2	0.141	0.132	—	—
内生性检验	—	—	15.838 (0.000)	11.344 (0.001)
弱工具变量检验	—	—	17.95 (0.000)	12.96 (0.0003)
第一阶段 F 统计量	—	—	76.84***	76.84***

注：括号里报告的是稳健标准误，系数为边际效应。*、**、***分别表示在10%、5%、1%的统计水平上显著。IVTobit 第1阶段的估计结果因篇幅原因未做报告，第1阶段估计结果显示工具变量与内生变量显著相关。

表8-4给出了社会网络与家庭持有正规风险性金融资产和股票数量关系的估计结果。第(1)列和第(2)列没有考虑内生性问题，采用Tobit模型

的回归结果。第(3)列和第(4)列是在考虑了内生性的情况下，引入工具变量进行两阶段二阶段最小二乘(2SLS) 的估计结果（IVTobit 模型)。

表 8-4 中第(1)和第(2)列的估计结果显示，财富分层对家庭持有正规风险性金融资产和股票数量具有显著的正向影响。在正规风险性金融资产的持有上，相对于贫困家庭，中等阶层和富裕阶层变量的边际效应分别为 3.07 和 5.49，即中等阶层和富裕阶层家庭持有正规风险性金融资产的数量比贫困家庭分别高 3.07×(2900/18530) = 48% 和 5.49×(2900/18530) = 86%。在股市参与上，相对于贫困家庭，中等阶层和富裕阶层的变量的边际效应分别为 2.94 和 5.42，即中等阶层和富裕阶层家庭持有股票的数量比贫困家庭分别高 2.94×(1768/18530) = 28% 和 5.42×(1768/18530) = 52%。这表明，越是富裕的家庭，配置正规风险性金融资产和股票上的数量也会越高。

第(3)列和第(4)列是在考虑了社会资本可能存在的内生性问题后，利用 IVTobit 模型进行两阶段最小二乘的估计结果。表中第(3)列和第(4)列的倒数第 3 行报告了内生性检验的结果，Wald 检验值分别为 15.838 和 11.344，分别在 1%的水平上拒绝了礼金支出变量为外生变量的假设，因此礼金支出是内生的。倒数第 2 行是对弱工具变量的检验结果，同样采用 Finlay & Magnusson(2009) 提供的检验方法①，卡方值分别为 18 和 13，都在 1%的显著性水平上拒绝了弱工具变量的假设。此外，倒数第 1 行列出了在两阶段估计中第一阶段估计结果的 F 值，根据 Stock & Yogo (2005) 提供的检验标准，F 值为 76.84，大于 10%偏误下的临界值 10，也表明不存在弱工具变量问题。基于以上分析，我们认为用社区平均礼金支出作为模型的工具变量是合适的。

由于内生性问题的存在，主要基于第(3)列和第(4)列 IVTobit 模型的估计结果进行分析，在正规风险性金融资产的持有上，相对于贫困家庭，中等阶层和富裕阶层变量的边际效应分别为 2.64 和 5.04，即礼金支出每

---

① 该检验方法在 Stata 中的命令为 rivtest,可以在进行 IVProbit 和 IVTobit 模型回归后,进行弱工具变量检验。

增加1%，中等阶层和富裕阶层家庭持有正规风险性金融资产的数量比贫困家庭分别高2.64×(2900/18530)= 43%和5.04×(2900/18530)= 79%。在股市参与上，相对于贫困家庭，中等阶层和富裕阶层变量的边际效应分别为2.47和4.9，即礼金支出每增加1%，中等阶层和富裕阶层家庭持有股票的数量比贫困家庭分别高2.47×(1768/18530)= 24%和4.9×(1768/18530)= 47%。这表明，财富水平对家庭配置在正规风险性金融资产和股票上的数量有稳健的正向影响。

对比表8-4中第(1)、(2)列与第(3)、(4)列的估计结果可以发现，如果不考虑社会网络的内生性，直接采用Tobit模型进行实证分析，将高估财富分层对正规金融资产和股票持有量的影响效果。因此，选取工具变量进行两阶段IVTobit估计十分必要，估计结果也更可信。

表8-4中第(3)和(4)列中其他控制变量的估计结果与第5章基本一致，参见第5章5.4节实证结果部分，此处省略。

8.4.2 影响机制的估计结果与分析

贫困者之所以参与金融市场的广度和深度都不及富有者，可能原因是其社会资本投资不足，无法扩展社会网络，抑制了低收入家庭参与金融市场的意愿，制约了他们投资金融市场的能力。表8-5是影响渠道的估计结果，以此检验和识别贫富差距能否通过影响社会资本投资的渠道来间接影响家庭金融资产选择，其中第(1)、(2)、(3)列分别为对礼金支出总额对数、红白喜事礼金支出总额对数和节假日礼金支出的对数进行回归的结果。

表8-5显示，在礼金支出总额上，中等财富阶层和富裕阶层家庭分别是国内最贫困0~25%家庭的1.37倍和1.43倍；在红白喜事礼金支出上，中等财富阶层和富裕阶层家庭分别是国内最贫困0~25%家庭的1.21倍和0.78倍；在节假日礼金支出上，中等财富阶层和富裕阶层家庭分别为国内最贫困0~25%家庭的1.61倍和2.08倍。因此，我们从不同维度衡量礼金支出得出了同样的结论，越是富有的家庭，越有能力进行社会资本投资。结合第7章的分析，可以认为，贫困者比富有者缺乏社会资本投资能力，

无法有效扩展社会网络，是导致他们在参与金融市场广度和深度不足的重要原因。

表 8-5 影响机制的估计结果

解释变量	OLS	OLS	OLS
	(1)	(2)	(3)
	礼金支出总额的对数	红白喜事礼金支出的对数	节假日礼金支出的对数
国内最贫困的 25%为对比	—	—	—
25%~75%	1.373*** (0.140)	1.216*** (0.161)	1.609*** (0.158)
75%~100%	1.434*** (0.177)	0.783*** (0.208)	2.085*** (0.204)
收入的对数	0.585*** (0.047)	0.539*** (0.053)	0.527*** (0.052)
房产占比	-0.009*** (0.001)	-0.010*** (0.002)	-0.009*** (0.002)
从事工商业	0.568*** (0.132)	0.233 (0.168)	0.990*** (0.164)
购买商业保险	1.280*** (0.110)	1.584*** (0.143)	1.296*** (0.142)
家庭规模	-0.262*** (0.041)	0.011 (0.046)	-0.435*** (0.045)
45 岁以下	0.932*** (0.145)	1.111*** (0.172)	0.658*** (0.167)
45~60 岁	0.537*** (0.136)	1.417*** (0.158)	-0.574*** (0.154)
本科及以上	0.045 (0.174)	-0.310 (0.218)	0.290 (0.213)
专科(高职)	0.468*** (0.164)	0.398* (0.210)	0.383* (0.207)
高中(职高或中专)	0.115 (0.125)	0.054 (0.151)	0.103 (0.148)

续表

解释变量	OLS	OLS	OLS
	(1)	(2)	(3)
	礼金支出总额的对数	红白喜事礼金支出的对数	节假日礼金支出的对数
身体健康	0.228** (0.116)	-0.018 (0.141)	0.345** (0.139)
一般健康	0.287** (0.132)	-0.245 (0.163)	0.641*** (0.157)
风险偏好	-0.046 (0.168)	-0.067 (0.210)	-0.452** (0.207)
风险厌恶	-0.219* (0.121)	-0.253* (0.149)	-0.542*** (0.146)
户主性别	0.294*** (0.114)	0.528*** (0.135)	0.063 (0.131)
户主婚姻	1.975*** (0.162)	1.577*** (0.180)	2.165*** (0.176)
是否党员	0.561*** (0.129)	0.684*** (0.161)	0.473*** (0.159)
东部	-0.777*** (0.130)	-1.437*** (0.156)	-0.149 (0.153)
中部	0.135 (0.138)	0.289* (0.168)	0.019 (0.168)
N	18530	18530	18530
Adj. R^2	0.072	0.055	0.065

注：括号报告的是稳健标准误，*、**、***分别表示在10%、5%、1%的统计水平上显著。

8.4.3 估计结果的稳健性检验

表8-6和表8-7是稳健性检验的结果，以省为区域重新定义财富分层变量，用省内最贫困的0~25%家庭作为对照，重新对家庭金融资产选择模型和影响机制模型进行估计。

表 8-6 中第(1)、(2)列的估计结果表明，以省内最贫困的家庭作为对照，中等阶层和富裕阶层的家庭无论在正规风险性金融市场还是在股票市场上都有更高的参与率，越是富有的家庭参与金融市场的概率越高，财富分层对家庭参与正规风险性金融市场和股票市场具有稳健的影响。表 8-6 中第(3)列和第(4)列的估计结果表明，以省内最贫困的家庭作为对照，中等阶层和富裕阶层的家庭无论是在正规风险性金融资产还是在股票上的持有量都更多，越是富裕的家庭越是更多地投资于风险性金融市场和股市，财富分层对家庭持有正规风险性金融资产和股票具有稳健的影响。

表 8-6　财富分层与金融资产配置估计结果的稳健性检验

解释变量	IVProbit		IVTobit	
	(1)	(2)	(3)	(4)
	正规风险金融市场	股票市场	正规风险金融资产	股票
省内最贫困的 25%为对比	—	—	—	—
25%~75%	0.389*** (0.049)	0.301*** (0.055)	1.984*** (0.231)	1.701*** (0.300)
75%~100%	0.731*** (0.056)	0.648*** (0.063)	3.867*** (0.267)	3.705*** (0.345)
其他解释变量	控制	控制	控制	控制
N	18530	18530	18530	18530
N_lc	—	—	15630	16762
N_unc	—	—	2900	1768
内生性检验	28.987 (0.000)	21.426 (0.000)	37.460 (0.000)	25.171 (0.000)
弱工具变量检验	29.36 (0.000)	21.73 (0.000)	35.87 (0.000)	25.31 (0.000)
第一阶段 F 统计量	76.78***	76.78***	76.78***	76.78***

注：括号为报告的是稳健标准误，系数为边际效应。*、**、***分别表示在 10%、5%、1%的统计水平上显著。IVProbit 和 IVTobit 第 1 阶段估计结果显示工具变量与内生变量显著相关，因篇幅所限未做报告。

表 8-7 是影响渠道的稳健性检验结果，第(1)、(2)、(3)列分别是以省内最贫困的家庭作为对照，财富分层对家庭礼金支出总额对数、红白喜

事礼金支出对数和节假日礼金支出对数的估计结果。表 8-7 显示，与贫困家庭相比，中产阶层和富裕阶层家庭在礼金支出总额、红白喜事礼金支出和节假日礼金支出上的投入更多，越是富裕的家庭对社会资本的投资也越大，相比之下，贫困者的社会资本投资不足，财富分层对家庭社会资本投资具有稳健的影响。

表 8-7 影响机制的稳健性检验

解释变量	OLS	OLS	OLS
	(1)	(2)	(3)
	礼金支出总额的对数	红白喜事礼金支出的对数	节假日礼金支出的对数
省内最贫困的 25%为对比	—	—	—
25%~75%	1.265*** (0.140)	1.390*** (0.161)	1.354*** (0.159)
75%~100%	1.575*** (0.167)	1.625*** (0.200)	1.778*** (0.197)
其他解释变量	控制	控制	控制
N	18530	18530	18530
Adj. R^2	0.072	0.056	0.063

注：括号内报告的是稳健标准误，*、**、***分别表示在 10%、5%、1%的统计水平上显著。

8.5 小　结

财富分层是否影响家庭金融资产选择仍缺乏实证的检验，本章使用中国家庭追踪调查 2013 年的微观数据，实证检验了我国不同财富阶层的家庭在金融资产选择上是否存在差异以及导致这种差异的可能机制。本章研究发现：

1. 财富分层对家庭参与正规风险性金融市场和股票市场有显著的正向影响

在不考虑内生性的情况下，财富分层对家庭参与正规风险性金融市场和股票市场有显著的正向影响。在正规风险性金融市场的参与上，相对于贫困家庭，中等阶层和富裕阶层的变量的边际效应分别为 0.11 和 0.21，即礼金支出每增加 1%，中等阶层和富裕阶层家庭参与正规风险性金融市场的概率比贫困家庭分别高 11%和 21%。在股市参与上，相对于贫困家庭，中等阶层和富裕阶层的变量的边际效应分别为 0.07 和 0.14，即礼金支出每增加 1%，中等阶层和富裕阶层家庭参与股票市场的概率比贫困家庭分别高 7%和 14%。从总体上看，越是富裕的家庭，参与正规风险性金融市场和股票市场的概率也就越高。

在考虑礼金支出可能存在的内生性问题后，用社区家庭平均的礼金支出(不包括自己家)作为家庭礼金支出的工具变量，基于 IVProbit 模型对财富分层与家庭参与正规风险性金融市场和股票市场的关系进行了两阶段最小二乘(TSLS)估计结果发现，在正规风险性金融市场的参与上，相对于贫困家庭，中等阶层和富裕阶层变量的边际效应分别为 0.47 和 0.95，即礼金支出每增加 1%，中等阶层和富裕阶层家庭参与正规风险性金融市场的概率比贫困家庭分别高 47%和 95%。在股市参与上，相对于贫困家庭，中等阶层和富裕阶层变量的边际效应分别为 0.385 和 0.84，即礼金支出每增加 1%，中等阶层和富裕阶层家庭参与股票市场的概率比贫困家庭分别高 38.5%和 84%。由此可以得出结论，财富分层对家庭参与正规风险性金融市场和股票市场有稳健的正向影响。

2. 财富分层对家庭持有正规风险性金融资产和股票数量具有显著的正向影响

在不考虑内生性的情况下，在正规风险性金融资产的持有上，相对于贫困家庭，中等阶层和富裕阶层变量的边际效应分别为 3.07 和 5.49，即中等阶层和富裕阶层家庭持有正规风险性金融资产的数量比贫困家庭分别高 48%和 86%。在股市参与上，相对于贫困家庭，中等阶层和富裕阶层变量的边际效应分别为 2.94 和 5.42，即中等阶层和富裕阶层家庭持有股票的数量比贫困家庭分别高 28%和 52%。

在考虑内生性的情况下，利用 IVTobit 模型进行两阶段最小二乘估计。结果发现，在正规风险性金融资产的持有上，相对于贫困家庭，中等阶层和富裕阶层变量的边际效应分别为 2.64 和 5.04，即礼金支出每增加 1%，中等阶层和富裕阶层家庭持有正规风险性金融资产的数量比贫困家庭分别高 43%

和79%。在股票的持有量上，相对于贫困家庭，中等阶层和富裕阶层的变量的边际效应分别为2.47和4.9，即礼金支出每增加1%，中等阶层和富裕阶层家庭持有股票的数量比贫困家庭分别高24%和47%。综合来看，财富水平对家庭配置在正规风险性金融资产和股票上的数量有稳健的正向影响。

3. 社会资本投资不足时财富分层影响家庭金融资产选择的重要渠道

进一步的机制分析发现，在礼金支出总额上，中等财富阶层和富裕阶层家庭分别是国内最贫困的0~25%家庭的1.37倍和1.43倍；在红白喜事礼金支出上，中等财富阶层和富裕阶层家庭分别是国内最贫困的0~25%家庭的1.21倍和0.78倍；在节假日礼金支出上，中等财富阶层和富裕阶层家庭分别是国内最贫困的0~25%家庭的1.61倍和2.08倍。根据不同维度衡量礼金支出得出了同样的结论，越是富有的家庭，越有能力进行社会资本投资。结合第7章的分析，可以认为，贫困者之所以参与金融市场的广度和深度都不及富有者，重要原因可能是其社会资本投资不足，无法扩展社会网络，抑制了低参与金融市场的意愿，制约了他们投资金融市场的能力。

4. 财富分层对家庭金融资产选择有稳健的影响

重新以省为区域定义财富分层变量，用省内最贫困的0~25%家庭作为对照，对家庭金融资产选择模型和影响机制模型进行估计。结果发现，在金融市场参与率上，以省内最贫困的家庭作为对照，中等阶层和富裕阶层的家庭无论在正规风险性金融市场还是在股票市场上都有更高的参与率，越是富有的家庭参与金融市场的概率越高，财富分层对家庭参与正规风险性金融市场和股票市场具有稳健的影响。在金融资产的持有量上，以省内最贫困的家庭作为对照，中等阶层和富裕阶层的家庭无论在正规风险性金融资产还是在股票上的持有量都更多，越是富裕的家庭越是更多地投资于风险性金融市场和股市，财富分层对家庭持有正规风险性金融资产和股票具有稳健的影响。

影响机制同样具有稳健性，以省内最贫困的家庭作为对照，中产阶层和富裕阶层家庭在礼金支出总额、红白喜事礼金支出和节假日礼金支出上的投入更多，越是富裕的家庭对社会资本的投资也越大，相比之下，贫困者的社会资本投资不足，财富分层对家庭社会资本投资具有稳健的影响。

9 财富分层与农村居民家庭金融资产选择

改革开放以来，随着党和国家对“三农”问题的不断重视，农村家庭收入分配格局发生了巨大变化，农户投资理念也逐渐向多元化的家庭金融资产选择发展。农户有效参与和利用金融市场上的投资机会，不仅可以促进农村金融市场的发展和农户财产性收入的增长，还有助于农村经济社会的平稳运行。反之，农户在金融市场上的参与约束则会制约家庭收入和福祉水平的提高(李锐、朱喜，2007)。近年来，中国居民收入差距一直居高不下，收入分配的不平等程度依然较高①，不同财富阶层的家庭在金融资产选择上存在系统性差异，富有者比贫困者更容易获得金融市场的支持(Santos and Barrett，2011)。中国作为世界上最大的发展中国家，农村贫困人口规模较大，贫困家庭的主要特征是收入低、缺乏资本积累能力，两者不仅相互联系，而且相互加强，从而导致贫困家庭难以摆脱困境，陷入贫困的恶性循环。相应地，在反贫困策略的选择上，无论是增加农民收入还是提高农户资本积累能力，家庭金融资产选择都对其产生着重要影响：一方面，金融资产选择可以影响农户的生产和消费，帮助农户解决投入与产出在时间上的不匹配，实现跨期配置资源；另一方面，金融资产选择可以增加农村家庭投资金融市场的机会，提高家庭财产性收入，增加资本积累

---

① 2015年全国居民人均可支配收入基尼系数为0.462，超过国际公认的0.4的贫富差距警戒线。2016年全国居民人均可支配收入基尼系数为0.465，高于2015年，这也是2009年以来首次环比高于上年(数据来源：http://www.stats.gov.cn/ztjc/zdtjgz/yblh/zysj/201710/t20171010_1540710.html)。

(聂富强等，2012)。在全面建成小康社会的新时期，传统反贫困策略虽能发挥一定的作用，但农户缺乏金融资产投资能力进而造成农村贫困家庭收入偏低的问题，已经成为影响我国反贫困政策绩效的瓶颈，改善农村贫困家庭的金融选择意愿和能力，无疑是精准扶贫和精准脱贫的一个重要途径。当前我国正处于农村脱贫攻坚的关键时期，对这一问题进行深入系统的研究，并提出有针对性的政策建议，为农村家庭提供针对性和差异化的金融产品，无疑具有重要的现实意义。

通过梳理已有研究文献可以发现，尽管国内外有关家庭金融资产选择的研究文献较多，但是专题研究财富分层如何影响农村居民家庭参与金融市场的文献还不多见，基于中国农村现实的研究更是鲜见，仅有的少量研究只局限在财富分层与信贷约束关系的讨论上(徐丽鹤、袁燕，2017)。尽管从理论上看，财富分层对农户金融资产选择有重要影响，但由于数据的匮乏，这一理论推断缺乏实证检验。本章试图弥补已有研究的不足，提出财富分层影响农村家庭金融资产选择的假说，利用中国家庭金融调查在2013年的农户微观数据对该问题进行实证检验，并建立机制模型识别可能的影响渠道。本章的研究有助于拓宽家庭金融的研究视野，提高家庭金融资产选择理论的解释力，为金融机构有针对性地开发适应市场需求的金融理财产品提供经验依据。研究结论还有助于促进农村家庭财产性收入的提高，拓展精准脱贫和精准扶贫的思路，为当前反贫困的政策措施提供新的抓手。

9.1 财富分层与农村居民家庭金融资产选择的度量

9.1.1 数据来源介绍

本章使用西南财经大学中国家庭金融调查(CHFS)2013年调查的家庭微观数据进行实证部分的分析①。该调查是专门针对中国家庭金融状况进

① 中国家庭金融调查(CHFS)数据由西南财经大学中国家庭金融调查与研究中心无偿提供，有关数据的更多介绍参见甘犁等(2013)。

行的全面的、系统的大型入户追踪调查，旨在全国范围内收集有关中国家庭金融微观层面的信息，主要包括家庭人口特征、资产与负债、收入与支出以及保险与保障等，全面追踪家庭的动态金融行为。该调查从2011年开始，每两年进行一次。2011年的首轮调查样本覆盖全国25个省（区、市）、80个县（区、县级市）、320个社区（村），共8438户家庭，数据具有全国代表性（甘犁等，2012）。2013年调查在追踪访问2011年老样本的基础上，对样本进行了大规模扩充，覆盖全国29个省（区、市）、262个县（区、县级市）、1048个社区（村），共28135户家庭，其中城市样本19203户，农村样本8932户，样本具有全国代表性和省级代表性。①

本章将样本控制在农村地区主要是基于两个方面的考虑：一是中国农村和城市的家庭结构和金融资产选择行为差异较大。二是金融投资环境上的差异。相对于农户而言，城市家庭有房屋产权，可以用住房公积金、抵押贷款等融资方式进行投资。同时，城市家庭在医疗保险和社会保障等方面都和农户有很大的区别。为了避免因城乡差异所产生的异质性而影响估计结果，本章着重分析财富分层对农村家庭金融资产选择的影响，删除重要变量遗失和异常值后，2013年农村居民家庭样本量为8662户。

9.1.2 财富分层与农村居民家庭参与金融市场广度和深度的度量

1. 财富分层的度量

由于家庭财富处于不同阶层对家庭参与金融市场的影响存在差异，所以，单纯地使用连续的财富变量并不能精确刻画出农村家庭因财富的异质性所导致的金融资产配置上的差别。因此，本章构建财富分层变量（$poverty_i^k$），考察其对农户风险性金融市场参与广度和参与深度的影响。本章借鉴贫困的定义方法来界定财富分层变量。从理论上讲，对贫困的定义有绝对贫困和相对贫困两种方法。绝对贫困是指按照国际或国家公布的贫困线标准来

① 虽然CHFS目前已完成了2015年调查数据的整理工作，但该数据还没有正式对外公开，所以本章采用2013年的调查数据进行实证分析。

划分人群，这种方法没有考虑区域经济和社会的发展水平，忽视了地区间的差异性。相对贫困则是考虑地方经济社会发展的差别，依据更加具体的省、市、县、村等标准进行分位数划分。我国区域经济发展不平衡，尤其是东部、中部和西部地区差异悬殊，使用“一刀切”的绝对贫困标准来划分人群，不可避免地会由于区域差异而导致衡量误差。借鉴 Jalan et al.(1999)和徐丽鹤等(2017)对相对贫困的划分办法来定义财富分层，首先按照分位数在全国范围内定义财富阶层，并基于财富分层结果进行实证分析。在稳健性检验部分，以省级范围来定义贫富差距，以检验实证分析结果的稳健性。

具体来看，首先根据家庭财产数量把农户样本从低到高进行排序，分别选取 25%和 75%分位数作为门槛值，把样本分为 3 层，第 1 层为处于 25%分位数以下的家庭，这些家庭处于相对贫困状态；第 2 层为 25%分位数以上和 75%分位数以下的家庭，属于中产阶层；第 3 层为 75%分位数以上的家庭，属于富裕阶层。如果农户 i 的财产水平处于第 k 层，$poverty_i^k$ 定义为 1，否则为 0。n 为分层个数，$n=1$，2，3。在实证分析部分，我们把处于第 1 层相对贫困的农户（$poverty_i^1$）作为参照组，考察财富分层对农户金融资产选择的直接影响和可能的作用机制。

2. 金融市场的参与广度和参与深度

根据 CHFS 的问卷设计，家庭金融资产被分为无风险金融资产和风险金融资产两部分，前者包括现金、活期存款、定期存款以及各类账户(社保账户、年金账户、医保账户和公积金账户)余额，后者包括理财产品(银行理财产品和其他理财产品)、股票、基金、债券、金融衍生品、贵金属、非人民币资产、借出款(甘犁等，2013)。本章分别从参与广度和参与深度两个方面考察农村家庭风险性金融资产的配置状况，参与广度是指农户是否持有风险性金融资产，参与深度是指农户持有风险性金融资产的数量。

3. 其他控制变量

本章控制变量包括家庭特征变量、户主特征变量和省份控制变量。

(1)家庭特征变量。

家庭特征变量包括家庭总资产、家庭总收入、社会网络、房产占比、是否从事工商业生产经营、是否购买商业保险、家庭规模和农业劳动力占比。

家庭总资产变量包括家庭非金融资产、家庭金融资产和家庭其他资产共 3 个部分，本章采用这 3 个部分的加总来衡量家庭财富。

家庭总收入变量由 5 个部分构成，即工资性收入、经营性收入、财产性收入、转移性收入和出售财务收入。本章所指的家庭收入是这 5 个部分收入的总和。

社会网络变量。现有研究中对社会网络的界定比较复杂，衡量方式众多，随着研究问题的目的和角度的不同衡量方式也有所差异。从总体上看，学者们主要从社区网(Hong et al.，2004)、送礼网(赵剑治、陆铭，2010)和亲友网(曹扬，2015)的视角度量社会网络。但是这些测量社会网络的方法不能完全避免内生性问题。在中国农村，亲戚关系是社会网络的核心，因此，本章用家庭成员中 16 岁以上人口的直系兄弟姐妹的人数作为社会网络的代理变量，来度量农村家庭社会网络的大小。这种度量方法一方面控制了家庭社会网络的范围和紧密程度，另一方面保证了社会网络的外生性，一般认为兄弟姐妹人数是随机决定的，不会受到无法观测的其他因素的影响。

房产占比变量。随着房地产市场在中国的快速发展，房产对家庭金融资产的选择具有日益重要的影响，本章构建家庭房产市值占家庭总资产的比重变量，检验房产投资对家庭金融资产选择是否具有替代或互补效应。

工商业生产经营变量。在 CHFS 问卷中会问道，“去年，您家是否从事工商业生产经营项目?”，如果回答是则该变量取值为 1，如果回答否则取值为 0。

商业保险虚拟变量。在 CHFS 调查问卷的商业保险模块，会询问每一个家庭成员，“有没有以下的商业保险?”回答共有 6 个选项：①商业人寿保险；②商业健康保险；③商业养老保险；④商业财产保险(汽车保险除外)；⑤其他商业保险；⑥都没有。根据家庭成员对这一问题的回答，首先可以识别每一位家庭成员是否购买商业保险，然后综合每位家庭成员是否购买商业保险，建立家庭层面商业保险虚拟变量，如果家庭至少有一人购买了商业保险，取值为 1，其他取值为 0。

家庭规模变量。根据 CHFS 对家庭成员的定义，用符合该定义的家庭总人数衡量。

农业劳动力占比变量是家庭农业劳动力占家庭总劳动力的比重，用该变量衡量家庭劳动力结构和收入结构对金融资产选择的影响。

(2)户主特征变量。

户主特征变量包括风险态度、金融信息、户主年龄、受教育程度、健康状况、户主性别、户主婚姻状况和政治面貌。其中：

风险态度变量。CHFS 调查问卷在受访者的主观态度模块会询问被访者如下问题，“如果您有一笔钱，您愿意选择哪种投资项目?”对这一问题的回答共有 5 个选项：①高风险，高回报项目；②略高风险，略高回报的项目；③平均风险，平均回报的项目；④略低风险，略低回报的项目；⑤不愿意承担任何风险。本章将选项④和⑤的户主界定为风险厌恶，取值为 1，其他为 0。

金融信息变量。CHFS 2013 年的问卷在金融知识模块会询问受访者，“您平时对经济、金融方面的信息关注度如何?”待选项有 5 个：①非常关注；②很关注；③一般；④很少关注；⑤从不关注。根据户主对这一问题的回答，构建金融信息变量，如果选择⑤从不关注，则取值为 1，否则为 0。

户主年龄变量。根据世界卫生组织的年龄分段标准建立户主年龄虚拟变量，如果户主在 45 周岁以下，则定义为青年人；如果户主年龄在 45~60 岁之间，则定义为中年人；如果户主年龄在 60 周岁以上，则定义为老年人。在实证分析中以老年户主作为参照组，引入青年户主和中年户主两个虚拟变量。

户主受教育年限是户主受正规教育的年数，作为人力资本的代理变量。

户主健康状况变量。CHFS 设计相关问题询问受访者的自评健康状况，“与同龄人相比，您的身体状况如何?”共有 5 个对应选项：①非常好；②好；③一般；④差；⑤非常差。根据户主对该问题的回答构建户主健康状况虚拟变量。具体来看，如果户主选择①和②，则定义户主身体健康；如果户主选择③，则定义户主身体健康状况一般；如果户主选择④和⑤，则定义户主身体不健康。在实证分析中以身体不健康的户主作为参照组。

户主性别为虚拟变量，如果男性取值为1，女性则取值为0；户主婚姻状况虚拟变量，已婚取值为1，否则为0；户主政治面貌虚拟变量，是党员取值为1，否则为0。

(3)省份控制变量。

我国地域广袤，不同省份的经济发展水平不一、金融市场的完善程度不同，不同区域的文化和风俗习惯也存在差异。本章考虑这种区域异质性，构建省份虚拟变量控制省份差异。

9.1.3 财富分层与农村居民家庭金融资产选择的探索性分析

表9-1是利用中国家庭金融调查2013年的数据，在全国和省域定义财富阶层，对不同财富阶层农户的金融资产选择情况的描述性统计结果。表9-1显示，在风险性金融市场的参与率上，国家层面和省级层面的统计结果基本一致。不同财富阶层的家庭在风险性金融资产选择上有很大的差异，随着农户所处财富阶层的跃升，家庭参与风险性金融市场的比率显著提高，持有量也明显增加。例如，在国家层面进行财富分层后，财富水平处于0~25%的农户仅有2%的家庭参与风险性金融市场，平均持有80元的风险性金融资产。财富水平处于25%~75%和75%~100%的农户分别有8%和21%的家庭参与风险性金融市场，分别平均持有560元和7340元的风险性金融资产。从总体上看，富裕阶层是风险性金融市场的主力军，而贫困阶层家庭对风险性金融市场的参与率和平均投资量都很低。

表9-1 财富分层与风险性资产关系的描述性统计

金融资产类别	全国范围数			省域范围数			总体
	家庭财富的分位			家庭财富的分位			
	0~25%	25%~75%	75%~100%	0~25%	25%~75%	75%~100%	
参与金融市场(%)	0.87	0.95	0.97	0.88	0.94	0.97	0.93
参与风险金融市场(%)	0.02	0.08	0.21	0.02	0.08	0.21	0.10
参与无风险金融市场(%)	0.87	0.95	0.97	0.88	0.94	0.96	0.93

续表

金融资产类别	全国范围数			省域范围数			总体
	家庭财富的分位			家庭财富的分位			
	0~25%	25%~75%	75%~100%	0~25%	25%~75%	75%~100%	
家庭金融资产(千元)	2.14	9.74	44.37	2.62	10.48	42.52	16.50
风险金融资产(千元)	0.08	0.56	7.34	0.08	0.70	7.09	2.14
无风险金融资产(千元)	2.06	9.18	37.03	2.54	9.79	35.43	14.36
总样本量	2166	4331	2165	2174	4329	2159	8662

表9-2是基于全国范围财富分层后对变量的描述性统计结果①。表9-1与表9-2的统计结果显示，不同财富阶层的农户不仅在风险性金融资产的选择上有显著差别，而且在家庭特征变量和户主特征变量上也有显著的异质性，可以初步认为，在考察家庭金融资产选择问题时，非常有必要考虑贫富差距的影响。

表9-2 变量的描述性统计

变量	全国范围的财富分层							
	0~25%分位数		25%~75%分位数		75%~100%分位数		总体	
	均值	标准差	均值	标准差	均值	标准差	均值	标准差
总资产(千元)	26.04	15.28	149.04	67.84	790.98	1035.37	278.73	600.15
收入(千元)	19.09	24.41	33.06	36.13	66.45	113.58	37.91	65.79
兄弟姐妹数量	5.87	3.22	6.63	3.12	6.59	3.05	6.43	3.14
房产占比(%)	31.29	32.52	42.64	34.61	40.32	33.72	39.22	34.19
从事工商业	0.02	0.13	0.05	0.22	0.23	0.42	0.09	0.28
购买商业保险	0.05	0.21	0.09	0.29	0.19	0.39	0.11	0.31
家庭规模(人)	3.37	1.79	4.18	1.86	4.38	1.80	4.03	1.87
农业劳动力占比(%)	43.65	39.26	47.99	36.21	42.53	37.08	45.54	37.29
风险厌恶	0.81	0.39	0.74	0.44	0.68	0.47	0.74	0.44
金融信息	0.60	0.49	0.47	0.50	0.37	0.48	0.48	0.50
45岁以下	0.17	0.37	0.26	0.44	0.30	0.46	0.25	0.43

① 本章也基于省域财富分层的结果对变量进行了描述性统计，结果与表9-2基本一致。

续表

变量	全国范围的财富分层							
	0~25%分位数		25%~75%分位数		75%~100%分位数		总体	
	均值	标准差	均值	标准差	均值	标准差	均值	标准差
45~60岁	0.32	0.47	0.44	0.50	0.46	0.50	0.42	0.49
60岁以上	0.51	0.50	0.30	0.46	0.23	0.42	0.34	0.47
受教育年限	5.73	3.63	6.99	3.38	7.96	3.22	6.92	3.50
身体健康	0.12	0.32	0.18	0.38	0.30	0.46	0.19	0.39
一般健康	0.11	0.31	0.15	0.36	0.16	0.37	0.14	0.35
身体不健康	0.78	0.42	0.67	0.47	0.54	0.50	0.67	0.47
户主性别	0.83	0.37	0.90	0.30	0.90	0.30	0.88	0.32
户主婚姻	0.79	0.41	0.91	0.29	0.94	0.25	0.88	0.32
是否党员	0.08	0.27	0.09	0.29	0.14	0.35	0.10	0.30
总样本量	2166		4331		2165		8662	

表9-3是农户风险性金融资产选择与家庭和户主特征变量的描述性统计结果。其中，第(1)列是金融市场参与广度与农户特征变量的描述性统计结果，我们根据家庭是否参与风险性金融市场把全部样本分为参与风险性金融市场和没有参与两组样本，分别统计两组样本在不同特征变量上的差异①。根据分组均值检验的结果，在家庭总资产的数量上，没有参与的家庭资产平均为24.3万元，而参与风险金融市场的家庭资产平均为59.5万元，在1%的水平上高于没有参与风险性金融市场的样本，这说明财富水平对农户参与风险性金融市场具有重要的促进作用。其他特征变量的统计结果与已有研究基本一致：家庭收入的提高、从事工商业经营和拥有商业保险能够提高农户参与风险性金融市场的可能性。年轻户主、受教育程度高和身体健康的户主家庭参与金融市场的概率更大；户主为男性、已婚和党员的农村家庭也更有可能参与风险性金融市场。房产占比的提高和家庭规模的扩大降低了农户参与风险性金融市场的概率。风险厌恶的户主家庭和不

① 本章还利用中位数作为门槛值，把样本分为两组进行了统计，结论与按均值进行分组描述性统计的结果基本一致。

关注金融经济信息的户主家庭更少地参与风险性金融市场。社会网络对农户参与风险性金融市场没有影响，这可能是由于在农村地区，社会网络的主要功能是非正式的借贷(杨汝岱等，2011)，在家庭遭遇风险冲击后提供非正式保险和平滑消费(李涛和朱铭来，2017)，而非促进金融资产投资。

表 9-3 中第(2)列是金融市场参与深度与农户特征变量的描述性统计结果，进一步把持有风险性金融资产的家庭作为研究样本，将农户风险性金融资产的平均数作为门槛值，把农户分为高于和低于平均值的两组子样本，分别统计两组样本在不同特征变量上的差异。根据分组均值检验的结果，低于均值的农户平均资产为 45 万元；高于均值的农户平均资产为 115 万元，在 1%的显著性水平上高于平均数以下的样本农户，这说明财富水平对农户参与风险性金融市场的深度同样具有促进作用。其他变量的统计结果与已有研究基本一致：收入的提高、从事工商业经营和拥有商业保险促使农户持有更多的风险性金融资产。年轻户主、受教育程度高和身体健康的户主、党员户主投资更多的风险性金融资产。房产占比的提高挤出了家庭对风险性金融资产的投资。风险厌恶的户主家庭和不关注金融经济信息的户主家庭更少地持有风险性金融资产。社会网络、家庭规模、农业劳动力占比对风险性金融资产投资没有影响，户主性别和婚姻状况也没有影响。

综合表 9-2 和表 9-3 的统计结果可以发现，农户特征变量是影响家庭金融市场参与深度和参与广度的重要因素。更重要的是，不同财富阶层的农户在金融市场的参与深度和参与广度上存在显著的异质性，可以认为，在研究农村家庭金融资产选择问题时，非常有必要通过财富分层考虑贫富差距的影响。

表 9-3　金融资产选择与农户特征变量的描述性统计

变量	金融市场参与广度(1)			金融市场参与深度(2)			总体(3)	
	没有参与	参与	均值差异	低于均值	高于均值	均值差异	均值	标准差
	均值	均值		均值	均值			
总资产(千元)	243.3	595.4	-352.01***	451.5	1151	-699.77***	0.25	0.43
收入(千元)	34.53	68.19	-33.67***	56.54	113.2	-56.69***	0.25	0.43
兄弟姐妹数	6.42	6.49	-0.07	6.5	6.43	0.07	0.25	0.43

续表

变量	金融市场参与广度(1)			金融市场参与深度(2)			总体(3)	
	没有参与	参与	均值差异	低于均值	高于均值	均值差异	均值	标准差
	均值	均值		均值	均值			
房产占比(%)	40.3	29.6	10.70***	31.08	23.88	7.20***	0.25	0.43
从事工商业	0.07	0.21	-0.14***	0.17	0.36	-0.18***	278.73	600.15
商业保险	0.09	0.22	-0.13***	0.19	0.34	-0.15***	37.91	65.79
家庭规模(人)	4.01	4.18	-0.18***	4.18	4.2	-0.01	6.43	3.14
农业劳动力占比(%)	45.71	44.02	1.69	45.05	40.07	4.97	39.22	34.19
风险厌恶	0.76	0.61	0.14***	0.64	0.51	0.13***	0.09	0.28
金融信息	0.5	0.29	0.21***	0.31	0.21	0.10***	0.11	0.31
45岁以下	0.23	0.4	-0.17***	0.38	0.45	-0.07*	4.03	1.87
45~60岁	0.42	0.43	-0.01	0.44	0.37	0.07	45.54	37.29
60岁以上	0.35	0.17	0.18***	0.17	0.17	0	0.74	0.44
受教育年限	6.76	8.32	-1.56***	8.12	9.11	-0.99***	0.48	0.5
身体健康	0.18	0.33	-0.15***	0.31	0.39	-0.07*	0.25	0.43
一般健康	0.14	0.2	-0.07***	0.2	0.22	-0.03	0.42	0.49
身体不健康	0.69	0.47	0.21***	0.49	0.39	0.10**	0.34	0.47
户主性别	0.88	0.91	-0.03**	0.9	0.93	-0.03	6.92	3.5
户主婚姻	0.88	0.93	-0.05***	0.92	0.96	-0.03	0.19	0.39
是否党员	0.09	0.15	-0.06***	0.13	0.22	-0.09***	0.14	0.35
总样本量	7991	871	—	692	179	—	8662	

注：*、**、***分别表示均值差异检验在10%、5%、1%的统计水平上显著。

9.2 财富分层与农村居民家庭金融资产选择模型的构建

本章借鉴已有研究成果，采用Probit模型考察财富水平和财富分层对农村家庭参与风险性金融市场的影响，利用Tobit模型检验财富水平和财富分层对家庭持有风险金融资产数量的影响，为了识别贫富差距影响家庭风险性金融资产选择的可能渠道，构建了影响机制模型进行实证检验。

9.2.1 财富水平与农村居民家庭金融资产选择

模型(1)是财富水平与农户金融市场参与关系的 Probit 模型，以此衡量农户参与金融市场的广度。Y^P 为农户是否参与风险性金融市场的虚拟变量，取值为 1 表示参与，取值为 0 表示没有参与；$ASSET_i$ 是家庭总资产，代表家庭财富水平；X_i 是控制变量，包括家庭特征变量、户主特征变量和区域控制变量；μ_i 为随机误差项。

$$Pro(Y^P=1)=\alpha+\beta ASSET_i+\gamma X_i+\mu_i \tag{1}$$

模型(2)是财富水平与农户金融资产持有量关系的模型，以此衡量农户参与金融市场的深度。由于很多家庭没有投资风险性金融资产，相应的取值为 0，所以因变量属于典型的截断数据类型(censored)，因此选择 Tobit 模型进行估计。Y^A 为农户持有风险性金融资产的数量，y^A 表示持有量大于 0 的部分。其他变量的定义与模型(1)一致。

$$y^A=\alpha+\beta ASSET_i+\gamma X_i+\mu_i \tag{2}$$

$$Y^A=\max(0,\ y^A)$$

9.2.2 财富分层与农村居民家庭金融资产选择

模型(3)是财富分层与农户金融市场参与关系的 Probit 模型，Y^P 为农户是否参与风险性金融市场，取值为 1 表示参与，取值为 0 表示没有参与；$Poverty_i^k$ 是财富分层变量；在实证分析部分，把财富处于 0~25%分位数的家庭作为参照系。

$$Pro(Y^P=1)=\alpha+\sum_{k=2}^{3}\beta_{1k}poverty_i^k+\gamma X_i+\mu_i \tag{3}$$

模型(4)是财富分层与金融资产持有量关系的 Tobit 模型，Y^A 是家庭持有风险性金融资产的数量，y^A 表示持有量大于 0 的部分。其他变量的定义与模型(3)一致。

$$y^A=\alpha+\sum_{k=2}^{3}\beta_{1k}poverty_i^k+\gamma X_i+\mu_i \tag{4}$$

$$Y^A=\max(0,\ y^A)$$

9.3 财富分层影响农村居民家庭金融资产选择的机制

中国城乡收入差距近年来一直居高不下(李长健、胡月明,2017),农村内部的贫富差距也有扩大的趋势(徐志刚等,2017)。从理论上看,贫富差距对农村家庭参与金融市场的广度和深度有重要影响,家庭财富处于不同阶层对农户参与金融市场的影响趋于不同。与贫困者相比,富裕家庭更容易获得金融市场的支持(Santos and Barrett,2011)。财富分层至少可以通过两种渠道来影响农户金融资产选择。一个是金融信息的渠道,家庭获取经济金融信息的能力对其进行金融资产投资有十分重要的影响(朱光伟等,2014),财富水平代表了家庭获取信息的能力①,因为富裕家庭有更多资源投资于社会资本来扩展关系网络(徐丽鹤、袁燕,2017),因此获得信息更加容易,信息获取成本的降低会促进家庭更多地关注经济金融信息。因此,我们的一个推论是,财富分层可以降低由于缺乏金融信息而未参与金融市场的可能性,印证了这一结论也就验证了金融信息渠道的作用。第二个可能的渠道是影响投资者风险态度,主观风险态度在很大程度上影响家庭的金融投资决策。财富水平越高的家庭,其分担风险的渠道就越多,缓冲负面风险冲击的能力也越强(张琳琬、吴卫星,2016)。因此,越富裕的家庭在金融资产投资上持谨慎态度的可能性远远小于贫困家庭,从而促进家庭参与风险性金融市场。由此推论,财富分层可以通过影响投资者主观风险态度的渠道影响家庭金融资产选择。

表 9-4 分别统计了不同财富阶层农户在风险态度和金融信息上的分布。结果显示,财富水平处于 0~25%分位、25%~50%分位、50%~75%分位和 75%~100%分位的农户,风险厌恶的比重分别为 0.81、0.76、0.72 和 0.68;从不关注金融经济信息的比重依次为 0.6、0.49、0.46 和 0.37。随着家庭所处财富阶层的跃升,不愿承担任何风险的家庭占比不断下降,从不关注经济和金融信息的家庭占比也逐渐减少。这意味着,随着财富水

① 这里的信息既包括公开的经济金融信息也包括内部信息。

平的提高，家庭更愿意承担风险，从而验证了风险态度渠道的存在。随着家庭财富水平的提高，家庭也更愿意关注经济和金融信息，验证了信息渠道的存在。

表 9-4　影响机制的描述性统计结果——全国范围

影响机制变量	统计量	财富分层——全国范围			
		0~25%分位	25%~50%分位	50%~75%分位	75%~100%分位
风险厌恶	均值	0.81	0.76	0.72	0.68
	标准差	0.39	0.43	0.45	0.47
从不关注经济金融信息	均值	0.6	0.49	0.46	0.37
	标准差	0.49	0.5	0.5	0.48
样本量	—	2166	2165	2166	2165
总样本量	—	8662			

表 9-5 是在省域范围内定义财富分层，对影响渠道进行描述性统计的结果。结果显示，财富水平处于 0~25%分位、25%~50%分位、50%~75%分位和 75%~100%分位的农户，风险厌恶的比重分别为 0.82、0.77、0.73 和 0.66；从不关注金融经济信息的比重依次为 0.6、0.52、0.44 和 0.36。由此可知，越是富裕的家庭，在金融资产投资上越是愿意承担投资风险，也更加关注经济金融信息。这也再次验证了财富分层可以通过影响农户风险态度和金融信息关注度的渠道间接影响家庭风险性金融资产选择，这一结论在使用不同方式衡量财富分层变量后依然稳健。

表 9-5　影响机制的描述性统计结果——省域范围

影响机制变量	统计量	财富分层——省域范围			
		0~25%分位	25%~50%分位	50%~75%分位	75%~100%分位
风险厌恶	均值	0.82	0.77	0.73	0.66
	标准差	0.39	0.42	0.45	0.47
从不关注经济金融信息	均值	0.6	0.52	0.44	0.36
	标准差	0.49	0.5	0.5	0.48
样本量	—	2174	2161	2168	2159
总样本量	—	8662			

表 9-4 和表 9-5 是不同财富阶层下，风险厌恶与金融信息关注度的初步探索性分析，财富分层如何通过风险态度和金融信息渠道影响家庭金融资产选择还需进行严谨的计量经济学检验。模型(5)是验证金融信息渠道的 Probit 模型，其中 p^{inf}为农户是否关注金融信息虚拟变量，其他变量定义与模型(3)相同。

$$Pro(p^{inf} = 1) = \alpha + \sum_{k=2}^{3} \beta_{1k} poverty_i^k + \gamma X_i + \mu_i \tag{5}$$

模型(6)是识别主观风险态度渠道的 Probit 模型，其中 p^{risk}是农户风险厌恶虚拟变量，其他变量定义与模型(3)相同。

$$Pro(p^{risk} = 1) = \alpha + \sum_{k=2}^{3} \beta_{1k} poverty_i^k + \gamma X_i + \mu_i \tag{6}$$

9.4 实证结果

9.4.1 财富水平对农村居民家庭金融资产选择的影响

表 9-6 第(1)列是财富水平影响农村家庭金融市场参与广度的估计结果。表 9-6 显示，财富水平对农户参与风险性金融市场的边际影响为 0.0385，即家庭资产每增加 1%，农户参与风险性金融市场的概率提高 3.85%。其他控制变量的估计结果与已有研究基本一致，家庭收入和商业保险提高了家庭参与风险性金融市场的可能性，房产占比、家庭规模和农业劳动力占比显著降低了农户参与风险性金融市场的概率。年轻户主、受教育程度高的户主和身体健康的户主参与金融市场的概率更大；风险厌恶的户主和不关注金融经济信息的户主更少地参与风险性金融市场。户主性别、婚姻状况和政治面貌对金融市场参与没有影响。社会网络对农户参与风险性金融市场没有影响，这可能是由于在农村地区，社会网络的主要功能是非正式的借贷(杨汝岱等，2011)，在家庭遭遇风险冲击后提供非正式保险和平滑消费，而非促进金融资产投资。表 9-6 中的第(2)列是财富水平影响农户金融资产持有量的估计结果。表 9-6 显示，财富水平对农户持有风险性金融资产在 1%的显著性水平上有正向影响。

表 9-6 财富水平与家庭金融资产选择的估计结果

解释变量	是否参与金融市场	持有金融资产数量
	Probit	Tobit
	(1)	(2)
资产的对数	0.0385*** (0.003)	34.42*** (5.955)
收入的对数	0.0190*** (0.003)	19.01*** (4.382)
兄弟姐妹人数	0.0000 (0.001)	0.02 (1.050)
房产占比	-0.0009*** (0.000)	-0.78*** (0.137)
从事工商业	0.0102 (0.009)	21.99** (8.588)
购买商业保险	0.0300*** (0.008)	32.53*** (8.816)
家庭规模	-0.0069*** (0.002)	-6.25*** (2.234)
农业劳动力占比	-0.0002** (0.000)	-0.02 (0.083)
风险厌恶	-0.0220*** (0.007)	-22.01*** (6.513)
金融信息	-0.0289*** (0.006)	-20.89*** (6.955)
45 岁以下	0.0498*** (0.009)	28.91*** (9.612)
45~60 岁	0.0165** (0.008)	5.10 (8.071)
受教育年限	0.0025** (0.001)	1.37 (0.999)
身体健康	0.0362*** (0.007)	22.84*** (7.730)

续表

解释变量	是否参与金融市场	持有金融资产数量
	Probit	Tobit
	(1)	(2)
一般健康	0.0332*** (0.008)	19.72** (8.417)
户主性别	-0.0047 (0.010)	-7.85 (9.521)
户主婚姻	-0.0103 (0.012)	-16.11 (11.438)
是否党员	0.0112 (0.009)	8.48 (8.446)
省份变量	控制	控制
N	8662	8662
Pseudo R^2	0.169	0.132
N_ unc	—	871
N_ lc	—	7791

注：括号报告的是稳健标准误，系数为边际效应。*、**、***分别表示在10%、5%、1%的统计水平上显著。IVProbit第1阶段的估计结果因篇幅原因未做报告，第1阶段估计结果显示工具变量与内生变量显著相关。

9.4.2　财富分层对农村居民家庭金融资产选择的影响

财富对家庭金融资产选择的影响并不是一成不变的，连续的家庭资产并不能够区分贫困者和富有者在金融资产选择上的异质性影响。表9-7报告了财富分层的估计结果，第(1)列是财富分层与农户金融市场参与广度关系的估计结果，与0~25%的相对贫困农户相比，25%~75%的中等阶层家庭和75%~100%的富裕阶层家庭的边际影响分别为0.071和0.127，即中等阶层和富裕阶层农户参与风险性金融市场的概率比贫困农户分别高7.1%和12.7%。其他控制变量的估计结果与表9-6第(1)列基本一致，此处省略。

表9-7中第(2)列是财富分层与农户金融市场参与深度关系的估计结

果，在风险性金融资产的持有上，25%~75%的中等阶层农户和75%~100%的富裕阶层农户都在1%的显著性水平上高于0~25%的贫困农户。这表明，财富分层对农户配置在风险性金融资产的数量有稳健的正向影响。其他控制变量的估计结果与表9-6第(2)列基本一致，此处省略。

表9-7　财富分层与风险性金融资产选择关系的估计结果

解释变量	是否参与金融市场	持有金融资产数量
	Probit	Tobit
	(1)	(2)
国内最贫困的0~25%为对比	—	—
25%~75%	0.0714*** (0.010)	35.25*** (11.317)
75%~100%	0.1270*** (0.011)	93.32*** (15.777)
其他解释变量	控制	控制
N	8662	8662
Pseudo R^2	0.1639	0.1214
N_unc	—	871
N_lc	—	7791

注：括号内报告的是稳健标准误，系数为边际效应。*、**、***分别表示在10%、5%、1%的统计水平上显著。

9.4.3　影响机制的估计结果

表9-4和表9-5变量的描述性统计结果显示，不同财富阶层的农户在风险态度和对金融信息的关注度上存在显著差别。财富水平越高的组内，不愿承担任何风险的家庭占比越低，从不关注经济和金融信息的家庭占比也越低。

表9-8给出了两种影响机制的实证检验结果，第(1)列是检验风险态度渠道的估计结果，相比于财富处于0~25%分位数的农户，处于25%~75%分位数的家庭不愿意承担任何风险的概率显著降低3.8%，处于75%~100%的农户显著降低7.3%。实证结果说明，随着财富阶层的提升，家庭更愿意承担风险，验证了风险态度渠道的存在。第(2)列是检验信息渠道的估计结果。与财富处于0~25%分位数的家庭相比，处于25%~75%分位数的农户从不关注经济和金融信息的概率显著减少9.1%，处于75%~

100%分为数的农户显著降低14.2%。随着家庭财富水平的提高，家庭更愿意关注经济和金融信息，验证了信息渠道的存在。

表 9-8 影响机制的估计结果

解释变量	Probit	Tobit
	不愿承担任何风险	从不关注经济和金融信息
	(1)	(2)
国内最贫困的0~25%为对比	—	—
25%~75%	-0.038*** (0.012)	-0.091*** (0.013)
75%以上	-0.073*** (0.015)	-0.142*** (0.017)
其他解释变量	控制	控制
N	8662	8662
Pseudo R^2	0.091	0.101

注：括号内报告的是稳健标准误，系数为边际效应。*、**、***分别表示在10%、5%、1%的统计水平上显著。其他解释变量与表9-6一致，此处省略。

9.4.4 估计结果的稳健性检验

在省域范围内重新定义财富分层变量，以省内最贫困的0~25%家庭作为对照，重新估计了农户风险性金融资产选择模型和影响机制模型，估计结果见表9-9。表9-9中第(1)列表明，相比省内资产处于0~25%分位数的农户，中等阶层和富裕阶层的农户更有可能参与风险性金融市场，财富分层对家庭参与风险性金融市场具有稳健的正向影响。第(2)列表明，与省内最贫困的0~25%农户相比，中等阶层和富裕阶层农户持有更多的风险性金融资产，财富分层对家庭参与风险性金融市场的深度同样具有稳健的作用。

表 9-9 财富分层与金融资产选择关系的稳健性检验

解释变量	是否参与金融市场	持有金融资产数量
	Probit	Tobit
	(1)	(2)
省内最贫困的0~25%为对比	—	—
25%~75%	0.0766*** (0.010)	37.35*** (11.370)

续表

解释变量	是否参与金融市场	持有金融资产数量
	Probit	Tobit
	(1)	(2)
75%~100%	0.1340*** (0.011)	98.77*** (15.916)
其他解释变量	控制	控制
N	8662	8662
Pseudo R^2	0.1678	0.1201
N_unc	—	871
N_lc	—	7791

注：括号内报告的是稳健标准误，系数为边际效应。*、**、***分别表示在10%、5%、1%的统计水平上显著。

表9-10是对影响渠道的稳健性检验结果，以省内最贫困的0~25%农户家庭作为对照，中产阶层和富裕阶层农户更加关注经济金融信息，在金融资产投资上也更愿意承担投资风险。这也再次验证了财富分层可以通过影响农户风险态度和金融信息关注度的渠道间接影响家庭风险性金融资产选择，这一结论在使用不同方式衡量财富分层变量后依然稳健。

表9-10　影响机制的稳健性检验

解释变量	Probit	Tobit
	不愿承担任何风险	从不关注经济和金融信息
	(1)	(2)
省内最贫困的0~25%为对比	—	—
25%~75%	-0.036*** (0.012)	-0.091*** (0.013)
75%以上	-0.080*** (0.015)	-0.142*** (0.017)
其他解释变量	控制	控制
N	8662	8662
Pseudo R^2	0.092	0.104

注：括号内报告的是稳健标准误，系数为边际效应。*、**、***分别表示在10%、5%、1%的统计水平上显著。

9.5 小　　结

中国城乡贫富差距近年来一直居高不下，农村内部的收入不平等程度依然较高，农村家庭金融资产选择是否受到贫富差距的影响仍缺乏实证检验。本章基于中国家庭金融调查(CHFS)在2013年的微观数据，实证检验了财富分层对我国农村家庭金融资产选择的影响差异。研究发现，农户参与金融市场的广度和深度与家庭所处的财富阶层密切相关。与富有者相比，处于0~25%财富阶层的农户参与风险性金融市场的可能性最低，持有风险性金融资产的数量也最少，25%~75%财富阶层的家庭次之，75%~100%财富阶层的家庭最高。本章的实证结果在国家和省域范围进行财富分层后仍然稳健。进一步的机制分析发现，贫困者在金融资产投资上更加保守，也更不关注金融经济信息，这是其参与风险性金融市场广度和深度不足的重要原因。

本章的结果表明，单纯依靠发展和完善资本市场无法提高贫困农户参与金融市场的意愿和能力，无法增加贫困农户的财产性收入，不能作为解决农村贫困问题的工具。因此，要解决农村低收入阶层的贫困和发展问题，仅仅依赖资本市场的发展是不可取的，不仅无法帮助贫困者逃离贫困和实现发展，还有可能导致他们陷入贫困的恶性循环。因为农户越是贫困，越无法利用金融市场配置资源和实现财产性收入的增长，将来就会越发贫困。本章从家庭金融资产配置的角度解释了农村贫困人群的“贫困陷阱”现象。

如何帮助贫困农户打破贫困的恶性循环，本章的发现至少给我们以下4点启示：①解决农村贫富差距问题，仅仅依靠发展农村金融市场并不是可取的方案。处于不同财富阶层的农户在参与金融市场的意愿和能力上呈现两极分化的趋势，单纯依靠发展和完善农村资本市场不仅无法帮助贫困者逃离贫困和实现发展，还有可能扩大不同财富阶层的财产性收入差距，导致贫富差距进一步恶化。②在当前全面建成小康社会的关键时期，贫困农户缺乏金融资产投资能力进而造成农村贫困家庭收入偏低的问题，已经成为影响我国反贫困政策绩效的瓶颈，改善农村贫困家庭的金融选择意愿和能力，不仅是当前精准扶贫和精准脱贫的重要抓手，而且长远地看，重视、培育和积极挖掘不同财富阶段农户参与金融市场的广度和深度，也是促进农村金融市场可持续发展的根本出路。③本章的研究认为，在不改变现有金融产品和服务的情况下，单纯追求金融市场覆盖面的做法是低效的。因为覆盖面的扩大需要以农户金融市场参与程度的提高为前提，但是不同财富阶层农户对金融产品的需求存在差异性。金融机构应当针对不同财富阶层的农户特点，即改进原有(或开发新的)金融产品和服务方式，提供差异化的金融产品和服务，这样才能释放不同财富阶层农户参与金融市场的潜在的和隐藏的需求。④政府应当出台政策，扩大机构投资者在金融资产投资中的份额，一方面机构投资者比普通农户更具信息优势，可以带动农户间接投资金融市场；另一方面，机构投资者有专业的金融知识和分析能力，能够更有效地控制风险，帮助农户完成金融资产配置，提高农户的财产性收入，改善农户的金融资产配置效率。

10 结论与政策建议

本书采用中国家庭金融调查与研究中心 2011 年和 2013 年在全国范围内开展的两轮抽样调查数据，从理论分析和实证检验两个方面全面系统地考察城镇居民家庭金融市场参与、金融资产持有量和配置结构的特征及影响因素，并立足转型期中国社会文化的特点，实证检验社会资本和贫富差距与家庭金融资产选择的关系，并建立机制模型识别可能的影响渠道。本书在微观实证研究中，充分考虑了样本数据的分布特征和内生性问题可能导致的估计偏误，分别选取 Logit 模型、Tobit 模型、IVProbit 模型和 IVTobit 模型对城乡居民家庭金融资产选择行为进行计量经济学分析，并检验估计结果的稳健性。从总体上看，本书拓展了家庭金融研究的广度和深度，尤其是补充和完善了已有相关文献在样本数据获取和模型构建上的不足，充实和丰富了家庭金融资产选择领域的研究成果。此外，本书的研究结论和对策建议部分蕴含重要的应用价值，可以为家庭优化经济资源配置提供分类指导，为金融机构有针对性地开发适应市场需求的金融理财产品提供经验依据，为促进国家金融市场改革和发展的政策措施奠定微观基础。

本章是全书的总结和对策建议，共包括 3 个部分：首先，将本书理论分析和实证研究的结论归纳在一起，总结研究结论，以便能更直观地回答本书所关注的问题；其次，基于全书的结论提出针对性的对策建议；最后，说明本书的不足之处，指出将来家庭金融资产选择领域的研究方向。

10.1 研究结论

1. 我国城镇居民家庭金融资产选择的特征

第4章、第5章和第6章分别对城镇居民家庭金融市场参与率、金融资产数量和金融资产结构进行了描述性统计。发现：中国家庭的金融资产选择行为不同于欧美国家。在欧美等发达国家，金融资产占家庭资产的比重很大，家庭金融资产的金融化程度很高，而且家庭持有风险性金融资产的数量和比重也比较大，家庭金融资产投资主要通过专业化的中介进行。与欧美等发达国家相比，我国家庭金融资产主要以储蓄存款为主，家庭主要持有无风险性金融资产，具体表现为：①城乡居民在家庭金融资产选择上存在系统性差异，城镇家庭在金融市场的参与率、金融资产的持有量和金融资产配置比重上都远高于农村居民家庭；②虽然家庭资产选择呈现出金融化的趋势，但金融资产在总资产中的比例依然非常低，金融化程度低；③家庭金融资产选择有风险化倾向，但风险性金融资产在金融资产中的占比较低，风险化程度低；④储蓄存款是家庭最主要的金融资产，家庭对股市的参与深度和参与广度都较低；⑤不同财富阶层的家庭在金融资产选择上存在异质性特点。

2. 家庭特征变量对家庭金融资产选择的影响

(1)家庭收入的影响。

家庭可支配收入是家庭进行金融资产投资的基础。一方面，家庭可支配收入是影响家庭金融资产总量的关键因素。根据现代经济学的观点，随着家庭可支配收入的提高，家庭的边际消费倾向降低，而相应的边际储蓄倾向在提高，随着家庭储蓄量的增加，家庭金融资产的总量也在提高。另一方面，家庭可支配收入是家庭金融资产结构变化的基础。伴随家庭可支配收入和家庭财富的增加，家庭的风险态度将发生变化，对不同收益和风险金融产品的需求也将改变，家庭金融资产的配置将出现多元化的趋势，家庭金融资产结构会随之变动。

本书研究发现：在金融市场参与广度上，收入对家庭参与风险性金融市场、股票市场和储蓄存款有显著的正向影响。在金融市场的参与深度上，随着家庭收入的提高，家庭持有金融资产总量、储蓄存款数量和股票的数量也会显著增加；与此同时，收入的提高可以促使家庭显著增加风险性金融资产和储蓄存款的比重，但是对股票占比没有显著影响。这一发现与已有研究基本一致（Guiso et al.，1996；Cardak and Wilkins，2009）。

（2）财富水平的影响。

家庭财富的提高会加强家庭抵御风险的能力，当金融资产的收益偏离预期的时候，家庭的承受能力更强。对于特定风险的金融产品，富裕家庭相比不富裕的家庭更有可能选择高风险、高收益的金融产品。此外，家庭财富的增加，尤其是金融财富的增加可以有效地分散非系统性的风险，如果家庭金融资产规模很小，可以购置的金融资产种类就会受到限制，或者购置多项金融资产的成本太高，即使家庭有分散风险的愿望，也没有实施分散风险的能力。

本书研究得到以下结论：在参与广度上，富裕家庭更多地参与风险性金融市场、股票市场和储蓄。在参与深度上，随着家庭财富的增加，其持有金融资产数量、储蓄存款数量和股票数量会显著提高；同时，富裕家庭还会提高风险性金融资产占比、股票占比和储蓄存款占比。

（3）房产占比的影响。

房产对金融资产投资有两方面的影响（Flavin and Yamashita，2002，2011；Cocco et al.，2005）。一方面的影响是替代效应，家庭储蓄主要用于两个方面：实物资产投资和金融资产投资。在家庭储蓄既定的情况下，家庭金融资产与房产投资之间存在此消彼长的关系，即房产投资对家庭金融资产投资具有替代效应。另一方面的影响可以视为互补效应。拥有住房的家庭，由于房产可以稳定增值，家庭必然会增加对股票等风险性资产的需求。对于没有自住房，仅租房的家庭，未来预期的不确定性要高于拥有房产的家庭，这些家庭在投资风险性金融资产上会更加谨慎。因此，房产投资与风险性金融资产具有互补关系。收入、财富、教育水平高的投资者往往更易选择高系统风险的组合，此类投资者由于风险分散不足而导致的损失绝对金额更大，在家庭金融资产配置中，由于包含其他流动性很低的房产，会对参与风险金融市场产生一定的影响。

房产占比的提高不仅显著降低了家庭参与风险性金融市场、股票市场和储蓄存款的概率，还减少了家庭对金融资产总量、股票和储蓄存款的持有，与此同时，高房产占比还降低了家庭风险性金融资产比重、股票比重和储蓄存款比重。从总体上看，房产对金融资产投资的替代效应超过了互补效应，过度的房产投资将抑制家庭对金融市场的参与深度和参与广度。

(4)工商业生产经营的影响。

从事工商业经营对家庭参与风险性金融市场没有显著影响，对参与股票市场和储蓄存款有负向影响。工商业生产经营对家庭持有金融资产和储蓄存款无显著影响，但减少了家庭对股票的持有量，工商业生产经营对家庭风险性金融资产占比和股票占比有显著的负面影响，但对储蓄存款占比的影响不大。这一结论再次证实，我国也存在私人企业资产挤出家庭参与股市的现象(Heaton and Lucas，2000；Shum and Faig，2006)

(5)商业保险的影响。

购买商业保险的家庭更有可能参与风险性金融市场、股票市场和储蓄存款市场，同时会增加对金融资产总量、股票和储蓄存款的投入。商业保险对风险性金融资产总量占比、股票和储蓄存款占比同样具有显著的促进作用。我们的研究再次证实保险保障能够极大地促进家庭参与金融市场的广度和深度(Agnew et al.，2003；Gormley et al.，2010；Atella et al.，2011；周钦等，2015)。

(6)家庭规模的影响。

家庭规模和结构是影响家庭风险的承受能力的客观因素(Vicki，2015)，随着家庭规模的扩大，尤其是未成年子女数量的增加，家庭的决策者考虑到子女未来的生活费、教育和医疗支出，必须持有一定数量的低风险资产，这时家庭会更厌恶风险，从而倾向于低风险、低收益的金融资产。家庭规模的差异将影响家庭的金融资产投资偏好，对家庭现有资源在不同风险性金融资产间的分配产生作用，最终影响家庭金融资产的数量和结构。

本书研究发现：家庭规模对参与风险性金融市场和股票市场没有显著

影响，对家庭参与储蓄存款有显著的负向影响，家庭人口越多进行储蓄的概率越小。家庭规模对金融资产总量和储蓄存款数量没有显著影响，但是显著降低了家庭对股票的持有量，随着家庭人口增长，家庭持有更少的股票。家庭规模对家庭风险性金融资产占比和股票占比没有显著影响，但是显著降低了家庭储蓄存款的比重。

3. 投资者特征变量对家庭金融资产选择的影响

(1)户主年龄的影响。

根据生命周期假说，理性的经济人会依据一生的收入来安排家庭在各个时期的消费、投资与支出。因此，每个家庭的消费、储蓄和投资将受到整个生命周期内所获得的总收入的约束。与生命周期假说类似，持久收入假说认为，家庭消费支出并不是取决于其当期的收入，而是由家庭的持久性收入所决定，即家庭的消费、储蓄与投资是依据对家庭长期收入的预期来进行的(Modigliani，1963)。以上两个假说都表明，各个家庭在某一时点上的消费、储蓄和投资都反映了该家庭谋求在其生命周期内获得最大效用的意图，但是该意图要受制于家庭在其整个生命周期内所能获得的总收入。

本书研究发现：户主年龄对家庭参与风险性金融市场、股票市场和储蓄存款的作用存在差异。在风险性金融市场的参与上，青年户主家庭的参与概率显著高于老年户主家庭，中年户主与老年户主家庭没有显著差异。在股票市场的参与上，不同年龄段的家庭在参与股票市场上没有差别。在储蓄存款的参与上，青年户主家庭与老年户主家庭没有显著差别，中年户主家庭显著低于老年户主家庭。户主年龄对金融资产总量和储蓄存款有显著的负向影响，对股票持有量没有影响，随着年龄的增加，家庭更少地持有金融资产和储蓄存款。户主年龄对风险金融资产占比、股票和储蓄存款占比有不同影响。老年户主家庭相比青年户主家庭有更高的风险金融资产占比、更低的储蓄存款占比，但两者在股票占比上没有差异。相比于老年户主家庭，中年户主家庭有较少的储蓄存款比重，但是两者在风险性金融资产占比和股票占比上没有差异。

(2)户主受教育程度的影响。

受教育程度的提高一方面可以提高家庭收入，从而影响家庭的风险缓冲能力，最终对家庭金融资产配置产生作用。另一方面，受教育程度不同，人们对金融资产的认识也会存在差异。相比于受教育程度低的家庭，受过良好教育的家庭，对不同类型的金融资产，特别是新型的金融资产的认识和接受更快，从而在化解非系统性风险方面有更大的选择空间。

本书研究发现：受教育程度对家庭参与风险性金融市场、股票市场和储蓄存款都有显著的促进作用，但是影响幅度存在差异。随着教育水平的提高，家庭参与风险性金融市场、股票市场和储蓄存款的概率显著提高。受教育程度对家庭持有金融资产数量、股票数量和储蓄存款有显著的正向影响，文化程度越高的户主家庭，越会投资金融资产、股票和储蓄。受教育程度对风险金融资产总量占比、股票占比和储蓄存款也有显著的促进作用，受教育水平越高的家庭越会增加风险性金融资产、股票和储蓄存款的配置比重。从总体上看，教育水平的提升能够显著增加家庭参与金融市场的广度和深度，这一结论与 Mankiw and Zeldes(1991)、Campbell(2006)的研究基本一致。

(3)户主健康状况的影响。

本书研究发现：户主健康状况好转对家庭参与风险性金融市场和进行储蓄存款具有显著的促进作用，但是对家庭参与股市没有显著影响。与健康状况不好的家庭相比，健康状况良好的家庭和健康状况一般的家庭更有可能参与风险性金融资产和进行储蓄存款。健康状况对金融资产总量和储蓄存款产生显著的提升作用，对股票持有量没有影响，与健康状况不好的家庭相比，健康状况良好的家庭和健康状况一般的家庭更多地投资于风险性金融资产和储蓄存款，但对股市投资数量没有影响。健康状况对风险金融资产占比和储蓄占比有显著的促进作用，对股票占比没有影响，与健康状况不好的家庭相比，健康状况良好和健康状况一般的家庭会更多地配置风险性金融资产和储蓄存款的比重。这一结论与 Berkowitz and Qiu(2006)、Rosen and Wu(2010) 的研究基本一致。

(4)主观风险态度的影响。

由于不同类别的金融资产存在不同的收益率和风险水平，家庭在持有金融资产种类与持有数量上的差异主要源于不同家庭在风险偏好上的差别，因此，风险偏好是影响居民家庭金融资产数量选择和结构配置的重要因素。进一步，影响家庭风险偏好的因素，也会间接作用于家庭金融资产的选择行为。

本书研究发现：户主风险态度对家庭参与风险性金融市场、股票市场和储蓄存款有显著的影响，与风险厌恶的家庭相比，风险中性和风险偏好的家庭更有可能参与风险性金融市场、股票市场和储蓄存款市场。户主风险态度对城镇居民家庭金融资产总量、储蓄存款量和股票持有量有显著的影响，与风险厌恶家庭相比，风险中性和风险偏好的家庭更多地持有金融资产、股票和储蓄存款。户主风险态度对城镇居民风险性金融资产占比、股票和储蓄存款量占比有不同的影响。相比于风险厌恶的户主家庭，风险偏好的户主家庭会增加家庭风险金融资产占比和股票占比，同时减少储蓄存款占比。相比于风险厌恶的户主家庭，风险中性的户主家庭会提高风险金融资产占比和股票占比，但两者在储蓄存款占比上没有差别。本书的这一发现与 Shum and Faig(2006)，雷晓燕、周月刚(2010)，Cooper and Kaplanis(1994)的研究结论基本一致。

(5)户主性别的影响。

不同的家庭对风险的承受能力存在差异，这种差异受主观因素和客观因素的共同作用。家庭决策者的性别是典型的主观因素，不同性别对冒险的喜好程度有着天然的差异，这种差异由基因决定，一般认为男性比女性更偏好风险，而这种风险态度上的差异将体现在家庭金融资产选择行为上，进而影响家庭对各种金融资产数量和结构的配置。

本书研究发现：户主性别对城镇居民家庭参与风险性金融市场有正向影响，但对家庭参与股票市场和储蓄存款没有显著影响。相比于女性户主，男性户主会增加金融资产和储蓄存款持有量，但在股票持有量上没有显著差别。相比于女性户主，男性户主家庭会增加风险金融资产比重，但两者在股票占比和储蓄存款占比上没有差别。

(6)户主婚姻状况的影响。

已婚户主家庭更可能参与股市，婚姻状况对家庭参与风险性金融市场和储蓄存款没有影响。与未婚户主家庭相比，已婚户主家庭持有更多的金融资产、储蓄存款和股票。已婚户主家庭配置在股票资产上的比重更高，但婚姻状况对风险金融资产占比和储蓄存款占比没有影响。

(7)户主政治面貌的影响。

户主是否党员对家庭参与风险性金融市场没有显著影响，但户主为党员的家庭有更大的可能参与股票市场和储蓄存款。相比于非党员户主家庭，户主为党员的家庭会增加金融资产和储蓄存款投资，但是否党员对股票持有量没有影响。户主为党员的家庭会增加储蓄存款的配置比重，是否党员对风险金融资产比重和股票比重没有影响。

4. 地区差异的影响

(1)在家庭金融市场参与上，东部地区和中部地区的家庭在风险性金融市场的参与概率上显著高于西部地区家庭；东部、中部和西部地区家庭在股票市场的参与上没有显著差别。东部地区和中部地区的家庭在储蓄存款的参与概率上显著高于西部地区家庭。

(2)在金融资产的持有量上，东部和中部地区家庭比西部地区家庭更多地投资金融资产和储蓄存款，但区域差异对股票持有量没有影响。

(3)在金融资产的配置比重上，东部和中部地区家庭比西部地区家庭有更高的风险金融资产占比和储蓄存款占比，三大区域的家庭在股票占比上没有差异。

5. 社会网络对家庭金融资产选择的影响

本书第7章基于中国家庭金融调查2011年和2013年的调查数据，实证分析了社会资本对家庭风险性金融市场参与广度与参与深度的影响。研究发现，社会资本不仅显著提高了家庭参与风险性金融市场的概率，而且增加了家庭持有风险性金融资产，尤其是对股票的数量。进一步的机制分析表明，社会资本可以通过降低风险规避态度和提升金融信息关注度的渠道来影响家庭对风险性金融资产的配置。研究结论在使用工具变量解决内生性问题，使用不同年份调查数据进行检验后仍然稳健。这一研究结论再次证实了社会互动、社会资本、“信任”、“关系”等社会文化变量对家庭金融资产选择的作用，研究结论与这些学者(Hong et al.，2004；Guiso and Paiella，2004；Guiso et al.，2008；Ren-neboog and Spaenjers，2012；朱光伟等，2014)的研究结论基本一致。

6. 财富分层对城乡居民家庭金融资产选择的影响

本书第 8 章和第 9 章基于中国家庭金融调查 2011 年和 2013 年的微观数据，分别实证检验了财富分层对城镇居民和农村家庭参与风险性金融市场的影响和作用机制。研究发现，不同财富阶层的家庭在风险性金融市场的参与广度和深度上存在显著差异。与贫困者相比，富有者不仅有更高的概率参与风险性金融市场，而且有能力配置更多的股票等风险性金融资产。进一步的机制分析表明，贫困者在投资风险态度上更加保守，缺乏社会资本投资能力，无法通过社会网络获取金融信息，进而限制了贫困者进入风险性金融市场的机会。研究结论在使用工具变量解决内生性问题，使用不同标准进行财富分层后仍然稳健。

因此，单纯依靠发展和完善资本市场无法提高贫困家庭参与金融市场的意愿和能力，无法增加贫困家庭的财产性收入，不能作为解决城乡居民家庭贫困问题的工具。因此，要解决城镇低收入阶层的贫困和发展问题，仅仅依赖资本市场的发展是不可取的，不仅无法帮助贫困者逃离贫困和实现发展，还有可能导致他们陷入贫困的恶性循环。因为越是贫困的家庭，越无法利用金融市场配置资源和实现财产性收入的增长，将来就会越发贫困。本书从家庭金融资产配置的角度解释了城镇低收入家庭的“贫困陷阱”现象。

10.2 政策建议

本节基于城镇居民家庭金融资产选择实证分析的结论，提出 7 个方面的对策建议。

1. 深化经济体制改革，减少居民家庭预期的不确定性，引导居民多元化投资

改革开放以来，我国居民家庭收入有了很大提高，但社会经济体制改革也增加了居民对未来不确定性的预期，家庭偏好于预防性的储蓄，抑制了家庭金融资产多元化的发展。未来需要在深化社会经济领域改革的同时，不断完善社会保障措施，逐步建立健全居民医疗制度、养老制度、失业保障制度和住房公积金制度，进而降低家庭对未来预期的不确定性，促使家庭在投资时更加关注资产的收益，实现家庭金融资产投资的多元化发展。

首先，提高居民收入水平应当成为政府的首要任务，通过就业培训和创业扶持计划提高全社会就业水平，给居民家庭一个稳定的收入增长预期。其次，加快基本社会保障体系建设，在发展经济的同时，为居民家庭提供养老、医疗、失业等最基本的社会保障，并不断扩大社会保障体系的覆盖范围和支持力度，尤其是改变传统的家庭养老模式为社会养老，建立更为合理的医疗保险制度，来促进我国家庭资产配置的进一步优化。最后，完善社会保证制度建设，建立以社会保险、社会救助、社会福利和社会优抚为核心的完善的社会保障体系，切实保证家庭的基本生活水平，给居民一个稳定的生活保障预期。

2. 完善和深化资本市场改革

我国经济在高速发展的同时，居民收入不断提高，导致边际储蓄率提升，居民家庭储蓄存款比重很高，这为家庭进行多元化投资奠定了基础。政府应当建立相应的金融市场供家庭进行不同金融资产的投资，因此创新、改革和完善现有资本市场（股票市场、债券市场和基金市场）意义重大。

首先，针对我国家庭股票投资较低的特征，要加快股票市场改革，进一步完善股票市场的制度建设，建立多层次的股票市场体系。不断扩大资本市场规模，重构证券市场格局，实现金融资产的结构合理化；努力实现证券市场的制度化和法制化建设，如改革 IPO 制度、提高信息披露质量、建立合理的退市机制、加大投资者保护力度，来减弱中国股市波动，降低股票投资的风险，建立统一集中的证券监管体制，使证券市场更加透明、规范，为居民创造良好的投资环境；通过培育机构投资者和发展证券投资基金来降低证券市场的波动性，促进证券市场的稳定发展，进而吸引更多的居民家庭进入证券市场。

其次，不断扩大债券市场规模，完善债券市场结构。不断扩大国债发行规模，建立和完善国债的发行和流通体系，允许不同期限结构的国债在市场上自由流通；扩大企业债券的市场份额，加大企业债券的发行力度，在改善企业资产负债的同时，增加居民家庭的投资渠道；扩大债券发行品种，完善债券市场结构，健全债券市场功能。

最后，针对居民家庭资产配置中基金比例较低的特征，应该进一步促进基金市场的合理竞争，降低基金费率，规范基金投资行为，提高基金管理能力，吸引中国家庭加大在基金市场上的投资。

3. 不断完善商业保险市场的发展

本书研究发现：购买商业保险的家庭更有可能参与金融市场，并持有更多的金融资产。当前我国商业保险市场还不完善，保险产品和服务还有很大的改进空间，这对我国保险业的发展来说既是挑战也是机遇。保险公司应当积极扩大商业保险市场规模，增加保险产品的吸引力。政府监管部门应当完善相关法律法规，促进各类保险中介规范发展，激励保险中介为家庭参与商业保险市场提供高效服务；重点发展符合我国国情的保险产品，如商业医疗保险、商业养老保险和责任保险等；探索保险机构参与新型农村合作医疗的有效方式，探索建立政策支持的巨灾保险体系。

4. 加快房地产相关领域改革，促进房地产市场健康发展，优化家庭金融资产配置

本书研究发现：房产占比对家庭金融市场参与率、家庭金融资产数量和家庭金融资产结构均有显著的“挤出效应”。我国实行住房市场化改革以来，尤其是最近10年以来，地价和房价不断创新高，房产是大部分家庭最重要的资产，这导致我国城镇居民家庭资产构成中房产比重很高，而股票、基金等金融资产的比重极低，极高的房产投资比例和住房拥有率，使得房产对于中国家庭金融资产配置起着极为重要的作用。政府应对房价进行调控使其回归合理水平，促进房屋租赁市场的健康发展，这将有助于家庭资产配置的优化。

5. 构建社会主义和谐社区

本书研究发现：良好的社会网络可以促进家庭参与金融市场。社会网络作为一种非正式的制度安排，不但具有“信息桥”的作用，可以通过网络成员缓解信息不对称，降低交易成本；而且有助于家庭改变保守的风险态度，使其形成合理的风险投资态度。因此，政府应该加强社会主义和谐社区建设，有效发挥社会网络的保险与保障功能。通过建立广泛的、高质量的社会网络，一方面可以降低家庭投资金融市场的风险；另一方面，有助于家庭增加信贷渠道，缓解信贷约束，进而增加家庭财产性收入，提高家庭福利水平。

对城乡贫困家庭而言，他们往往缺乏物质担保，较难获得商业信贷的支持。因此，要充分发挥政府的主导作用，扩大社会资本投入，建立多层次的互助机构等方式，扩展贫困家庭相对封闭和狭窄的关系网络，增加城乡贫困家庭的社会参与。在实践中，要重视发挥社区组织或互助机构的积极作用，协助贫困家庭建立以社会资本为基础的信用合作组织，以此作为担保主体向金融中介提出信贷需求，降低由于缺乏实物担保和信息不对称产生的客观约束，达到贫困家庭与金融机构的互惠共赢。

6. 调整收入分配结构，促进居民家庭金融资产合理增长

财富分层对家庭金融资产选择影响显著，富裕家庭是参与金融市场的主力军，绝大部分贫困家庭被金融市场排斥。家庭可支配收入是提高家庭金融市场参与率和金融资产合理增长的基础，国民收入分配政策要保证收入分配更多地向居民家庭倾斜。在经济快速发展的基础上，保证人民生活水平和家庭收入稳步提高，建立相应的政策积极保证居民收入增长与经济增长保持大体一致。通过改革和完善现有收入分配政策，逐步缩小家庭金融资产在不同富裕阶层之间，城乡之间，东部、中部和西部之间差距过大的问题。

就业是获取收入的前提，解决收入分配不合理的重要措施就是实施积极的就业促进政策，扩大就业渠道，尤其是在当前农村剩余劳动力大量存在的情况下，更要积极探寻农民工的就业问题。首先，加快产业结构转型升级，大力发展第三产业，不断优化和推进产业结构；其次，不断完善适合中国国情的劳动力市场机制，缓解结构调整和经济社会转型带来的就业压力；最后，大力发展中小企业，中小企业是吸纳社会就业的主力军，应当通过各种财政、税收和金融政策扶持中小企业，努力调高就业容量。

7. 切断贫困家庭金融资源配置与贫困之间的恶性循环

本书研究发现：解决城镇居民家庭的贫富差距问题，仅仅依靠发展金融资本市场并不是可取的方案。处于不同财富阶层的家庭在参与金融市场的意愿和能力上呈现两极分化的趋势，单纯依靠发展和完善金融资本市场的政策措施不仅无法帮助贫困者逃离贫困和实现发展，还有可能扩大不同财富阶层的财产性收入差距，导致贫富差距进一步恶化。这一发现至少给我们以下 3 点启示：①在当前全面建成小康社会的关键时期，城镇贫困家庭由于缺乏金融资产投资能力导致财产性收入偏低，已经成为影响我国反贫困政策绩效的瓶颈，改善贫困家庭的金融选择意愿和能力，不仅是当前精准扶贫和精准脱贫的重要抓手，而且长远地看，重视、培育和积极挖掘不同财富阶段家庭参与金融市场的广度和深度，也是促进我国金融资本市场可持续发展的重要抓手。②本书认为，在不改变现有金融产品和服务的情况下，单纯追求金融市场覆盖面的做法是低效的。因为覆盖面的扩大需要以家庭金融市场参与程度的提高为前提，但是不同财富阶层家庭对金融产品的需求存在系统性差异。金融机构应当针对不同财富阶层的家庭特点，即改进原有(或开发新的)金融产品和服务方式，提供差异化的金融产品和服务，这样才能释放不同财富阶层家庭参与金融市场的潜在的和隐藏的需求。③政府应当出台政策，扩大机构投资者在金融资产投资中的份额，一方面机构投资者比普通家庭更具信息优势，可以带动家庭间接投资金融市场；另一方面，机构投资者有专业的金融知识和分析能力，能够更有效地控制风险，帮助家庭完成金融资产配置，提高家庭财产性收入，改善低收入家庭的金融资产配置效率。

10.3 进一步研究的方向

家庭金融作为金融学研究的一个新兴领域，近年来正受到越来越多的重视。家庭作为社会经济活动的重要载体，其参与金融市场的意愿、持有金融资产的数量和配置结构是一个国家经济发展阶段和资本市场发展水平的重要标志。改革开放以来，历经 40 余年经济的高速增长，居民家庭收入有了很大提高，资本市场和金融市场有了长足发展，家庭参与金融市场的意愿和能力显著提升。但是，多数居民家庭缺乏必要的金融知识储备，在金融资产选择过程中存在或多或少的盲目性、跟随性和冲动性，导致家庭金融资产选择行为变得日益复杂化和多样化，由此派生出与家庭金融资产选择相关的一系列理论与现实问题。中国正处于经济转轨和社会转型的关键时期，在此时代背景下对居民家庭金融资产选择行为进行深入系统的规范研究，不仅具有重要的理论价值和现实意义，还具有深刻的政策意涵。

正如 Campbell(2006)所言，尽管家庭金融正逐渐成为金融学的一个重要领域与研究分支，其研究前景非常广阔，但与金融学的两个传统研究领域资产定价和公司金融相比，家庭金融的研究无论是在理论方面还是在实证方面都尚未取得一致的结论。中国家庭金融调查与研究中心主任甘犁教授(2013)认为，家庭金融面临建模和度量两个方面的巨大挑战，而正是这一挑战支撑了该领域未来研究的广阔前景(甘犁等，2013)。

本书试图尽可能全面系统地对中国城镇居民家庭金融资产选择问题进行研究，但仍不可避免地存在一些不足，有待未来做进一步深入研究，不断改进和完善这一领域的研究成果。

首先，本书主要从家庭微观视角分析城镇居民家庭金融资产选择问题，通过把家庭属性变量作为影响因素引入模型，从而对家庭金融市场参与、金融资产数量和结构进行实证研究，这种分析具有一定的探索性，仅能初步识别哪些影响因素会对因变量产生影响。在未来的研究中，初步识别出的每一个有显著影响的因素，均可以单独进行深入的建模研究。

其次，尽管本书使用了全国范围内的调研数据，克服了以往研究常常使用区域性数据，导致结论不具有代表性、可能出现一定偏差的局限性，但是，使用的数据仅限于 2011 年和 2013 年的截面数据，一些随时间变化的因素(如利率、通货膨胀率、家庭收入的变动、家庭资产的变动)无法引入模型，无法考察家庭金融资产选择的动态特征。未来的研究将在获取更大范围和更长时间数据的基础上，把更多的影响因素，尤其是随时间变化的因素引入模型，从而可以对家庭金融资产选择进行动态分析。

再次，从研究内容上看，本书仅从微观层面分析家庭金融资产选择行为，但家庭金融选择既是微观主体的经济行为，又与整个宏观经济密切联系，随着家庭收入的提高和金融投资的多元化，居民家庭金融资产投资发挥着日益重要的作用，在把储蓄转化为投资，优化全社会资源配置上发挥着越来越重要的作用。在未来的研究中，需要从宏观视角分析影响家户部门金融资产数量与结构的因素有哪些？家户部门金融资产数量与结构之间有什么样的关系？家户部门金融资产总量与结构和金融市场发展有什么样的关系？家户部门金融资产数量和结构与经济增长之间有什么样的关系？这些问题在宏观经济中越发重要，有待将来进行全面、深入的研究。

最后，本书在实证研究过程中均做了一些假设，如果放松这些假设进行研究，则可能会有进一步的发现。

参考文献

[1] Agnew J, Balduzzi P, Sundén A. Portfolio Choice and Trading in a Large 401(k) Plan[J]. American Economic Review, 2003, 93(1): 193-215.

[2] Allen F, Qian J, Qian M. Law, Finance, and Economic Growth in China [J]. Journal of Financial Economics, 2005, 77(1): 57-116.

[3] Amemiya T. Regression Analysis when the Dependent Variable Is Truncated Normal[J]. Econometrica, 1973, 41(6): 997-1016.

[4] Ando A, Modigliani F. The "Life Cycle" Hypothesis of Saving: Aggregate Implications and Tests[J]. American Economic Review, 1963, 53(1): 55-84.

[5] Arrondel L, Calvopardo H. Portfolio Choice With a Correlated Background Risk: Theory and Evidence[J]. Delta Working Papers, 2002(2002-16).

[6] Atella V, Brunetti M, Maestas N. Household Portfolio Choices, Health Status and Health Care Systems: A Cross-Country Analysis Based on SHARE. [J]. J Bank Financ, 2012, 36(5): 1320-1335.

[7] Bagliano F C, Fugazza C, Nicodano G. Optimal Life-Cycle Portfolios for Heterogeneous Workers[J]. Social Science Electronic Publishing, 2012.

[8] Barasinska N, Schäfer D, Stephan A. Individual Risk Attitudes and the Composition of Financial Portfolios: Evidence from German Household Portfolios [J]. Quarterly Review of Economics & Finance, 2012, 52(1): 1-14.

[9] Barberis N,Huang M. Stocks as Lotteries: The Implications of Probability Weighting for Security Prices[J].American Economic Review,2008,98(5):2066-2100.

[10] Grootaert C,Bastelaer T V. Understanding and Measuring Social Capi tal: A Multidisciplinary Tool for Practitioners[M]. World Band,2002.

[11] Lin N. Building a network Theory of Social Capital[J].Social capital. Routledge,2017: 3-28.

[12] Behrman J R, Mitchell O S, Soo C K, et al. How Financial Literacy Affects Household Wealth Accumulation[J].American Economic Review,2012,102(3):300-304.

[13] Behrman J R, Mitchell O S, Soo C, et al. Financial Literacy, Schooling, and Wealth Accumulation [J]. Social Science Electronic Publishing,2010.

[14] Benzoni L,Collin-Dufresne P,Goldstein R S. Portfolio Choice over the Life-Cycle when the Stock and Labor Markets Are Cointegrated[J].Journal of Finance,2007,62(5):2123-2167.

[15] Berkowitz M K,Qiu J. A Further Look at Household Portfolio Choice and Health Status[J].Journal of Banking & Finance,2006,30(4):1201-1217.

[16] Bertaut C C,Starr M. Household Portfolios in the United States [J]. Social Science Electronic Publishing,2000.

[17] Bertaut C C. Stockholding Behavior of U. S. Households: Evidence from the 1983-1989 Survey of Consumer Finances[J].Review of Economics & Statistics,1998,80(2):263-275.

[18] Bertocchi G,Brunetti M,Torricelli C. Marriage and other risky assets: A portfolio approach[J].Social Science Electronic Publishing,2011,35(11):2902-2915.

[19] Bian Y. Bringing Strong Ties Back in: Indirect Ties,Network Bridges, and Job Searches in China[J].American Sociological Review,1997,62(3):366-385.

[20] Bian Y. Bringing Strong Ties Back in: Indirect Ties, Network Bridges, and Job Searches in China[J]. American Sociological Review, 1997, 62(3): 366-385.

[21] Bian Y. Guanxi Capital and Social Eating: Theoretical Models and Empirical Analyses[J]. Social Capital Theory & Research, 2001.

[22] Bian Y. Guanxi Capital and Social Eating: Theoretical Models and Empirical Analyses[J]. Social Capital Theory & Research, 2001.

[23] Biggart N W, Castanias R P. Collateralized Social Relations: The Social in Economic Calculation[J]. American Journal of Economics & Sociology, 2001, 60(2): 471-500.

[24] Blow L, Nesheim L. Dynamic Housing Expenditures and Household Welfare[J]. Cemmap Working Papers, 2009.

[25] Brown J R, Ivković Z, Smith P A, et al. Neighbors Matter: Causal Community Effects and Stock Market Participation[J]. Journal of Finance, 2008, 63(3): 1509-1531.

[26] Brown S, Taylor K. Household Debt and Financial Assets: Evidence from Germany, Great Britain and the USA[J]. Journal of the Royal Statistical Society, 2008, 171(3): 615-643.

[27] Calvet L E. Down or Out: Assessing The Welfare Costs of Household Investment Mistakes[J]. Working Paper, 2006, 115(5): 707-747.

[28] Campbell J Y. Household Finance[J]. Journal of Finance, 2006, 61(4): 1553-1604.

[29] Cardak B A, Wilkins R. The Determinants of Household Risky Asset Holdings: Australian Evidence on Background Risk and Other Factors [J]. Journal of Banking & Finance, 2009, 33(5): 850-860.

[30] Christelis D, Jappelli T, Padula M. Cognitive Abilities and Portfolio Choice[J]. European Economic Review, 2008, 54(1): 18-38.

[31] Coate S, Ravallion M. Reciprocity without Commitment : Character Ization and Performance of Informal Insurance Arrangements[J]. Journal of De-

velopment Economics,1993,40(1):1-24.

[32] Cocco J F,Gomes F J,Maenhout P J. Consumption and Portfolio Choice over the Life Cycle[J].Review of Financial Studies,2005,18(2):491-533.

[33] Coile C, Milligan K. How Househild Portfolios Evolve after Retirement: The Effect of Aging and Health Shocks [J]. Review of Income & Wealth,2009,55(2):226-248.

[34] Cornelia Kullmann,Stephan Siegel. Real Estate and Its Role in Household Portfolio Choice[J].Ssrn Electronic Journal,2005.

[35] Demirgüçkunt A,Levine R. Stock Market Development and Financial Intermediaries: Stylized Facts[J].World Bank Economic Review,1996,10(2):291-321.

[36] Dimmock S G,Kouwenberg R,Mitchell O S,et al. Ambiguity Aversion and Household Portfolio Choice Puzzles: Empirical Evidence[J].J Financ Econ,2016,17(3):559-577.

[37] Dimmock S G,Kouwenberg R. Loss-Aversion and Household Portfolio Choice[J].Journal of Empirical Finance,2010,17(3): 441-459.

[38] Dorn D,Sengmueller P. Trading as Entertainment? [J].Management Science,2009,55(4):591-603.

[39] Dow J. Uncertainty Aversion,Risk Aversion,and the Optimal Choice of Portfolio[J].Econometrica,1992,60(1):197-204.

[40] Durlauf S N,Fafchamps M. Social Capital[J].Handbook of Economic Growth,2005,1,part b(483):459-479(21).

[41] Durlauf,S N. Neighborhood effects[J].Working Papers,2004,4(1):343-362.

[42] Fafchamps M,Gubert F. The Formation of Risk Sharing Networks [J]. Journal of Development Economics,2007,83(2):326-350.

[43] Fafchamps M,Lund S. Risk-Sharing Networks in Rural Philippines [J].Journal of Development Economics,1998,71(2):261-287.

[44] Faig M,Shum P. Portfolio Choice in the Presence of Personal Illiquid

Projects[J].Journal of Finance,2002,57(1):303-328.

[45] Flavin M, Yamashita T. Owner - Occupied Housing and the Composition of the Household Portfolio[J].American Economic Review,2002,92(1):345-362.

[46] Flavin M,Yamashita T. Owner-Occupied Housing: Life-Cycle Implications for the Household Portfolio[J]. American Economic Review, 2011, 101(3):609-614.

[47] Fuertes A M,Muradoglu G,Ozturkkal B. A Behavioral Analysis of Investor Diversification[J].European Journal of Finance,2014,20(6):499-523.

[48] Georgarakos D,Pasini G. Trust, Sociability, and Stock Market Participation[J].Social Science Electronic Publishing,2011,15(4):693-725.

[49] Gerhardt R, Meyer S. The Effect of Personal Portfolio Reporting on Private Investors[J].Financial Markets & Portfolio Management, 2013, 27(3): 257-273.

[50] Giofré M. Information Asymmetries and Foreign Equity Portfolios: Households versus Financial Investors[C]// Center for Research on Pensions and Welfare Policies,Turin (Italy),2008.

[51] Goetzmann W N,Kumar A. Equity Portfolio Diversification[J].Social Science Electronic Publishing,2004,12(3):433-463.

[52] Goldman D, Maestas N. Medical Expenditure Risk and Household Portfolo Choice[J].Journal of Applied Econometrics,2013,28(4):527-550.

[53] Golec J,Tamarkin M. Bettors Love Skewness, Not Risk, at the Horse Track[J].Journal of Political Economy,2002,106(1):205-225.

[54] Gormley T, Liu H, Zhou G. Limited Participation and Consumption-Saving Puzzles: A Simple Explanation and the Role of Insurance[J].Social Science Electronic Publishing,2010,96(2):331-344.

[55] Gouriéroux C, Jouneau F. Econometrics of Efficient Fitted Portfolios [J].Journal of Empirical Finance,1999,6(1):87-118.

[56] Gourieroux C,Monfort A. The Econometrics of Efficient Portfolios [J].

Journal of Empirical Finance,2005,12(1):1-41.

[57] Greene W H,Quester A O. Dicorce risk and Wives' Labor Supply Behavior[J].Social Science Quarterly,1982,63(1):16-27.

[58] Grinblatt M,Keloharju M,Linnainmaa J. IQ and Stock Market Participation[J].Journal of Finance,2011,66(6):2121-2164.

[59] Grootaert C. Does social capital help the poor? - A synthesis of findings from the local level institutions studies in Bolivia,Burkina Faso,and Indonesia[M]. The World Bank,2001.

[60] Grootaert C. Social Capital, Houshold Welfare, and Poverty in Indonesia[C]// The World Bank,1999.

[61] Guiso L, Jappelli T, Haliassos M. Household Portfolios: An International Comparison[J].Csef Working Papers,2000.

[62] Guiso L,Jappelli T,Terlizzese D. Income Risk,Borrowing Constraints, and Portfolio Choice[J].American Economic Review,1996,86(1):158-172.

[63] Guiso L, Jappelli T. Financial Literacy and Portfolio Diversification [J].Quantitative Finance,2008,10(5):515-528.

[64] Guiso L,Paiella M. The Role of Risk Aversion in Predicting Individual Behaviors[C]//Econometric Society Latin American Meetings. Econometric Society,2005.

[65] Guiso L, Sapienza P, Zingales L. Trusting the Stock Market [J]. Journal of Finance,2008,63(6):2557-2600.

[66] Guiso,Luigi. Household Portfolios[M]. MIT Press,2002.

[67] Haliassos M, Bertaut C C. Why do so Few Hold Stocks? [J]. Economic Journal,1995,105(432):1110-1129.

[68] Heaton J,Lucas D. Market Frictions,Savings Behavior,and Portfolio Choice[J].Macroeconomic Dynamics,2005,1(1):76-101.

[69] Heaton J,Lucas D. Portfolio Choice and Asset Prices: The Importance of Entrepreneurial Risk[J].Journal of Finance,2000,55(3):1163-1198.

[70] Hochguertel S. Precautionary Motives and Portfolio Decisions [J].

Journal of Applied Econometrics,2003,18(1):61-77.

[71] Hong H,Kubik J D,Stein J C. Social Interaction and Stock-Market Participation[J].Social Science Electronic Publishing,2004,59(1):137-163.

[72] Horne J C V,Blume M E,Friend I. The Asset Structure of Individual Portfolios and Some Implications for Utility Functions[J].Journal of Finance, 2012,30(2):585-603.

[73] Horneff W, Maurer R, Rogalla R. Dynamic Portfolio Choice with Deferred annuities[J].Journal of Banking & Finance,2010,34(11):2652-2664.

[74] Huston S J. Measuring Financial Literacy[J].Journal of Consumer Affairs,2010,44(2):296-316.

[75] Hwang K K. Face and Favor: The Chinese Power Game[J].American Journal of Sociology,1987,92(4):944-974.

[76] Jacobs J B. A Preliminary Model of Particularistic Ties in Chinese Political Alliances: Kan-Ch' ing and Kuan-Hsi in a Rural Taiwanese Township [J].China Quarterly, 1979, 78 (78): 237-273.

[77] Juster F T, Smith J P, Stafford F. The Measurement and Structure of Household Wealth [J]. Labour Economics, 1999, 6 (2): 253-275.

[78] Juster F T, Smith J P. Improving the Quality of Economic Data: Lessons from the HRS and AHEAD [J]. Publications of the American Statistical Association, 1997, 92 (440): 1268-1278.

[79] Kapteyn A, Teppa F. Subjective Measures of Risk Aversion, Fixed Costs, and Portfolio Choice [J]. Journal of Economic Psychology, 2011, 32 (4): 564-580.

[80] Kelly M. All Their Eggs in One Basket: Portfolio Diversification of US Households [J]. Journal of Economic Behavior & Organization, 2004, 27 (1): 87-96.

[81] King M A, Leape J I. Wealth and Portfolio Composition: Theory and Evidence [J]. Cepr Discussion Papers, 1984, 69 (2): 155-193.

[82] Knight J, Yueh L. The Role of Social Capital in the Iabour Market in

China [J]. Economics of Transition, 2008, 16 (3): 389-414.

[83] Knight J, Yueh L. The Role of Social Capital in the Iabour Market in China [J]. Economics of transition, 2008, 16 (3): 389-414.

[84] Kranton R E. Reciprocal Exchange: A Self-Sustaining System [J]. American Economic Review, 1996, 86 (4): 830-851.

[85] L. Vavroušková, L.Cechura. Wage Disparity and Inter-Occupation Specifics in Managing Czech Households' Portfolios: What is the position of agricultural workers? [J]. AGRIS on-line Papers in Economics and Informatics, 2012, 4 (3) .

[86] Letkiewicz J C, Fox J J. Conscientiousness, Financial Literacy, and Asset Accumulation of Young Adults [J]. Journal of Consumer Affairs, 2014, 48 (2): 274-300.

[87] Lin N. Social Networks and Status Attainment [J]. Annual Review of Sociology, 1999, 25 (1): 467-487.

[88] Uberoi, P. A Cultural Account of Chinese Local Politis Local politics in a Rural Chinese cultural Setting: A Field Study of Mazu Township, Taiwan by J. Bruce Jacobs, Contemporary China Centre, Canberra, 1980 [J]. China Report, 1983, 19 (6): 43-46.

[89] Love D A, Smith P A. Does Health Affect Portfolio Choice? [J]. Health Economics, 2010, 19 (12): 1441.

[90] Mankiw N G, Zeldes S P. Consumption of Stockholders and Non-stockholders [J]. Journal of Financial Economics, 1990, 29 (1): 97-112.

[91] Marcel Fafchamps. Development and social capital [J]. Journal of Development Studies, 2006, 42 (7): 1180-1198.

[92] Marianna Brunetti, Costanza Torricelli. Population Age Structure and Household Portfolio Choices in Italy [J]. European Journal of Finance, 2010, 16 (6): 481-502.

[93] Markowitz H. Porfolio Selection [J]. Theory & Practice of Investment Management Asset Allocation Valuation Portfolio Construction & Strategies

Second Edition, 1952, 7 (1): 77-91.

[94] Mayordomo S, Rodriguezmoreno M, Peña J I. Portfolio Choice with Indivisible and Illiquid Housing Assets: The Case of Spain [J]. Social Science Electronic Publishing, 2014, 14 (11): 38-47.

[95] Mendes V. Financial Iiteracy and Portfolio Diversification [J].Quantitative Finance, 2010, 10 (5): 515-528.

[96] Merton R C. Lifetime Portfolio Selection under Uncertainty: The Continuous-Time Case [J]. Review of Economics & Statistics, 1969, 51 (3): 247-257.

[97] Mincer J. Schooling, Experience, and Earnings [J]. NBER Books, 1974.

[98] Mitchell O S, Utkus S P. The Role of Company Stock in Defined Contribution Plans [J]. Social Science Electronic Publishing, 2002: 33-71.

[99] Montgomery J D. Social Networks and Labor - Market Outcomes: Toward an Economic Analysis [J]. American Economic Review, 1991, 81 (5): 1408-1418.

[100] Morissette R, Zhang X. Revisiting wealth inequality [J]. Perspectives on Labour & Income, 2006, 7 (12) .

[101] Munshi K D, Rosenzweig M R. Why is Mobility in India so Low? Social Insurance, Inequality, and Growth [J]. NBER Working Papers, 2009.

[102] Munshi K, Rosenzweig M. Traditional Institutions Meet the Modern World: Caste, Gender, and Schooling Choice in a Globalizing Economy [J].American Economic Review, 2006, 96 (4): 1225-1252.

[103] Munshi K. Networks in the Modern Economy: Mexican Migrants in the U. S. Labor Market [J]. Quarterly Journal of Economics, 2003, 118 (2): 549-599.

[104] Nalin H T. Determinants of Household Saving and Portfolio Choice Behaviour in Turkey [J]. Acta Oeconomica, 2013, 63 (3): 309-331.

[105] Narayan D, Pritchett L. Cents and Sociability: Household Income and Social Capital in Rural Tanzania [J]. Economic Development & Cultural

Change, 1999, 47 (4): 871-897.

[106] Nieuwerburgh S V, Veldkamp L. Information Immobility and the Home Bias Puzzle [J]. Journal of Finance, 2009, 64 (3): 1187-1215.

[107] Olsen R J. Note on the Uniqueness of the Maximum Likelihood Estimator for the Tobit Model. [J]. Econometrica, 1978, 46 (5): 1211-1215.

[108] Ostrom E. Social capital: A Fad or a Fundamental Concept [J]. P. Dasgupta & I. Serageldin Social Capital A Multifaceted Perspective, 2000.

[109] Pelizzon L, Weber G. Are Household Portfolios Efficient? An Analysis Conditional on Housing [J]. Working Papers, 2006.

[110] Pelizzon L, Weber G. Efficient Portfolios When Housing Needs Change over the Life Cycle [J]. Journal of Banking & Finance, 2009, 33 (11): 2110-2121.

[111] Poapst J V, Waters W R. Individual Investment: Canadian Experience [J]. Journal of Finance, 2012, 18 (4): 647-665.

[112] Polkovnichenko V. Household Portfolio Diversification: A Case for Rank-Dependent Preferences [J]. Review of Financial Studies, 2005, 18 (4): 1467-1502.

[113] Poterba J M, Samwick A. Household Portfolio Allocation over the Life Cycle [R] . NBER Working Papers, 1997.

[114] Putnam R D, Leonardi R, Nanetti R Y. Social Capital and Institutional Success [J]. 1993.

[115] Renneboog L, Spaenjers C. Religion, Economic Attitudes, and Household Finance [J]. Social Science Electronic Publishing, 2012, 64 (1): 103-127.

[116] Roche H, Tompaidis S, Yang C. Why does Junior Put All His Eggs in One Basket? A Potential Rational Explanation for Holding Concentrated Portfolios [J].Journal of Financial Economics, 2013, 109 (3): 775-796.

[117] Rooij M V, Lusardi A, Alessie R. Financial Literacy and Stock Market Participation [J]. Journal of Financial Economics, 2007, 101 (2):

449-472.

[118] Rosen H S, Wu S. Portfolio Choice and Health Status [J]. Journal of Financial Economics, 2004, 72 (3): 457-484.

[119] Samuelson P A. Lifetime Portfolio Selection by Dynamic Stochastic Programming [J]. Review of Economics & Statistics, 1969, 51 (3): 239-246.

[120] Sharma H. Impact of Income Shocks on Asset Portfolio of Rural Indian Households: An Empirical Analysis [C] // ASME Pressure Vessels & Piping Conference. 2010.

[121] Sharpe W F. Capital Asset Prices: A Theory of Market Equilibrium Under Conditions of Risk [J]. Journal of Finance, 1964, 19 (3): 425-442.

[122] Shum P, Faig M. What Explains Household Stock Holdings? [J]. Social Science Electronic Publishing, 2006, 30 (9): 2579-2597.

[123] Stock J H, Yogo M. Testing for Weak Instruments in Linear IV Regression [J]. NBER Technical Working Papers, 2005, 14 (1): 80-108.

[124] Thomasjuster F, Smith J. Improving the Quality of Economic Data: Lessons from the HRS and AHEAD [J]. Publications of the American Statistical Association, 1997, 92 (440): 1268-1278.

[125] Tobin J. Estimation of Relationships for Limited Dependent Variables [J]. Econometrica, 1958, 26 (1): 24-36.

[126] Tobin J. Liquidity Preference as Behavior Towards Risk [J]. Review of Economic Studies, 1958, 25 (2): 65-86.

[127] Vissing-Jφrgensen A. Limited Asset Market Participation and the Elasticity of Intertemporal Substitution [J]. Journal of Political Economy, 2002, 110 (4): 825-853.

[128] Weber E U, Hsee C K. Models and Mosaics: Investigating Cross-Cultural Differences in Risk Perception and Risk Preference [J]. Social Science Electronic Publishing, 1999, 6 (4): 611-617.

[129] Xiaobo Zhang, Guo Li. Does Guanxi, Matter to Nonfarm Employ-

ment? [J]. Journal of Comparative Economics, 2003, 31 (2): 315-331.

[130] Yan Y. The Flow of Gifts: Reciprocity and Social Networks in a Chinese Village [J]. China Journal, 1996, 4 (Volume 37): 185-186.

[131] Yang, MayfairMei-hui. Gifts, Favors, and Banquets : The Art of Social Relationships in China [M] . Cornell University Press, 1994.

[132] Zhang C, Xu Q, Zhou X, et al. Are Poverty Rates Underestimated in China? New evidence from Four Recent Surveys [J]. China Economic Review, 2014, 31 (C): 410-425.

[133] 包蓓英．决定居民家庭金融资产积累程度和结构高度的外部因素分析 [J]. 金融与经济，2000 (4): 33-34.

[134] 边燕杰．城市居民社会资本的来源及作用：网络观点与调查发现 [J]. 中国社会科学，2004 (3): 136-146.

[135] 曹扬．社会网络与家庭金融资产选择 [J]. 南方金融，2015 (11): 38-46.

[136] 曾志耕，何青，吴雨，等．金融知识与家庭投资组合多样性 [J]. 经济学家，2015 (6): 86-94.

[137] 陈斌开，李涛．中国城镇居民家庭资产—负债现状与成因研究 [J].经济研究，2011 (s1): 55-66.

[138] 陈柳钦．社会资本及其主要理论研究观点综述 [J]. 东方论坛，2007 (3): 84-91.

[139] 陈强．高级计量经济学及 Stata 应用（第二版） [M] ．北京：高等教育出版社，2014 (4): 239-240.

[140] 陈彦斌．中国城乡财富分布的比较分析 [J]. 金融研究，2008 (12): 87-100.

[141] 陈志武．让证券市场孕育中产阶级 [J]. 新财富，2003 (8): 18-20.

[142] 费孝通．乡土中国 [M] ．北京：生活·读书·新知三联书店，1948.

[143] 甘犁，尹志超，贾男，等．中国家庭资产状况及住房需求分析

[J].金融研究，2013（4）：1-14.

[144] 甘犁，尹志超，等．中国家庭金融调查报告2012 [M]．成都：西南财经大学出版社，2012.

[145] 甘犁．中国家庭金融调查报告 [M]．成都：西南财经大学出版社，2015.

[146] 高明，刘玉珍．跨国家庭金融比较：理论与政策意涵 [J]. 经济研究，2013（2）：134-149.

[147] 顾新，郭耀煌，李久平．社会资本及其在知识链中的作用 [J]. 科研管理，2003，24（5）：44-48.

[148] 郭士祺，梁平汉．社会互动、信息渠道与家庭股市参与——基于2011年中国家庭金融调查的实证研究 [J]. 经济研究，2014（s1）：116-131.

[149] 郭树清．不改善金融结构 中国经济将没有出路 [J]. 中小企业管理与科技（中旬刊），2012（8）：9-16.

[150] 何清涟．现代化的陷阱 [M]．北京：今日中国出版社，1998.

[151] 何兴强，史卫，周开国．背景风险与居民风险金融资产投资 [J].经济研究，2009（12）：119-130.

[152] 胡枫，陈玉宇．社会网络与农户借贷行为——来自中国家庭动态跟踪调查（CFPS）的证据 [J]. 金融研究，2012（12）：178-192.

[153] 胡金焱，张博．社会网络、民间融资与家庭创业——基于中国城乡差异的实证分析 [J]. 金融研究，2014（10）：148-163.

[154] 黄倩．社会网络与家庭金融资产选择 [D]．成都：西南财经大学，2014.

[155] 贾男，马俊龙．非携带式医保对农村劳动力流动的锁定效应研究 [J]. 管理世界，2015（9）：82-91.

[156] 解垩，孙桂茹．健康冲击对中国老年家庭资产组合选择的影响 [J]. 人口与发展，2012，18（4）：47-55.

[157] 金烨，李宏彬．非正规金融与农户借贷行为 [J]. 金融研究，2009（4）：63-79.

[158] 雷晓燕，周月刚．中国家庭的资产组合选择：健康状况与风险偏好［J］．金融研究，2010（1）：31-45.

[159] 李凤，罗建东，路晓蒙，等．中国家庭资产状况、变动趋势及其影响因素［J］．管理世界，2016（2）：45-56.

[160] 李锐，朱喜．农户金融抑制及其福利损失的计量分析［J］．经济研究，2007（2）：130-138.

[161] 李爽，陆铭，佐藤宏．权势的价值：党员身份与社会网络的回报在不同所有制企业是否不同？［J］．世界经济文汇，2008（6）：27-43.

[162] 李涛，郭杰．风险态度与股票投资［J］．经济研究，2009（2）：56-67.

[163] 李涛，子璇．社会互动与投资选择［J］．经济研究，2006（8）：45-57.

[164] 李涛．社会互动、信任与股市参与［J］．经济研究，2006（1）：34-45.

[165] 李心丹，肖斌卿，俞红海，等．家庭金融研究综述［J］．管理科学学报，2011，14（4）：74-85.

[166] 李雪莲，马双，邓翔．公务员家庭、创业与寻租动机［J］．经济研究，2015（5）：89-103.

[167] 李雪松，黄彦彦．房价上涨、多套房决策与中国城镇居民储蓄率［J］．经济研究，2015（9）：100-113.

[168] 李长生，张文棋．信贷约束对农户收入的影响——基于分位数回归的分析［J］．农业技术经济，2015（8）：43-52.

[169] 梁漱溟．中国文化要义［M］．上海：鹿鸣书店，1949.

[170] 林毅夫，孙希芳．信息、非正规金融与中小企业融资［J］．经济研究，2005（7）：35-44.

[171] 刘西川，杨奇明，陈立辉．农户信贷市场的正规部门与非正规部门：替代还是互补？［J］．经济研究，2014（11）：145-158.

[172] 刘欣欣．我国居民金融资产选择行为演变的制度分析［J］．南方金融，2009（3）：15-18.

［173］龙志和，周浩明．中国城镇居民预防性储蓄实证研究［J］．经济研究，2000（11）：33-38.

［174］陆铭，张爽，佐藤宏．市场化进程中社会资本还能够充当保险机制吗？——中国农村家庭灾后消费的经验研究［J］．世界经济文汇，2010（1）：16-38.

［175］马光荣，杨恩艳．社会网络、非正规金融与创业［J］．经济研究，2011（3）：83-94.

［176］宁光杰．居民财产性收入差距：能力差异还是制度阻碍？——来自中国家庭金融调查的证据［J］．经济研究，2014（s1）：102-115.

［177］钱先航，曹廷求，曹春方．既患贫又患不安：编制与公共部门的收入分配研究［J］．经济研究，2015（7）：57-71.

［178］史代敏，宋艳．居民家庭金融资产选择的实证研究［J］．统计研究，2005，22（10）：43-49.

［179］史代敏．居民家庭金融资产选择的建模研究［M］．北京：中国人民大学出版社，2012.

［180］孙永苑，杜在超，张林，等．关系、正规与非正规信贷［J］．经济学：季刊，2016，15（2）：597-626.

［181］王聪，田存志．股市参与、参与程度及其影响因素［J］．经济研究，2012（10）：97-107.

［182］王铭铭．社区的历程：溪村汉人家族的个案研究［M］．天津：天津人民出版社，1997.

［183］王书华，杨有振，苏剑．农户信贷约束与收入差距的动态影响机制：基于面板联立系统的估计［J］．经济经纬，2014，31（1）：26-31.

［184］王向楠，孙祁祥，王晓全．中国家庭寿险资产和其他资产选择研究——基于生命周期风险和资产同时配置［J］．当代经济科学，2013，35（3）：1-10.

［185］王阳，漆雁斌．农户风险规避行为对农业生产经营决策影响的实证分析［J］．四川农业大学学报，2010，28（3）：376-382.

［186］王阳，漆雁斌．农户金融市场参与意愿与影响因素的实证分

析——基于3238家农户的调查［J］. 四川农业大学学报，2013，31（4）：474-480.

［187］王宇，周丽 . 农村家庭金融市场参与影响因素的比较研究［J］. 金融理论与实践，2009（4）：13-17.

［188］吴卫星，吕学梁 . 中国城镇家庭资产配置及国际比较——基于微观数据的分析［J］. 国际金融研究，2013（10）：45-57.

［189］吴卫星，齐天翔 . 流动性、生命周期与投资组合相异性——中国投资者行为调查实证分析［J］. 经济研究，2007（2）：97-110.

［190］吴卫星，丘艳春，张琳琬 . 中国居民家庭投资组合有效性：基于夏普率的研究［J］. 世界经济，2015（1）：154-172.

［191］吴卫星，荣苹果，徐芊 . 健康与家庭资产选择［J］. 经济研究，2011（s1）：43-54.

［192］伍德里奇 . 计量经济学导论：现代观点（第5版）［M］. 北京：中国人民大学出版社，2015.

［193］肖作平，张欣哲 . 制度和人力资本对家庭金融市场参与的影响研——来自中国民营企业家的调查数据［J］. 经济研究，2012（s1）：91-104.

［194］徐丽鹤，袁燕 . 财富分层、社会资本与农户民间借贷的可得性［J］. 金融研究，2017（2）：131-146.

［195］徐梅，李晓荣 . 经济周期波动对中国居民家庭金融资产结构变化的动态影响分析［J］. 上海财经大学学报，2012（5）：54-60.

［196］杨程博，孙巍 . 城乡居民收入分布变迁的汽车消费异质性特征研究——基于分位数视角的微观数据实证分析［J］. 数量经济研究，2014（1）.

［197］杨金敏 . 我国个人理财的现状、存在问题及对策［J］. 经济论坛，2009（12）：45-47.

［198］杨汝岱，陈斌开，朱诗娥 . 基于社会网络视角的农户民间借贷需求行为研究［J］. 经济研究，2011（11）：116-129.

［199］姚亚伟 . 上海市居民家庭资产配置现状及对策分析［J］. 上海

金融，2012（6）：10-15.

［200］易小兰．农户正规借贷需求及其正规贷款可获性的影响因素分析［J］．中国农村经济，2012（2）：56-63.

［201］尹志超，黄倩．股市有限参与之谜研究述评［J］．经济评论，2013（6）：144-150.

［202］尹志超，宋全云，吴雨，等．金融知识、创业决策和创业动机［J］.管理世界，2015（1）：87-98.

［203］尹志超，宋全云，吴雨．金融知识、投资经验与家庭资产选择［J］.经济研究，2014（4）：62-75.

［204］尹志超，吴雨，甘犁．金融可得性、金融市场参与和家庭资产选择［J］．经济研究，2015（3）：87-99.

［205］臧旭恒，刘大可．利率杠杆与居民消费——储蓄替代关系分析［J］．南开经济研究，2003（6）：3-8.

［206］张博，胡金焱，范辰辰．社会网络、信息获取与家庭创业收入——基于中国城乡差异视角的实证研究［J］．经济评论，2015（2）：52-67.

［207］张爽，陆铭，章元．社会资本的作用随市场化进程减弱还是加强？——来自中国农村贫困的实证研究［J］．经济学（季刊），2007，6（2）：539-560.

［208］张学勇，贾琛．居民金融资产结构的影响因素——基于河北省的调查研究［J］．金融研究，2010（3）：34-44.

［209］张燕，徐菱涓．江苏省城镇居民家庭金融资产结构影响因素的实证分析［J］．金融纵横，2013（1）：184-184.

［210］赵剑治，陆铭．关系对农村收入差距的贡献及其地区差异——一项基于回归的分解分析［J］．经济学（季刊），2010，9（1）：363-390.

［211］赵允迪，王俊芹．农户农村信用社借贷需求的影响因素分析——基于河北省农户调查［J］．农业技术经济，2012（9）：43-51.

［212］周钦，袁燕，臧文斌．医疗保险对中国城市和农村家庭资产选择的影响研究［J］．经济学：季刊，2015，14（2）：931-960.

[213] 周广肃，樊纲，申广军．收入差距、社会资本与健康水平——基于中国家庭追踪调查（CFPS）的实证分析［J］．管理世界，2014（7）：12-21.

[214] 周晔馨．社会资本是贫困者的资本吗？——基于中国农户收入的经验证据［J］．管理世界，2012（7）：83-95.

[215] 朱光伟，杜在超，张林．关系、股市参与和股市回报［J］．经济研究，2014（11）：87-101.

[216] 邹红，喻开志．我国城镇居民家庭的金融资产选择特征分析——基于6个城市家庭的调查数据［J］．工业技术经济，2009，28（5）：19-22.

附录　家庭金融资产数量与结构调查问卷[①]

家庭金融资产模块

现在，我们想进一步了解下您家庭的金融资产状况，让我们从存款开始。

（一）活期存款

［D1101］目前，您家是否有人民币活期存款账户？

1. 有　　　　2. 没有（**跳至［D2101］**）

［D1104］您家经常使用的活期存款账户有几个？

（如果受访者不知道，请记录-9）

［D1105］目前，这【CAPI 加载 D1104】个活期账户的存款余额大概有多少元？【追问法】

（如果受访者不知道或不愿意回答则问［D1105it］）

［D1105it］这【CAPI 加载 D1104】个活期存款余额大概在哪个范围（单位：元）？【卡片 R5】

1. 5000 以下　　　　2. 5000~2 万

3. 2 万~5 万　　　　4. 5 万~10 万

① https://chfs.swufe.edu.cn/chubanchengguo.aspx，调查问卷的其他内容参见中国家庭金融调查与研究中心官方站。

5. 10万~20万　　6. 20万~50万
7. 50万~100万　　8. 100万~200万
9. 200万~500万　　10. 500万~1000万
11. 1000万以上

若［D1104］>1，显示：下面，我们想了解下您家余额最大的活期账户情况。

［D1107］该活期账户的开户行是哪家银行？【**CAPI**】列出银行清单

［D1108］您家选择该银行的主要原因是什么？（可多选）【卡片 B25】

1. 位置便利　　2. 自动取款机数量多
3. 自助银行多　　4. 网上银行较好
5. 时间上方便　　6. 费用低
7. 服务好　　8. 业务程序简单
9. 银行产品丰富　　10. 个人关系
11. 生意/业务需要　　12. 工作/学习需要
13. 工资卡/养老金卡/单位指定　　14. 取款不受限制
15. 没有其他机构　　16. 银行倒闭的风险小
17. 偏好于本地机构　　18. 其他(请注明)

→若［D1104=1］，则跳至［D2101］

［D1111］目前，此活期账户的存款余额大概有多少元？【追问法】（如果受访者不知道，请记录-9）

(二)定期存款

［D2101］目前，您家有未到期的人民币定期存款吗？

1. 有　　2. 没有(**跳至［D3101］**)

［D2103］您家定期存款的主要目的是什么？（可多选）【卡片 B28】

1. 有利息　　2. 资产的安全性
3. 购买/建造/装修住房　　4. 购买汽车
5. 购买家具、家电等耐用品　　6. 为农业/工商业准备资金
7. 金融投资　　8. 教育或培训
9. 偿还债务　　10. 为养老做准备

11. 旅游或度假　　12. 留给子女
13. 婚丧嫁娶　　14. 看病
15. 无其他投资渠道　　16. 其他(请注明)

[D2103a] 您家共有几笔定期存款?

[D2104] 目前，这【CAPI 加载 D2103a】笔定期存款的总额是多少元?【追问法】

(如果受访者不知道或不愿意回答则问 [D2104it])

[D2104 it] 这 [CAPI 加载 [D2103a] 笔定期存款余额大概在哪个范围?(单位：元)【卡片 R5】

1. 5000 以下　　2. 5000~2 万
3. 2 万~5 万　　4. 5 万~10 万
5. 10 万~20 万　　6. 20 万~50 万
7. 50 万~100 万　　8. 100 万~200 万
9. 200 万~500 万　　10. 500 万~1000 万
11. 1000 万以上

[D2106] 去年，您家从定期存款上获得多少税后利息收入?(单位：元)

(若受访者不知道，则记录-9)

若 D2103a>1，显示：下面的问题是关于您家金额最大的那笔定期存款的情况。

[D2114] 该笔存款是哪一年存入的?

[D2115] 它的存款期限是多久?

→若 D2103a=1，跳至 D3101

[D2117] 目前，该笔存款有多少元?【追问法】

(如果受访者不知道，请记录-9)

(三)股票

[D3101] 目前，您家是否持有股票账户?

1. 是(**跳至 [D3103]**)　　2. 否

[D3102] 您家没有股票账户的原因是什么?(可多选)【卡片 B35】

1. 炒股风险太高
2. 炒股收益太低
3. 不知道如何开户
4. 证券公司离得太远
5. 不知道到哪儿开户
6. 程序烦琐
7. 没有相关知识
8. 曾经亏损
9. 没有听说过
10. 资金有限
11. 其他原因(请注明)

→跳至［D4101a］

访员注意：股票账户里的现金余额指那些未用于购买股票的钱。

［D3103］这些股票账户里的现金余额有多少，请注意，股票账户里的现金余额指那些未用于购买股票的钱？【追问法】（单位：元）

（如果受访者不知道或不愿意回答则问［D3103 it］）

［D3103 it］这些股票账户余额大概在哪个范围？（单位：元）【卡片 R5】

1. 5000 以下
2. 5000~2 万
3. 2 万~5 万
4. 5 万~10 万
5. 10 万~20 万
6. 20 万~50 万
7. 50 万~100 万
8. 100 万~200 万
9. 200 万~500 万
10. 500 万~1000 万
11. 1000 万以上

［D3104］目前，您家持有多少只股票？

（如果受访者不知道，请记录-9）

如果［D3104］>0 或-9，跳至［D3106］

［D3104］=0，则询问［D3105］

［D3105］您家为什么没有持有股票？（可多选）【卡片 B36】

1. 行情不好
2. 收益太低
3. 未选定投资对象
4. 投资基金
5. 账户中的钱不足
6. 不知道该如何购买
7. 没有相关知识
8. 没有听说过
9. 资金有限
10. 其他原因(请注明)

→跳至［D4101a］

[D3106] 在您家所持有的股票中，您家任何成员是否在其中之一的公司工作或曾经工作过？

1. 是　　2. 否

[D3107] 您家投资股票多长时间了？（单位：月）

（如果受访者不知道，请记录-9）

访员注意：此问询问整个家庭的盈亏状况，而非某只股票或某个个人。

[D3108] 从开始炒股到现在，您整个家庭的盈亏状况是？

1. 盈利　　2. 盈亏平衡

3. 亏损

访员注意：此问是询问所有购买的股票总市值，那些股票账户中未用于购买股票的资金不计算在内。

[D3109] 您家持有的所有股票目前市值是多少？【追问法】（如果受访者不知道或不愿意回答则问 [D3109 it]）

[D3109 it] 这些股票市值大概在哪个范围？【卡片 R5】

1. 5000 以下　　2. 5000~2 万

3. 2 万~5 万　　4. 5 万~10 万

5. 10 万~20 万　　6. 20 万~50 万

7. 50 万~100 万　　8. 100 万~200 万

9. 200 万~500 万　　10. 500 万~1000 万

11. 1000 万以上

访员注意：此问询问受访家庭所有成员中通常使用最多的操作方式，以受访者的主观判断为准。

[D3111] 您家购买或操作股票的主要方式是？（可多选）【卡片 B37】

1. 自家电脑　　2. 办公场所电脑

3. 网点电脑　　4. 柜台

5. 电话（不包括手机）　　6. 手机

7. 通过经纪人操作　　8. 其他

访员注意：此问询问受访家庭通常作出投资决策的依据，以受访者的主观判断为准。

［D3112a］通常您家是谁做出股票投资决策的？【卡片 B38】

1. 受访者　　2. 配偶
3. 受访者和配偶共同决定　　4. 家人共同做出
5. 父母　　6. 子女
7. 孙子/孙女　　8. 兄弟姐妹
9. 其他亲属　　10. 非亲属
11. 各自决策

［D3113］您家还有非公开市场交易的股票吗？

1. 有　　2. 否（**跳至［D3116a］**）

访员注意：此问询问整个家庭的股票，而非某只股票或某个个人。

［D3116］您估计这些股票目前值多少钱？（单位：元）

（如果受访者不知道或不愿意回答则问［D3116it］）

［D3116 it］这些股票市值大概在哪个范围？（单位：元）【卡片 R5】

1. 5000 以下　　2. 5000~2 万
3. 2 万~5 万　　4. 5 万~10 万
5. 10 万~20 万　　6. 20 万~50 万
7. 50 万~100 万　　8. 100 万~200 万
9. 200 万~500 万　　10. 500 万~1000 万
11. 1000 万以上

［D3116a］您家有没有贷款或借钱购买股票？

1. 有　　2. 没有（**跳至［D3117］**）

［D3116b］现在还有多少钱没有还？（单位：元）

（如果受访者不知道，请记录-9）

［D3117］去年，您家从股票差价或分红中获得多少税后收入？（单位：元）

（如果受访者不知道或不愿意回答则问［D3117it］）

［D3117it］您估计股票差价或分红税后收入在下列哪个范围内？（单位：元）【卡片 R5】

1. 5000 以下　　2. 5000~2 万

3. 2万~5万　　4. 5万~10万

5. 10万~20万　　6. 20万~50万

7. 50万~100万　　8. 100万~200万

9. 200万~500万　　10. 500万~1000万

11. 1000万以上

(四)债券

[D4101a] 您家有下列哪些金融资产?(可多选)

1. 债券　　2. 基金(**跳至 [D5103]**)

3. 衍生品(**跳至 [D6103]**)　　4. 金融理财产品(**跳至 [D7103]**)

5. 都没有(**跳至 [D7112a]**)

访员注意:如果被访者是多选,则所选金融资产分别询问。

[D4101] 目前,您家有下列哪种债券?【卡片 B31】

1. 国库券　　2. 地方政府债券

3. 金融债券　　4. 公司(企业)债券

5. 其他债券(请注明)

[CAPI]:循环 [D4101] 所选选项

[D4103] 您家持有的**【CAPI 加载债券名称】**总面值是多少元?【追问法】

(如果受访者不知道或不愿意回答则问 [D4103 it])

[D4103 it] 这些债券面值大概在哪个范围?(单位:元)【卡片 R5】

1. 5000以下　　2. 5000~2万

3. 2万~5万　　4. 5万~10万

5. 10万~20万　　6. 20万~50万

7. 50万~100万　　8. 100万~200万

9. 200万~500万　　10. 500万~1000万

11. 1000万以上

[D4105] 下面我想知道您家最大的那笔**【CAPI 加载债券名称】**的情况。它是哪一年买的?

[D4106]**【CAPI 加载债券名称】**的期限是多少年?

［D4108］**【CAPI 加载债券名称】**的面值是多少？【追问法】

［D4110］**【CAPI 加载债券名称】**的年利率为百分之几？

跳出循环

［D4110a］您家有没有贷款或借钱购买债券？

1. 有　　2. 没有(**跳至［D4111］**)

［D4110b］现在还有多少钱没有还？(单位：元)(如果受访者不知道，请记录-9)

［D4111］去年，您家从债券上获得多少税后收入？(单位：元)

(若受访者不知道，则记录-9)

跳回［D4101a］

(五)基金

［D5103］目前您家持有几只基金？

(如果受访者不知道，请记录-9)

［D5104］您家拥有的基金主要是什么类型？(可多选)【卡片 B34】

1. 股票型　　2. 债券型

3. 货币市场基金　　4. 混合型

5. 其他(请注明)

［D5105］您家投资基金多长时间了？(单位：月)

(如果受访者不知道，请记录-9)

［D5107］目前，您家拥有的这些基金的总市值是多少钱？(单位：元)【追问法】

(如果受访者不知道或不愿意回答则问［D5107 it］)

［D5107 it］这些基金市值大概在哪个范围？(单位：元)【卡片 R5】

1. 5000 以下　　2. 5000~2 万

3. 2 万~5 万　　4. 5 万~10 万

5. 10 万~20 万　　6. 20 万~50 万

7. 50 万~100 万　　8. 100 万~200 万

9. 200 万~500 万　　10. 500 万~1000 万

11. 1000 万以上

[D5108a] 您家有没有贷款或借钱购买基金？

1. 有　　2. 没有（**跳至 [D5109]**）

[D5108b] 现在还有多少钱没有还？

（如果受访者不知道，请记录-9）

[D5109] 去年，您家从这些基金差价、分红或利息上获得多少税后收入？（单位：元）

（如果受访者不知道或不愿意回答则问 [D5109it]）

[D5109it] 您估计基金差价或分红税后收入在下列哪个范围内？（单位：元）【卡片 R5】

1. 5000 以下　　2. 5000~2 万

3. 2 万~5 万　　4. 5 万~10 万

5. 10 万~20 万　　6. 20 万~50 万

7. 50 万~100 万　　8. 100 万~200 万

9. 200 万~500 万　　10. 500 万~1000 万

11. 1000 万以上

跳回 [D4101a]

（六）衍生品

我们想了解下您家都拥有哪些金融衍生品？

[D6103] 您家是否拥有期货？

1. 是　　2. 否（**跳至 [D6107]**）

[D6104] 这些期货的品种都有哪些？（可多选）【卡片 B41】

1. 铜　　2. 铝

3. 锌　　4. 贵金属期货（金、银、铂、钯等）

5. 天然橡胶　　6. 燃料油

7. 玉米　　8. 黄大豆（1 号、2 号）

9. 豆粕　　10. 豆油

11. 棕榈油　　12. 线型低密度聚乙烯

13. 菜子油　　14. 小麦

15. 棉花　　16. 白砂糖

17. PTA(精对苯二甲酸)　　18. 股票指数期货

19. 外汇期货　　20. 利率期货

21. 其他(请注明)

访员注意：此处询问期货总市值，若受访者单独告诉每种期货的市值，请自行加总。

[D6106a] 这些期货目前值多少钱？（单位：元）【追问法】

（如果受访者不知道或不愿意回答则问 [D6106a it]）

[D6106a it] 这些期货市值大概在哪个范围？（单位：元）【卡片 R6】

1. 5000以下　　2. 5000~2万

3. 2万~5万　　4. 5万~10万

5. 10万~20万　　6. 20万~50万

7. 50万~100万　　8. 100万~200万

9. 200万~500万　　10. 500万~1000万

11. 1000万以上

[D6107] 您家是否拥有权证？

1. 是　　2. 否(**跳至 [D6112]**)

访员注意：此处询问权证总市值，若受访者单独告诉每种权证的市值，请自行加总。

[D6110] 目前，您家投资的这些权证值多少钱？（单位：元）【追问法】

（如果受访者不知道或不愿意回答则问 [D6110 it]）

[D6110 it] 这些权证市值大概在哪个范围？（单位：元）【卡片 R6】

1. 5000以下　　2. 5000~2万

3. 2万~5万　　4. 5万~10万

5. 10万~20万　　6. 20万~50万

7. 50万~100万　　8. 100万~200万

9. 200万~500万　　10. 500万~1000万

11. 1000万以上

访员注意：此问不包括前面的期货、权证。

［D6112］您家是否拥有其他金融衍生品，如远期合约、互换合约等？

1. 是　　2. 否（**跳至［D6115］**）

访员注意：此处询问其他衍生品总市值，若受访者单独告诉每种衍生品的市值，请自行加总。

［D6115］这些金融衍生品目前值多少钱？（单位：元）【追问法】

（如果受访者不知道或不愿意回答则问［D6115 it］）

［D6115 it］这些衍生品市值大概在哪个范围？（单位：元）【卡片 R6】

1. 5000 以下　　2. 5000~2 万

3. 2 万~5 万　　4. 5 万~10 万

5. 10 万~20 万　　6. 20 万~50 万

7. 50 万~100 万　　8. 100 万~200 万

9. 200 万~500 万　　10. 500 万~1000 万

11. 1000 万以上

访员注意：此问询问受访家庭所有金融衍生品的情况，包括期货、权证等。

［D6115a］您家有没有贷款或借钱购买金融衍生品？

1. 有　　2. 没有（**跳至［D6116］**）

［D6115b］现在还有多少钱没有还？（单位：元）

（如果受访者不知道，请记录-9）

［D6116］去年，您家从这些金融衍生品上获得多少税后收入？（单位：元）

（如果受访者不知道或不愿意回答则问［D6116it］）

［D6116it］您估计金融衍生品上获得的税后收入在下列哪个范围内？（单位：元）【卡片 R5】

1. 5000 以下　　2. 5000~2 万

3. 2 万~5 万　　4. 5 万~10 万

5. 10 万~20 万　　6. 20 万~50 万

7. 50 万~100 万　　8. 100 万~200 万

9. 200 万~500 万　　10. 500 万~1000 万

11. 1000万以上

跳回［D4101a］

(七)金融理财产品

访员注意：金融理财产品不包括前面所谈到的存款、基金、债券、股票、衍生品等，也不包括商业资产、汽车等动产、艺术品等其他种类的理财产品。金融理财产品包括银行理财产品、券商集合理财、信托。

［D7103］您家是否拥有银行理财产品？

1. 是　　2. 否(**跳至［D7107］**)

［D7104］它们都是在哪些机构买的？(可多选)**［CAPI］列出银行名单**

访员注意：此问询问受访家庭持有的所有银行理财产品的投资额，而不是某一银行理财产品或某一个个人。若受访者单独告诉每种理财产品的投资额，请自行加总。

［D7105］您家共投入多少资金购买银行理财产品？(单位：元)【追问法】

(如果受访者不知道，请记录-9)

［D7106a］目前，您家持有的银行理财产品总价值多少？(单位：元)【追问法】

(如果受访者不知道或不愿意回答则问［D7106a it］)

［D7106a it］这些银行理财产品市值大概在哪个范围？(单位：元)【卡片R6】

1. 5000以下　　2. 5000~2万

3. 2万~5万　　4. 5万~10万

5. 10万~20万　　6. 20万~50万

7. 50万~100万　　8. 100万~200万

9. 200万~500万　　10. 500万~1000万

11. 1000万以上

［D7107］您家是否拥有其他金融理财产品，如券商集合理财、信托等。

1. 是　　2. 否(**跳至［D7111a］**)

访员注意：此问中“其他金融理财产品”不包括银行理财产品。若受访者单独告诉每种理财产品的投资额，请自行加总。

［D7108］您家共投入多少资金购买其他金融理财产品？（单位：元）【追问法】

（如果受访者不知道，请记录-9）

［D7110］目前，您家持有的其他金融理财产品总价值多少？（单位：元）【追问法】

（如果受访者不知道或不愿意回答则问［D7110it］）

［D7110 it］这些其他理财产品市值大概在哪个范围？（单位：元）【卡片 R6】

1. 5000 以下　　2. 5000~2 万

3. 2 万~5 万　　4. 5 万~10 万

5. 10 万~20 万　　6. 20 万~50 万

7. 50 万~100 万　　8. 100 万~200 万

9. 200 万~500 万　　10. 500 万~1000 万

11. 1000 万以上

访员注意：此问中的“金融理财产品”包括银行理财产品、券商理财，集合资产管理、信托等。

［D7111a］您家有没有贷款或借钱购买金融理财产品？

1. 有　　2. 没有（**跳至［D7112］**）

［D7111b］现在还有多少钱没有还？（单位：元）

（如果受访者不知道，请记录-9）

［D7112］去年，您家从金融理财产品上获得多少税后收入？（单位：元）

（如果受访者不知道或不愿意回答则问［D7112it］）

［D7112it］您估计金融理财产品上获得的税后收入在下列哪个范围内？（单位：元）【卡片 R5】

1. 5000 以下　　2. 5000~2 万

3. 2 万~5 万　　4. 5 万~10 万

5. 10万~20万　　6. 20万~50万

7. 50万~100万　　8. 100万~200万

9. 200万~500万　　10. 500万~1000万

11. 1000万以上

[D7112a] 您家为什么没有购买**【CAPI 加载 D4101a 未选项(除 5 外)】**?(可多选)【卡片 B32】

1. 风险太高　　2. 收益太低

3. 期限太长　　4. 最低认购额太高

5. 不知道如何购买　　6. 程序烦琐

7. 没有相关知识　　8. 怕受骗

9. 没有听说过　　10. 资金有限

11. 其他原因(请注明)

(八)非人民币资产

[D8101] 您家是否持有非人民币资产?如外币储蓄存款、外币手持现金、B/H 股股票等。

1. 有　　2. 没有(**跳至 [D9101]**)

[D8102] 都有哪些形式的非人民币资产?(可多选)【卡片 B42】

1. 外币存款　　2. 外钞/外币现金

3. B 股股票　　4. H 股股票

5. 银行外汇市场交易产品　　6. 非银行的外汇交易产品

7. 国外股票/债券　　8. 其他(请注明)

[CAPI] 循环 [D8102] 选中的资产

[D8104] 目前,**【CAPI 加载 D8102 选中的资产名称】**大概值多少钱?【追问法】

(单位:元;如果受访者不知道或不愿意回答则问 [D8104a it])

[D8104 it]**【CAPI 加载 D8102 选中的资产名称】**市值大概在哪个范围?(单位:元)【卡片 R5】

1. 5000以下　　2. 5000~2万

3. 2万~5万　　4. 5万~10万

5. 10 万~20 万　　6. 20 万~50 万

7. 50 万~100 万　　8. 100 万~200 万

9. 200 万~500 万　　10. 500 万~1000 万

11. 1000 万以上

[D8104a] 单位是：

1. 元　　2. 美元

3. 港元　　4. 欧元

5. 日元　　6. 其他（请注明）

访员注意：此问指受访家庭从所有非人民币资产上获得的实际税后收入。

[D8105a] 您家有没有贷款或借钱购买非人民币资产？

1. 有　　2. 没有（**跳至 [D8106]**）

[D8105b] 现在还有多少钱没有还？（单位：元）

（如果受访者不知道，请记录-9）

[D8106] 去年，您家从这些非人民币资产上获得多少税后收入？（单位：元）

（如果受访者不知道或不愿意回答则问 [D8106it]）

[D8106it] 您估计非人民币资产获得的税后收入在下列哪个范围内？（单位：元）【卡片 R5】

1. 5000 以下　　2. 5000~2 万

3. 2 万~5 万　　4. 5 万~10 万

5. 10 万~20 万　　6. 20 万~50 万

7. 50 万~100 万　　8. 100 万~200 万

9. 200 万~500 万　　10. 500 万~1000 万

11. 1000 万以上

（九）黄金

[D9101] 您家是否拥有黄金？包括纸黄金、实物黄金等，但不包括黄金首饰。

1. 有　　2. 没有（**跳至 [K1101]**）

[D9102] 您家总共投入多少钱购买黄金?【追问法】

(请折合为人民币;如果受访者不知道,请记录-9)

[D9103] 以目前的金价计算,您家拥有的这些黄金值多少钱?【追问法】

(请折合为人民币;如果受访者不知道或不愿意回答则问 [D9103 it])

[D9103 it] 这些黄金市值大概在哪个范围?(单位:元)【卡片 R5】

1. 5000 以下　　2. 5000~2 万

3. 2 万~5 万　　4. 5 万~10 万

5. 10 万~20 万　　6. 20 万~50 万

7. 50 万~100 万　　8. 100 万~200 万

9. 200 万~500 万　　10. 500 万~1000 万

11. 1000 万以上

[D9105] 去年,您家从这些黄金上获得多少税后收入?(单位:元)

(如果受访者不知道或不愿意回答则问 [D9105it],若没有约定还款期限,则填写 999)

[D9105it] 您估计黄金资产获得的税后收入在下列哪个范围内?(单位:元)【卡片 R5】

1. 5000 以下　　2. 5000~2 万

3. 2 万~5 万　　4. 5 万~10 万

5. 10 万~20 万　　6. 20 万~50 万

7. 50 万~100 万　　8. 100 万~200 万

9. 200 万~500 万　　10. 500 万~1000 万

11. 1000 万以上

(十)现金

[K1101] 目前,您家持有多少现金?(单位:元)

(如果受访者不知道或不愿意回答则问 [K1101 it])

[K1101 it] 家里现金总额大概在哪个范围?(单位:元)【卡片 R7】

1. 2000 以下　　2. 2000~5000

3. 5000~2 万　　4. 2 万~5 万

5. 5 万~10 万　　6. 10 万~50 万

7. 50万以上

（十一）借出款

访员注意："别人"指本调查所界定的家庭成员以外的人或机构。

[K2101] 目前，您家有没有借钱给别人，这里的别人是指家庭成员以外的人或机构？

1. 有　　2. 没有（**跳至 [E1001]**）

[K2102a] 总共借出多少钱？

下面，我们想询问下最大一笔借款的情况：

[K2102b] 这笔借款的还款期限是＿＿＿＿＿年

[K2103] 这笔借款是借给谁的？【卡片 B44】

1. 父母　　2. 子女

3. 兄弟姐妹　　4. 其他亲属

5. 朋友/同事　　6. 民间金融组织

7. 其他（请注明）

[K2105] 利率是多少？

[K2106] 您是否担心收不回该借出款？

1. 是　　2. 否

[K2106a] 您预计多长时间收回该借款？（单位：月）

[K2107] 去年，您家收回多少借出款？（单位：元）

（若受访者不知道，则记录-9；若未收取利息，则记录0）

[K2108] 去年，您家从这些借出款中得到的利息有多少？（单位：元）没有则记为0。

致　谢

本书主要是我在四川大学工商管理博士后流动站学习期间的研究成果，特别感谢合作导师国务院发展研究中心赵昌文教授的悉心指导，赵教授严谨朴实的治学精神、渊博的学识、敏锐的学术洞察力、求真务实的学术作风使我受益终身。

由衷感谢西南财经大学郑景骥教授对我的辛勤培养，郑老师是我的博士生导师，恩师为人谦和、治学严谨、学识渊博，能够成为郑老师的学生我感到无比的荣幸和自豪，我不仅从恩师那里学到了知识，更重要的是，恩师的言传身教对我的影响更大、更深远，“高山仰止，景行行止，虽不能至，然心向往之”，恩师为我树立了为人、为学、为师的榜样，是我永远学习的楷模。

感谢四川农业大学漆雁斌教授一直以来对我的耐心帮助和大力支持，作为我的硕士生导师，漆老师总是在我“山穷水尽”的时候“雪中送炭”，恩师的亲切关怀和热情鼓励是鞭策我不断进步的动力之源。

感谢美国新罕布什尔大学金融政策研究中心主任 Yixin. Liu 教授对本书提出的宝贵建议，与 Liu 教授的沟通交流，使我有机会深入了解家庭金融研究的前沿理论和先进方法，这些收获对本书的完善起到了至关重要的作用。

在本书的写作过程中，首都经贸大学的尹志超教授，西南财经大学中国家庭金融调查与研究中心的吴雨老师，西南民族大学的姜太碧教授、李强副教授，四川大学的陈勇副教授、肇启伟老师给了我关键性的支持和帮助。本书参阅和借鉴了国内外学者的优秀研究成果，是他们的思想启迪了我的写作灵感，正是站在前人的肩膀上，本书才得以完成，我要对这些作者表示衷心的感谢，并致以诚挚的敬意。西南财经大学国际商学院博士孙月，成都信息工程大学统计学院硕士研究生温虎、祝娜通读了初稿，指出了多处错漏，在此一并表示感谢！

特别感谢西南财经大学中国家庭金融调查与研究中心无偿提供的数据支持！

本书得到中国博士后基金项目（项目编号：2012M511923）、成都市科技局软科学项目（项目编号：2015-RK00-00266-ZF）和国家统计局重点开放实验室项目（项目编号：SDL201905）的资助，特此致谢！

本书的出版也得益于中国经济出版社的支持，在此特别感谢该社的李煜萍主任和李若雯编辑，她们严谨细致的工作态度和专业的编辑工作使我受益匪浅。

感谢王诗颖小朋友在书稿中找出的错别字，让我避免了小学二年级水平的错误。

感谢家人多年来对我学业和工作的理解、包容与支持，你们是我一生中最宝贵的财富！

最后，将最诚挚的祝福送给所有关怀、鼓励、支持、帮助过我的领导、同事、同学、师长和亲友！谢谢您们！

王阳

2019 年 6 月 2 日于温江孔雀城